自然といのちの尊さについて考える

エコ・フィロソフィとサステイナビリティ学の展開

竹村牧男　中川光弘　監修
岩崎大　関陽子　増田敬祐　編著

Sustainability
Eco-Philosophy

ノンブル社

序文

二〇〇六年度、東京大学・京都大学・大阪大学・北海道大学・茨城大学は、「サステイナビリティ学連携研究機構」(Integrated Research System for Sustainability Science, IR3S) を設置し、自然・社会・人間の各システムの危機を超克するための「サステイナビリティ学」の構築をめざすこととなった。これは、文部科学省科学技術振興調整費（戦略的研究拠点育成）事業によるものである。IR3Sは、地球システム・社会システム・人間システムの三つのシステムのそれぞれおよびそれらの相互関係に破綻をもたらしつつあるメカニズムを解明し、持続可能性という観点から各システムを再構築しかつ相互関係を修復する方策とビジョンの提示をめざした。

東洋大学はこのIR3Sに、当初から協力機関として参加させていただき、主にサステイナビリティを支える哲学・思想の究明を担当することとなった。このために、同年度、東洋大学「エコ・フィロソフィ」学際研究イニシアティブ (Transdisciplinary Initiative for Eco-Philosophy, TIEPh) を発足させ、「エコ・フィロソフィ」の研究に取り組むことになった。このTIEPhの中には、

①自然観探求ユニット（仏教学専攻・中国哲学専攻）
②価値意識調査ユニット（社会心理学専攻）
③環境デザインユニット（哲学専攻）

の三つの研究ユニットを置き、相互に関係を保ちつつそれぞれの目的に沿って活動した。

このなか、第一ユニットに所属していた竹村は、ＩＲ３Ｓを構成する茨城大学の地球変動適応科学研究機関（The Institute for Global Change Adaptation Science, ICAS）に所属していた中川光弘教授の呼びかけをうけ、迷わず呼応してＩＣＡＳと連携してエコ・フィロソフィをめぐる国際セミナーを行なうこととした。この結果、その第一回を二〇〇六年十一月十七日、「持続可能な発展と自然・人間――西洋と東洋の対話から新しいエコ・フィロソフィを求めて」と題して、茨城大学農学部阿見キャンパスこぶし会館において開催することが出来た。以来、この国際セミナーはＩＲ３Ｓ存続時には毎年、会場を茨城大学と東洋大学と交互に用意しながら開催してきたのであった。

ＩＲ３Ｓの事業は二〇〇九年度をもって終了したが、東洋大学ではこの研究組織ＴＩＥＰｈを存続させ、二〇一一年度に文部科学省による私立大学戦略的研究基盤形成支援事業に採択されたことから、従来のＩＣＡＳとの共催の国際セミナーを再開することになった。当初の国際セミナーでは、なるべく参加者を固定して議論を深めるという構想の下に運営されたが、特に近年は若手研究者の参加も得て、新たな方向性をも開拓しつつある。

本書は、この前後十年ほどにわたるＩＣＡＳとＴＩＥＰｈとの共催による国際セミナーを中心とした共同研究活動の成果をまとめたものである。地球社会の環境問題やサステイナビリティの問題に対処するに、近年は技術的な方面では多大の成果を上げてきているが、やはり根本的には社会組織のあり方や人間のライフスタイルを変革していく上で哲学・思想の確立が欠かせないことであろう。特に現代社会を主導してきた近代合理主義が基づく divide and rule（分けて支配する）の立場を見直す新たな文明原理の確立が、緊要の課題である。その人々への浸透は必ずしも容易ではないものの、私たちは地球の未来を拓く方向性を真摯に探究し、発信していく営みは欠かせないと考えている。本書はそのささやかな成果である。関心を同じくする方々にはご一読いただき、種々ご指導賜ることができれば幸甚である。

ＴＩＥＰｈの私立大学戦略的研究基盤形成支援事業としての活動は、二〇一五年度でひとまず終了する。しかし関係者のご理解・ご協力を得て、これまで積み重ねてきたエコ・フィロソフィ追究の活動は、ＩＣＡＳとも協力し合い、さらに続けていきたいものと思っている。特に若い気鋭の研究者が、この重要な課題に対し引き続き取り組んで行ってほしいと思う。そのための環境が整うことを、ひとえに祈念するものである。

最後に、茨城大学教授の中川光弘先生を初め、これまでの活動を支えてくださったすべての方々に、甚深の謝意を表する次第である。

平成二十七年一月十一日

東洋大学学長　竹村牧男

自然といのちの尊さについて考える

エコ・フィロソフィとサステイナビリティ学の展開

目次

目次

第1部　総論

竹村牧男

いのちの深みへ――仏教の立場から

序・体罰といのち

今年（二〇一三年）に入って、大阪市立桜宮高校バスケットボール部の体罰問題が報道されたあと、女子柔道日本代表における体罰問題が世間に訴えられ、さらに全国のさまざまな体罰問題が明るみに出てきています。おそらく日本においては古来、体罰が当然のようになされてきていて、しかもあらゆる集団に浸透していて、このことを払拭することは非常にむずかしいことと思われます。それだけに、この問題には社会全体が真剣に向き合い、取り組むべきだと思います。

体罰が問題になってから、新聞等では識者らによって、身体に関わる暴力は絶対いけないことである、という意見がさかんに表明されています。確かにこのことに間違いはありません。ただしこの問題の本質は、身体に関わるからではなく、それがまさに暴力であり、いわゆるハラスメントであるから、というところにあるのではないでしょうか。

逆に暴力は、けっして身体上においてのみ行われるわけではありません。仏教では行為について、身・語・意の三業《さんごう》と言います。身体の行為、言葉の行為、心の行為と、この三つの方面から行為を見ています。ですから、身体による暴力行為だけでなく、言葉による暴力行為もありますし、実はその背景に心による暴力行為（害意）があることでしょう。いじめの問題は、まさに言葉の暴力・心の暴力です。体罰の背景にある本質的な問題は、身体においても言葉においても、暴力をふるおうとするその心のゆがみにあるのです。その根本は、他者とどう向き合うかの問題であり、そこから解決していかなければならないはずです。単に身体上で力を行使しなければよい、というようなことであるはずがありません。

唐突ですが、『法華経』には、常不軽菩薩《じょうふぎょう》という方が出てきます。この菩薩は、どんな人に対しても、「あなたは将来、仏となる方です」と言って合掌礼拝した方です。そのため、何を馬鹿な事を言うのだと、石を投げつけられたり棒で叩かれたりしても、難を避けつつ大声で、「あなたは将来、仏となる方です」と言い、ひたすら合掌礼拝するのでした。この常不軽菩薩は、どんな人にも仏性というものがはたらいていることを見ていたのです。ですから、その仏性を拝んでいたと言ってもよいのかもしれません。

近代的な人間観に基づいて他者の人権を尊重するということは当然ですが、さらに他者も自己自身も、その個人を超える何らか聖なるものに生かされていることを認識するとき、他者に暴力やハラスメントを加えることはけっしてできないことでしょう。おのずと深く合掌礼拝せずにはいられないでしょう。体罰を克服するにはそのように、近代的人間観、個人観を超えるいのちの深みを取り戻すことが、とても重要ではないかと思われてなりません。

1　唯識思想の人間観

近代的人間観は、個人を身体と意識されたかぎりの精神との合体であると見、しかも個々に独立していて、個人はまったく自由であるというようなものでしょう。この見方の背景には、物事を分割し最小単位に分けていく近代合理主義の立場があるものと思います。しかし十九世紀半ば頃から、個々の事物等の実体視に疑問が投げかけられ、関係主義的な世界観や人間の無意識の領域が唱えられるようになりました。理性には感性を、意識には無意識を対置し、表層的な合理性を超える深みをもう一度取り戻す動きが始まったのです。

しかし仏教はつとに、無意識の世界も、あらゆる存在の関係性も説いてきました。たとえば唯識思想というものがあります。これはインドで四、五世紀に、無著《むじゃく》・世親《せしん》といったいわば哲学者が現れて、その思想体系を大成したもので、のち『西遊記』で有名な玄奘三蔵がインドでこれを学び、中国に伝えて法相宗が成立し、それを日本の奈良時代の学僧らが入唐して学ぶなどして日本に移入しました。奈良の興福寺や薬師寺が、この思想を研究する中心のお寺です。

その唯識思想では、一箇の人間を、眼識《げんしき》・耳識《にしき》・鼻識《びしき》・舌識《ぜつしき》・身識《しんしき》・意識《いしき》の感覚・知覚の心のみならず、さらに意識下の第七末那識《まなしき》、第八阿頼耶識《あらやしき》を含めて説明します。眼識・耳識・鼻識・舌識・身識は、順に、視覚・聴覚・嗅覚・味覚・触覚の五つの感覚、五感のことです。意識は知性に相当し、推理や判断も行い、現在のことのみでなく、過去や未来のことを思うこともできます。ここまでは、私たちも自覚しているわけです。しかし唯識思想は、それら以外の心があることを説きます。末那識とは、意識の奥にあって、いつでも自我を執着しているものです。寝てもさめても、意識において善を志向している場合でも、実はその意識下において自我への執着があり続けていると言います。さらにその奥の阿頼耶識は、蔵の識という意味で、それは刹那刹那、生じては滅し生じては滅ししながら、一瞬の隙間もなく相続されていくものです。それは無始の過去から無終の未来まで相続されるのだとも言います。そこに、生死輪廻しきたった過去一切の経験が貯蔵され、それら（種子《しゅうじ》という）はのちの日常の経験に影響を及ぼしていくことになります。そのつどそのつどの感覚や知覚などにおいて経験されたものが、阿頼耶識の中に貯えられていくのです。そのあり方の中で、個人の内容は一瞬一瞬変化しながら相続されていくわけです。それゆえ、常住不変の我は存在せず、まさに動的平衡としてのいのちがあるのみということになります。ちなみに、私の知っている医学者に、阿頼耶識はＤＮＡ、種子が遺伝子、一方、末那識は免疫系だと理解された方がいます。

しかもこの阿頼耶識は、単なる無意識としての心なのではなく、不可知ではあるものの、その中に有《う》根身《こんじん》と器世間《きせけん》、つまり身体と環境を現じてそれらを相続させているとされています。さらに種子、つまり未来の経験（感覚・知覚等）の因となるものも保持しているとも言われます。この、意識下の心が身体と環境を維持していると説くところに、唯識思想の独創性があります。

ふつう私たちは、まず身体があり、その中に脳があって、それが心を発揮している、自己とはその身体と心の複合体だと思っているでしょう。しかし唯識思想では、まず心があり、その中に身体と環境が維持されていて、そこにおいて見たり聞いたりが行われているというのです。人人《にんにん》唯識といって、一人ひとり八識であり、それぞれの阿頼耶識に環境が維持されていますから、人の数だけ環境もあるということになります。人間界に生まれた者同士は人間界の環境という共通の環境を持つのですが、しかし別々の阿頼耶識に、別々に環境は存在しているというのです。

このことはなかなか理解し難いことですが、考えてみますと、私たちの身体は外界の食物を摂取し、排泄しなければ維持されません。呼吸は短い時間でも止まれば死んでしまいます。つまり、身体は身体だけでは維持することはできず、環境と交流するなかではじめて維持されるのです。ということは、いのちというものは、身体と環境が交流するただ中にあるというべきでしょう。あるいは一箇のいのちは、身体と環境が交流する全体であるというべきでしょう。そうすると私たちは、いわば身体を焦点に心が環境と交渉・交流する、その総体として一箇の人間を見るべきです。一箇のいのちを、身体の内のみに限定して見るのではなく、主体と環境が身体を機関として交流するその全体に見るべきです。

このとき、身体と環境のセットは、身体の数だけあることになり、つまりその人その人にとっての環境があるわけです。だとすれば、実は環境はそのセットの数だけあると見ることもできるはずです。このとき、唯識思想で、阿頼耶識の数ほど環境世界もあると説明することも、さほど不思議なことではないことになります。

こうして、唯識思想の説くところによれば、私たちの自己は、意識されている心のみならず、意識下の心をも含むものであるばかりか、さらには外界をも自己としているものということになります。環境世界は自己そのものでもあるのです。この立場からすれば、必要以上に環境を汚染・破壊することはできないはずでもあるでしょう。

2　いのちを益するもの

この阿頼耶識には、さまざまな心の要因が蔵されています。仏教の言葉でいうと、善の心の種子もあれば、無明・煩悩の心の種子も保持されているのです。先に、煩悩の心とはどのようなものかを見ると、まず根本煩悩には、貪《とん》・瞋《じん》・癡《ち》・慢《まん》・疑《ぎ》・悪見《あくけん》があります。貪り・怒り・根源的無知・優越意識・疑い・誤った見解といったものです。さらに随煩悩（または枝末煩悩）というものがあり、それは、

忿（いきどおり）・恨（うらみ）・覆（しらばっくれ）・悩（きつい口撃）・嫉（しっと）・慳（ものおしみ）・誑（たぶらかし）・諂（言いくるめ）・害（攻撃心）・憍（うぬぼれ）〔以上、小随煩悩〕

無慚（慚の念のないこと）・無愧（愧の念のないこと）〔以上、中随煩悩〕

掉挙（そう状態）・惛沈（うつ状態）・不信（信のないこと）・懈怠（なまけ）・放逸（したい放題）・失念（記憶の喪失）・散乱（心のうわつき）・不正知（誤まった認識）〔以上、大随煩悩〕

というものです。それらが現実に作用すると、その人に痛みをもたらし、苦しみ悩ませ、そのいのちを

損ねることになります。煩悩とは、煩わしく悩ますものなのです。

そこで、それらが現実にはたらくことを抑え、よき心、仏教の説く善の心を発揮していくことが、いのちの十全な実現のために望まれます。善の心とは、

信（仏教を信じる心）・慚（自己に恥じて善を尊ぶ心）・愧（他者に恥じて悪を避ける心）・無貪（貪らない）・無瞋（怒らない）・無癡（根源的無知を離れる）・勤（努力）・軽安（健康な身心に基づく前向きな心）・不放逸（なすべきことをきちんとなす心）・行捨（平静な心）・不害（他者への慈しみ）

です。

これらの心を実際に起こしていくためには、仏教の教えを聞く・思う・修するという、聞・思・修の実践が必要になります。まずは他者としての仏の側からの言葉、もしくは何らかのメッセージを受け取ることが、自己のいのちを損ねることなく、豊かにしていくことのきっかけとなります。仏だけでなく、諸菩薩・諸尊、師や友だちも、自己を導いてくれる存在になるでしょう。そこで受けとめたメッセージの意味をよくかみしめ、そのうえでどのように生きて行くべきか了解した道を実践していくことが大切です。

ちなみに、仏教も善悪について説いているわけですが、『成唯識論』はこのことについて、次のように規定しています。

能く此世と他世とに順益《じゅんやく》するが為の故に、名づけて善と為す。
能く此世と他世とに違損《いそん》するが為の故に、不善と名づく。（新導本、巻五・一九頁）

善を行えば、この世のみでなく来世においても、いのちの願いに順じて利益すると言います。悪を行えば、この世のみでなく来世においても、いのちの願いにさからって損ねると言います。ここに「善因楽果・悪因苦果」の法則が厳然として存在していることが示されています。「善因楽果・悪因苦果」とは、わかりやすく言えば、善を行ったら、死後、また人間界に生まれたり、神々の世界に生まれたり、さらには解脱に向かっていく。悪を行ったら、死後、地獄・餓鬼・畜生等の世界に生まれるということです。

これを受けて、深浦正文は、『唯識学研究』（一九五四年）において、善は「二世にわたって自他を順益する」ものであり、悪は「二世にわたって自他を違損する」ものであると言っています（同書、一五八頁）。ここに、善は現世だけでなく来世にも、自己のみでなく、他者をも利益するものであることが明記されています。一方、悪は現世だけでなく来世にも、自己のみでなく、他者をも損ねるものであることが明記されています。悪とは前に述べた無明に基づく煩悩・随煩悩のことであり、それらを起こしていくことによって、自己を損ねるのみならず、知らず知らず、現世の他者をも来世の他者をも損ねてしまうというのです。このことを深く理解するとき、来世の他者にまで苦しみをもたらすことは忍びなく、それゆえおのずから悪をさけるべきだと思い至ることにもなるでしょう。

3　仏となったいのち

いのちを損ねることなく健全に育むには、諸仏・諸尊等他者の導きを受けて、その教えに従って生きていくことが一つの道になりますが、と同時に、実はその人自身の内側から、真実の自己への目覚めをうながしているものがあるとも、仏教は明かしています。それは、前に常不軽菩薩のことを紹介したときにふれた、仏性というものです。仏性の原語は buddha-dhātu であり、その dhātu はふつう「界」と訳される言葉で、因の意味であり、buddha-dhātu は「仏に成る因」という意味の言葉です。もっとも仏とは何かも問題ですが、大乗仏教では一人ひとりが仏に成ります。過去にたくさんの仏に成った方がおり、現在もたくさんの仏に成る方がおり、未来にもたくさんの仏に成るであろう方がいて、「三世十方多仏説」を採っています。その仏とは、唯識で説明すれば、八識のすべてが智慧に転じて、ただひたすらその智慧のはたらきを発揮されている方ということになります。仏に成ると、阿頼耶識は大円鏡智《だいえんきょうち》に、末那識は平等性智《びょうどうしょうち》に、意識は妙観察智《みょうかんざっち》に、眼識・耳識・鼻識・舌識・身識の五感の識は成所作智《じょうしょさち》に転じます。大円鏡智とは大きな丸い鏡のような智慧ということで、そこに宇宙の森羅万象を映し出しています。平等性智とは、自他平等性を知る智慧で、自他のいのちの本質がまったく同じであることを洞察する智慧です。この智慧が、他者への慈悲の心の基盤になるのです。妙観察智は、ありとあらゆる事物について、その意義などについて的確に判断できる智慧です。成所作智とは、作《な》すべき所を成就する智慧で、衆生の救済のための具体的な活動を展開する智慧です。

結局、これらの智慧は、おのずから他者の苦悩の救済にはたらくのであり、実に大智は大悲なのです。この四つの智慧が完全になって、ひたすら衆生済度に余念がない存在が仏なのであり、したがって私たちは、たとえ気づかないとしても、そうした諸仏から絶えず、あなたも苦しみをのりこえ、他者のためにはたらくようにと、呼びかけ・はたらきかけを受けているのが真実のあり方なのです。

ちなみに、私たち凡夫の場合は、阿頼耶識において身体と環境が維持されていましたが、仏においては、大円鏡智の中に仏身と仏国土（浄土）が維持されているということになります。その様子がどのようであるかは、人間の眼には見えないのかもしれません。それをあえて見せてくれたものが、仏像のような仏さまであったり、大地や樹木まで宝石で出来ていると言われる浄土の姿であったりするのでしょう。それはともかく、仏もまた仏国土にあって仏なのであり、仏身がそのよりどころとなる環境を離れた存在ではありえません。仏といえどもその身体と環境はセットなのです。

4　いのちの根源としての仏の智慧

仏に成る因であるという仏性とは、そういう四智の因のことにほかならないのですが、それは唯識で言えば智慧の種子《しゅうじ》（無漏《むろ》種子）であり、いわば潜在的なもので、しかもこの唯識説は、その種子を持っている人と持っていない人がいると主張します。すなわち、小乗仏教の声聞や縁覚にしかなれないものと、大乗仏教の菩薩として修行し仏に成れるものとがいるというのです。この立場を三乗思想といいます。声聞乗・縁覚乗・菩薩乗が、それぞれ分かれているとの見方です。しかし『涅槃経』では、「一切衆生悉有仏性」と説き、あらゆる衆生が仏性を有していると説きます。このことが、『法華経』『勝鬘経』等に説く一乗思想、すなわち、今、声聞や縁覚の小乗仏教において修行している人も、やがては大乗仏教に入って、大乗菩薩として修行して仏に成る、どんな人でも仏に成るという思想の背景にあるものです。だから常不軽菩薩は、どんな人に対しても、仏に成る方だと言って合掌礼拝したのでした。

私はこの「一切衆生悉有仏性」の説の基盤に、『華厳経』の次の説があるものと思います。

仏子よ、如来の智慧・無相の智慧・無礙の智慧は具足して衆生身中にあるも、ただ愚痴の衆生は顛倒の想に覆われて、知らず、見ず、信心を生ぜざるのみ。その時に如来は障礙無き清浄の天眼を以て一切の衆生を観察したまい、観じおわりてかくの如きの言をなしたまわく、「奇なるかな、奇なるかな、いかんぞ如来の具足せる智慧は、身中にありてしかも知見せざる。我まさに彼の衆生を教えて、聖道を覚悟せしめ、悉く永く妄想顛倒の垢縛を離れしめ、つぶさに如来の智慧その身内にありて仏と異なること無きを見《さと》らしめん」と。如来は即時に彼の衆生を教えて、八聖道を修し、虚妄顛倒を捨離せしめたもう。顛倒を離れおわれば、如来の智を具え、如来と等しく、衆生を饒益す。
（「如来性起品」大正蔵九・六二四上）

ここに、仏の智慧と同じ智慧がそっくり、一切衆生の内にも存在しているとの証言があります。とすれば、私たちの個人は意識下の世界をたずさえているのみでなく、さらにその根底に仏の智慧をも有していたのです。阿頼耶識のさらに奥に、仏の智慧がはたらいていたのです。このことを、「如来蔵《にょらいぞう》」とも言います。インド大乗仏教には、この如来蔵思想の流れもあって、経典では『華厳経』『法華経』『涅槃経』『勝鬘経』『楞伽経』、さらには『如来蔵経』『不増不減経』等があり、論書では『宝性論』『大乗起信論』等があります。如来蔵とは、人は、如来の胎児つまり因となるものを蔵しているという意味ですが、実はその胎児とは唯識で説く種子のことではなく、まさに煩悩に覆われた仏の智慧そのものであるというのです。したがって、この立場から「本覚《ほんがく》」ということも言われます。本覚とは、本来、覚っているという意味です。この本覚の語は、『大乗起信論』という書物に出てくるものです。この本覚(仏性)は、まさに覚のはたらきそのものとして、実は個人の内側から無明・煩悩にはたらきかけているという見方があります。このことを『大乗起信論』は、真如熏 習《しんにょくんじゅう》という言葉で表わしています。『大乗起信論』は、本覚と真如とを同じものと見ているわけですが、真如とは、空という本性としての空性でもあり、あらゆる衆生に共通のいのちの本質・本性です。平等性智が証する自他平等性のことでもあり、究極の普遍なるものでもあります。したがって、あらゆる衆生はその等しい真如・本覚を根本としているわけです。ごく一般的な言葉に置き換えれば、霊性といってよいと思います。それこそがいのちの根源とも言ってよいでしょう。私たちのいのちは、根源的には仏の智慧を根本とし、その仏の智慧によって支えられているのであり、あるいは霊性を根本とし、その霊性に支えられているということになります。

5　他者のいのちと自己のいのちの関係

人々がもとより内に有している覚りの智慧である本覚は、修行の中で次第に自らを顕在化させ、ついに完全に自己実現して仏となります。その本覚が十全に実現したあり方は、智浄相と同時に不思議業相、すなわち本来清浄なるあり方と、私たちにはわかりえない衆生救済のはたらきという特質によって語られており、このことは、覚にはもとより利他のはたらきがあることを意味しています。たとえば、次のようです。

不思議業相とは智の浄なるに依るを以て、能く一切の勝妙の境界を作すをいう。謂う所は無量の功徳の相は常に断絶することなく、衆生の根に随うて自然に相応し、種種に而も現じて利益を得しむるが故なり。(『大乗起信論』岩波文庫、三三〜三五頁)

四には縁熏習鏡なり、謂く法出離に依るが故に、偏く衆生の心を照して、善根を修せしめ、念に随って示現するが故なり。(同前、三五頁)

又た是の菩薩は功徳の成満するとき、色究竟処に於て一切の世間の最高大身を示す、一念相応慧あるを以て無明の頓に尽きしを、一切種智と名づけ、自然にして而も不思議の業ありて、能く十方に

現じ衆生を利益するを謂う。（同前、八七頁）

　このように『大乗起信論』においては、本覚が自己実現すると、ひたすら不思議業にはたらくことを繰り返し説いています。本覚はあらゆる自他を貫く根源的ないのちであり、それはあらゆる自他に内側から本来の自己実現、いのちそのものの十全な実現を促すとともに、その覚りを完成して仏と成った者たちは、まだ迷いの内にある他者に外側から、目覚めへと、つまり相手の人の本覚がそれ自身を成就するようにと働きかけます。その場合、仏の姿等さまざまな化身の姿をとったり、時には父母・兄弟や上司・同僚、部下や使用人等の身近な存在や、さらにはあだがたき等になったりして相手に関わることさえあると言います。そのはたらきの根源である真如・本覚は自他を貫く普遍的な本性ですから、とすればこの諸仏のはたらきは、実は自己の真如・本覚のはたらきでもあるわけです。ここには、自己の意識を超えるいのちそのものが、今・ここのかけがえのない自己として、個としてはたらくと同時に、それに無明・煩悩が介在して十分にその性能を発揮できないでいるがゆえに、内側からも外側からもその自己に本来の自己として実現するようにとはたらきかけている、という事態が認められます。

　末那識は仏に成ると平等性智に転じるのでしたが、その平等性とは自他平等性のことで、自他はまったく同じ一つの本性（真如・本覚）を本質としていると見抜くのでした。もちろん、と同時に、自他はあくまでもそれぞれ今・ここのかけがえのないいのちを生きています。いうまでもなくそのそれぞれかけがえのない自他は、関わり合い、支え合っていて、他者なしには自己も存立しえないでしょう。したがって、自己はもとより自他平等性かつ自他関係性のうちに存在していることになります。そういう関係構造の中で、個々のいのちは、その個を超える根源的ないのちによって、内側からかつ外側から、そのいのちそのものを無明・煩悩によって損ねないよう、本来のいのちのはたらきを実現するよう、うながされ、助けられているということになります。この自己は実は、そのような仏の智慧を根底とするいのちの海の中で成立していたのです。こうして、まず身体にもとづく個人があるというような見方は、きわめて表層的な見方であるということになるでしょう。

6　重重無尽の関係性の中で

さらに、その自他の関係性の方面に関して、その関係は無限に広がっていることを明かすのが、華厳の世界観です。もとより仏教は縁起を説き、あらゆるものが他を待って初めて存立し得ているのであり、自己自身のみで自己の存在を支えるものではないこと、それゆえにどんな存在も実体性を持たない、無自性《むじしょう》（無我）なるものであること、つまり空であることを説きます。縁起の故に無自性、無自性の故に空だというのです。その縁起については、さまざまな仕方で説かれますが、特にその関係性について無限に広がっていることを明かすのが、華厳の縁起説です。

そのことは、因陀羅網《いんだらもう》の譬喩によって巧みに語られています。因陀羅とは帝釈天のことで、その宮殿には飾りの網が掛けられていて、それが因陀羅網というものです。その網は、すべての結び目に宝石がくくりつけられていて、それらは互いに映し合っています。その網の目の宝石に、A、B、C、D等々があるとして、AはB、C、D、等に映り、BはA、C、D、等に映り、Cは、A、B、D、等に映り、ということになりますが、AがB、C、D、等に映るとき、B、C、D、等が映っているAが、B、C、D、等に映るのであり、それがまたA、等に映っているわけで、その映りあいは、限りなく往復していきます。その関係は、二枚の鏡を照らし合わせると無限に映り合いますが、それを多重《マルチプル》にした状態となって、重重無尽の関係性がそこに現前します。この譬喩によって、一即一切・一切即一かつ一入一切・一切入一から、一切即一切かつ一切入一切という実相が見えてきます。私たちの個人としてのいのちは、自他互いに関係し合う中に成立しているのであり、その関係性は実に重重無尽に広がる中で初めて存立しているものなのです。

しかもこの関係性は、けっして空間的のみではありません。時間的にもこの関係性があることが、華厳思想の中に明かされています。たとえば、『華厳経』が説く「初発心の時、便ち正覚を成ず」（仏道修行の最初に立った時、未来の終極の仏と完成している。「梵行品」大正蔵九・四四九下）との思想は、さまざまな意味を含んでいるでしょうが、その背景に時間的な相即・相入の思想もあることでしょう。

あるいは、『華厳経』の思想をまとめた『華厳五教章』という論書にある十玄門の中には、時間上の相即・相入を明かす「十世隔《じっせいきゃく》 法異成門《ほういじょうもん》」という法門があります。仏教は時間をふつう、過去・未来・現在の三世によって見ます。ところが、過去のある時点を取ると、それ以前・その時・それ以後を区別することができ、過去の三世があることになります。未来のある時点を取ると、それ以前・その時・それ以後を区別することができ、未来の三世があることになります。こうして、過去・未来・現在に三世があることになりますが、これにそれを統括している現在の一念を加えて、十世とします。この十世が、まったく相即・相入しあっていて、しかもそれぞれの時（世）であることを妨げないといいます。過去は未来に融け合い、未来は過去に融け合い、現在は過去や未来に入り込み、その他、重重無尽に相即・相入して、しかもそれぞれの時（世）であることを妨げないというわけです。

というわけで、自己は空間的に一切の衆生と関係しているのみならず、時間的にも過去の無数の衆生と関係しかつ未来の無数の衆生と関係しているのです。そこまで言わなくても、私たちが今このように生きていられることは、過去のあらゆる人々のお蔭であり、私たちの生き方は、未来のあらゆる人々に影響を与えることは明らかです。私たちは時間的にもそういうすべての他者に支えられ、あるいは関係しあって生きていることを、深く思うべきです。ここに、世代間倫理の問題が出てきます。私たちは、未来の他者のために、どのように行動しなければならないか、深く考えなければならないはずです。未来世代の人々に、汚染され、破壊された環境を手渡すことはできないはずです。このことも、深く考えなければならないでしょう。

結

以上、あくまでも仏教の見方に即してですが、いのちの深みを尋ねてみました。これまで申し上げてきたことをまとめます。唯識的に言えば、人人唯識で一人ひとり八識であり、一人ひとり阿頼耶識を基盤として生きています。その阿頼耶識のうちには身体と環境が維持されているのですから、そういう総体としての個が、しかも空間的・時間的に無限の関係を織りなすなかに、一箇のいのちはあるということになります。しかもさらにその根底に、根源的ないのち（真如・本覚、大智即大悲、霊性）がはたらいています。いのちの深みとは、この霊性の世界にあるのです。それは眼に見えない世界ですが、その根源的ないのちが、一つひとつの具体的ないのちを育みまっとうせしめているのでしょう。

唐突ながら古歌に、

年毎に　咲くや吉野の山桜　木を割りてみよ　花のありかを

というものがあります。桜の花を咲かせるものがあり、それは桜の花を超えたものです。それはこれとしてつかまえることはできません。しかし花は花のみによって咲くことはできません。私たちのいのちも、自己を超えるものに生かされているのです。道元は、

この生死はすなわち仏の御《おん》いのちなり。(『正法眼蔵』「生死」)

と言っています。ここからいのちのことを見直していくべきであり、このとき、初めに見たような近代的人間観は根本的に見直されなければなりません。

こうして、自己のいのちは、けっして身体と意識された限りの個体に閉じこめられたようなものではありません。自他平等性においては、空性である真如・本覚という究極の普遍(霊性)の中にあり、自他関係性においては、空間的にも時間的にも重重無尽の関係性の中にあり、同時にまさにかけがえのない今・ここに生きています。あるいは生かされています。しかも根源的には、仏の智慧の実現、霊性の

十全な発揮へと、内側からも外側からも促されています。この仏の智慧とは、他者の救済にはたらくように、実は大悲を本質とするものでもあるのでした。本覚は、自性清浄であると同時に不思議業としてはたらくべきものでありました。ということは、もっとも深い地平の実相を明かせば、大悲に促されて大悲を発揮していくように存在しているのが、私たちのいのちだということなのです。「初めに大悲ありき」なのです。ここを原点としていのちを見るとき、他者と自己とを合掌礼拝せざるを得ず、また他者と自己とを損ねないよう、本来のいのちの実現をめざしていけるよう、活動していくことにならざるを得ないと思われるのです。

了

中川光弘

二つの世界観の適用誤謬について

1　はじめに

最近の気象災害の動向を見ていると、一九九〇年代にＩＰＣＣなどが予測していた地球温暖化に伴う気象災害の甚大化が、既に身近な事実となってきたことを実感する。二〇一三年に公表されたＩＰＣＣの五次報告によると、地球の平均気温は一八八〇年以降に〇・八五℃上昇し、海水位も一九〇一年以降で一九㎝上昇したという[(1)]。このまま大気中の温室効果ガス濃度が上昇を続ければ、今世紀末までには予測値平均で一・〇℃～三・七℃まで地表大気の平均気温が上昇するという。地球の平均気温を安定化させるには、現在の温室効果ガスの排出量を半減させる必要がある。これを人口増加と経済発展が今後も続く中で実現させることは至難のことである。

地球生態系の不可逆的変化として、生物種多様性の消失がある。現在毎日一五〇種～二〇〇種の生物種がこの地球上から姿を消していると推計されている。この消失速度は三十八億年間の生物進化過程の平均消失速度の一〇〇〇倍なのだそうだ。(2) 現在、地球上には少数民族の言語を含めて六〇〇〇～七〇〇〇の言語が存在するといわれている。しかし、これらの言語の半分が今世紀末までに消失すると予測されている。(3)

地球温暖化や生物種多様性喪失、文化多様性喪失の問題は、地球生態系の多様性が失われつつあり、多様性の中で微妙に維持されてきた地球のホメオスタシス（恒常性維持機能）が変調をきたし始めたことを物語っている。地球のホメオスタシス変調の背景には、人口増加と経済発展の結果、人間活動に伴う環境負荷が地球の持つ環境許容量を超えてしまったことがある。エコロジカル・フットプリントという環境負荷指標を使った推計では、現在の人間活動に伴う環境負荷は、地球の環境許容量の一・六倍に達している。(4) この環境負荷を再び地球の環境許容量以下に抑制して地球社会の発展を図る、サステイナブル・ディベロープメント（持続可能な発展）が問われている所以である。

地球環境問題の背景には、いわゆる合成の誤謬の問題があると思われる。我々は利便性が高くより快適な高度消費者社会の実現を目指して経済発展に邁進してきた。しかし、そこで考慮されていたのは限られた範囲内、限定された与件の下での最適化、局所的最適化であった。地球社会全体にとっての最適化の視点は欠けていた。このために、個々の局所的最適化行動が集積された結果、地球社会全体にとっては環境劣化が進んだといえる。人間活動が増大し、それに伴う環境負荷が地球の環境許容量を超えるに至った現在においては、これまでのように局所的最適化だけを考慮した人間行動は許されない。人間行動の新しい指針、エコ・フィロソフィが求められている所以である。

合成の誤謬問題に見られるように、現在、地球社会で起こっている様々な問題群の背景には、地球や社会、人間の認識の仕方の枠組みである世界観の適用誤謬があるのではないかと考えている。本稿では、この世界観の適用誤謬の問題について、二つの代表的な世界観である機械論的世界観と有機体論的世界観を取り上げて、考察してみることにしたい。

2　二つの世界観

二つの代表的な世界観に、機械論的世界観と有機体論的世界観がある。機械論的世界観は、機械をモデルとして自然や社会や人間をイメージするもので、全体は部分より構成されているとする要素還元主義的世界観である。有機体論的世界観は、生物有機体をモデルとしてイメージするもので、全体と部分は不可分相即の関係にあり、常に連関性を持って全一的に機能しているとする関係主義的世界観である。このうち現代は、前者の機械論的世界観が圧倒的な影響力を持っている時代である。

二つの世界観をもう少し具体的に理解するために、腕時計と我々の身体を事例に、二つの世界観の違いを確認してみよう。

我々が腕時計を分解掃除する時、まず腕時計を構成している個々の部品に分解する。そして個々の部品を洗浄した後、再び個々の部品を組み立て直して腕時計を再製させる。腕時計は機械であるので、全体を部分に分解することができ、また部分を組み合わせれば再び腕時計は動き始める。この過程では、何の問題も生じない。

これに対して、我々の身体の場合は、身体を個々の部分に分割すると、部分は全体から切り離された段階で機能を停止してしまう。部分を切り取られた身体自体も場合によっては死に至る。一度死んだ個々の部分を組み合わせても、身体が再び蘇ることはない。このように身体においては、全体と部分は不可分相即の関係にあり、全一性が損なわれると機能は停止する。生物有機体においては、全体は部分の総和以上のものなのである。

以上のように、腕時計の場合と身体の場合では、全体と部分との関係が大きく異なっている。自然や社会や人間を腕時計のようにイメージするのが機械論的世界観であり、身体のようにイメージするのが有機体論的世界観である。

近代化の過程では、機械論的世界観が支配的であった。全体を部分に分解し、取り扱い易くなった部分を管理することによって、効率性や生産性を高めていくことが、近代化過程の特徴といえる。しかし、腕時計と身体の例から分かるように、我々の身の周りには機械的特性を持つものと生物有機体的特性を持つものが存在している。すべてのものに機械論的世界観を一元的に適用しようとすると、それにそぐわない事象が生じてくる。現在、地球社会で起こっている様々な問題群の背景には、二つの世界観の適用誤謬が関わっているのではないかと考えている。

3　機械論的世界観の適用誤謬とその是正の試み

現代は機械論的世界観が支配的な時代といえようが、生命が関わる分野への機械論的世界観の一元的な適用は種々の問題を引き起こす。ここでは、生命との関わりが深い農業と医療を事例に、機械論的世界観の適用誤謬とその是正の試みを振り返ってみることにしたい。

(1)近代農法と有機農業、自然農法

世界の人口は二十世紀に一七億人から六〇億人に増加し、二〇一四年には七二億人に達しているが、この増加を続けた世界人口の扶養を可能としたのは機械論的世界観をベースとした近代農法の発展であった。特に、ハーバー・ボッシュ法による空中窒素固定を活用した窒素肥料の化学合成技術の開発は、世界の食料生産を飛躍的に増加させ、人口増加率とほぼ同じテンポで食料増産を実現させた。しかし、生命が深く関わる農業分野での近代農法の普及は、他方で食料や環境の汚染など種々の問題を引き起こした。

日本有機農業研究会編集の『有機農業ハンドブック』では、近代農法が引き起こした諸問題が、次のように糾弾されている。

一九六一年の農業基本法制定以降の選択的拡大と生産性向上のかけ声によって進められてきた機械化、化学化、大規模・専作化、施設化の弊害はすでに六〇年代後半、公害や健康被害という姿で現れてきた。農薬、化学肥料、家畜の糞尿などが大気や土壌、地下水、河川、海洋を汚染したのである。それらは生物濃縮の過程を経て人間にはね返り、ＤＤＴやＢＨＣなど農薬の人体や土壌への蓄積など数多くの問題が噴出した。さらに近年は、環境ホルモン（内分泌撹乱化学物質）という重大

な問題が起きている（『有機農業ハンドブック――土づくりから食べ方まで――』農山漁村文化協会、一九九九年、一頁）。

近代農法の普及に伴って発生した健康被害と環境汚染の問題を深刻に受けとめた人々の中から、一九七一年に日本有機農業研究会が組織され、近代農法に代わる生命の特性を重視した有機農業が探究されるようになった。有機農業運動では、農業生産だけでなく、その加工、流通、消費過程も含む食と農の在り方の変革を通じて、生命重視型社会の創造が目指されている。研究会の規約には、次のような目標が掲げられている。

環境破壊を伴わず地力を維持培養しつつ、健康的で味の良い食物を生産する農法を探究し、その確立に資するとともに、食生活をはじめとする生活全般の改善を図り、地球上の生物が永続的に共生できる環境を保全すること……。

同研究会では、有機農産物の定義を、「生産から消費までの過程を通じて化学肥料・農薬等の合成化学物質や生物薬剤、放射性物質、遺伝子組み換え種子及び生産物等をまったく使用せず、その地域の資

源をできるだけ活用し、自然が本来有する生産力を尊重した方法で生産されたもの」としている。(5)

また、福岡正信は、近代農法に代わる自然重視の農法として、自然農法を提唱した。自然農法では、化学肥料や農薬等の合成化学物質を使用しないだけでなく、耕起も除草もしない無為自然の農法が追究されている。自然農法は、農業技術者だった福岡が悟った自然観、そこから見えてきた近代文明への根源的な懐疑からスタートした農法である。彼は『自然農法――わら一本の革命――』で、近代文明を次のように糾弾している。

地球的規模での砂漠化、緑の喪失が深刻化する中で、かつて風光明媚を謳われた日本列島の緑も、今、急速に枯渇しようとしている。

しかし、それを憂うる者はあっても緑の喪失を惹起した根本原因を追究し撃破する者はいない。ただ結果のみを憂い、環境保護の視点から緑の保護対策をとなえる程度では、とうてい地上の緑を復活させることはできない。

飛躍しすぎた言葉ともとれようが、地球の砂漠化は、人間が神なる自然から離脱して、独りで生き発展しうると考えた驕りに出発するものであり、その業火が今、地球上のあらゆる生命を焼き亡ぼしつつある証（現象）だと言えるのである。

生命とは、宇宙森羅万象、大自然そのものの合作品である。その意味（過去）と意志（未来）を知らないまま、自然の対立者となった人間は自らの手で自然を利用して、生命の糧、食物を作り、生きようとした。このときから人間は、自ら母なる大地に反逆し、これを破壊する悪魔への道を進んだのである。焼畑に始まる農業の発達、人欲に奉仕する農法の変遷、文明発達の歴史が、そのまま自然破壊の歴史となっているのも当然であろう……。

自然農法とは、自然の意志をくみ、永遠の生命が保証されるエデンの花園の復活を夢みる農法である。……無の哲学に立脚するこの農法の最終目標が、絶対真理「空観」にあり、神への奉仕にあることはいうまでもない……（福岡正信『自然農法――わら一本の革命――』春秋社、一九八三年、一一―四頁）。

有機農業も自然農法も、最初は近代農法へのカウンター・カルチャーとしてスタートした。しかし、時間が経つにしたがって、これらを支持し実践する人々が増え、現在では近代農法を補完する農法として社会的にも認知されるに至っている。今では、多くのスーパーで有機農産物コーナーを見かけるようになった。有機農産物や特別栽培農産物の認証制度も確立している。

有機農業や自然農法の広がりに啓発されたこともあり、近代農法自体も過剰な化学肥料や農薬の使用を減らし、環境保全型農業を指向するようになってきている。我が国のヘクタール当たりの農薬使用量は、最近では若干減少傾向を示しており、今では農薬使用量が増加を続けている中国とほぼ同じ水準となっている。[6] 毒性が強くて使用禁止となっている農薬数や残留農薬規制濃度からみて、我が国は世界で最も農薬規制の厳しい国となっており、日本の食の安全性の高さは世界から評価されている。

ポスト生産主義の時代を迎えて、食料生産以外の農業・農村の持つ多面的機能が見直されるようになってきた。グリーン・ケア（農業福祉力）への関心も高まっている。例えば、全国の障害者就労支援施設の中には、就労訓練の中心に有機農業や自然農法の実践を取りいれている施設も少なくない。近代農法ではなく有機農業の実践である点に、生命的自然の持つ治癒力への期待が窺われる。

亀山純生は、高度消費社会の中で進行している人間疎外の克服に「農」の復権が不可欠であることを論じている。近代文明転換の契機として、人間基礎力を育む「農」への期待が高まっている。

「農」とは、本質的に人間と自然の生命的交流の営みであり、一定の土地で自然の時間的空間的限界の中で、人間が注目する特定の生命機能を自然の生命力とともに強化することである。……「農」は生きた全体的自然の中での生命的交流として、労働主体の人間も生きた全体的な生命的主体であることが本質的に求められる。それゆえ「農」は、生産だけでなく消費とも不可分の生命の営みであり、また「農」の労働は自然との精神的文化的交流と不可分の生身の全体的活動である。……共同の関係や作業を不可欠とする米作りに典型的な「農」の営みは、自然への欲求を軸に必然的に共同的欲求を誘発し、さらに多様な欲求を惹起し、「人間（基礎）力」を回復する典型的構造を内包している（亀山純生「日本社会における農の復権の根本的意義と緊急性――現代の人間危機克服と共同性回復の視点から――」尾関周二・亀山純生・武田一博・穴見慎一編著『農と共生の思想――農の復権の哲学的探究――』農林統計出版、二〇一一年）。

(2)現代医療と東洋医学

二十世紀に世界人口が急増した背景には死亡率の急速な低下があったが、西洋医学の発展と普及はこれに大きく貢献した。特に、抗生物質、ワクチンの普及は感染症による死亡率を大幅に低下させた。

しかし、西洋医学だけでは治癒できない病気も少なくなく、代替補完医療として東洋医学への期待が高まっている。東洋医学はホリスティック（全体論的）な健康観に立って、身体全体の気・血・水のバランスを回復させ、自然治癒力を活性化させて病気を治そうとする伝統医学である。中国医学、漢方医学、アーユルヴェーダ医学、チベット医学などアジアの伝統医学の総称である。

現代医療の主流となっている西洋医学が直面している課題として、次のようなことが指摘されている。(7)

①西洋医学だけでは治せない多様な生活習慣病が増加している。
②西洋医学では個人差、性差、加齢などに起因する副作用への対応が不十分で、よりきめの細かいオーダーメイドの医療が求められている。
③現代病といわれるストレスに起因する病気に対してメンタル・ヘルス・ケアに基づく医療が増加している。
④強力な抗生物質の耐性菌の出現による問題が増加している。
⑤地域密着型の予防・初期的治療（プライマリー・ヘルス・ケア）が重要になってきている。
⑥国民医療費の増加が続いており、現行の社会医療制度の維持が困難になってきている。

以上のような現代医療の課題を解決するために、日常生活での倫理的および精神的側面が重視されてきた伝統医学への期待が高まっている。

中国医学や漢方医学では、食養生と鍼灸整体を二つの柱として、病気の予防と治療が行われてきた。(8) 食養生においては、「薬食同源」の考えがあり、人間が口にする物はすべて薬と考えている。生薬も含めて食物をすべて五味（酸、苦、甘、辛、鹹の五つの味）、五気（熱、温、平、涼、寒の身体を温めたり冷やしたりする性質）、帰経（作用する臓腑）で分類し、摂取する食物の組み合わせを工夫して、健康維持が図られる。鍼灸整体においては、骨格の歪みを矯正するとともに、五臓六腑につながる経絡を鍼や灸で刺激して気、血、水の循環が整えられる。

また、「身土不二」の考えがあり、我々の身体と大地、自然とは二つの別ものではなく、身体は自然の一部であるとする身体観に立っている。自然の一部であるので、身体は時々刻々と自然の変化の影響を受けている。身体が変化していることを前提として、気、血、水のバランスが図られる。

「七情」の考え方もあり、心の在りようが身体に及ぼす影響も配慮されている。喜びの感情が過剰になると心臓に不調が現れやすく、怒りの感情が過剰になると肝臓に悪影響を与え、悲しみや憂いが続くと肺に変調が現れやすく、思い悩みが続くと脾臓に変調が現れやすく、恐怖や驚きの感情が過剰だと腎臓に不調が現れやすいことが、長年の臨床経験から説かれている。(9)

このように、東洋医学は、我々の生命はすべてのものとの連関性の中で展開している、というホリスティックな生命観に立っており、有機体論的世界観で身体を理解している。

最近の日本人の死因別死亡率を見ると、癌、心疾患、肺炎、脳卒中が上位四位を占めており、この四つの死因で七割以上の日本人が亡くなっている。(10) このうち、癌、心疾患、脳卒中は三大生活習慣病と言われており、生活習慣の改善によってかなりの程度予防できる病気である。生活習慣改善には、禁煙や運動と並んで食生活改善がある。東洋医学は、元来食養生と整体を重視しており、生活習慣改善により体質を改善し、未病段階で健康を回復させることを得意としてきた。

糖質、脂質、蛋白質、ビタミン類、ミネラル、食物繊維類等のバランスのとれた食事、カロリー・コントロール、生活習慣病予防効果がある機能性食品の活用と並んで、生薬やそれを組み合わせた漢方薬、薬膳料理を活用することによって、生活習慣病をかなりの程度予防することができる。社会の高齢化が進む中で健康長寿が国民的課題となっているが、西洋医学だけでなく、それを補完代替する東洋医学への期待が高まっている。

筆者は、我々の生命は太陽や大気、大地、水、植生、食物、家族、地域共同体、社会、歴史などすべてのものと空間的、時間的につながって展開していると考えている。太陽が消滅すると我々の生命も亡くなるし、ビックバン以来一三七億年といわれる宇宙進化の過程でもし何かが欠けていたら、今の我々の身体は存在しなかったであろう。空間的、時間的な縁起性の中に我々の生命は展開しているのである。この様な視点から、ホリスティック・セラピーを提唱している。

ホリスティック・セラピーでは、生命を支えているものとの繋がりが切れたことにより心身の不調が起こっていると考える。切れた繋がりを再結させれば、自然治癒力が働き始めると考えている。有効な手段として、次の五つの療法を重視している。

①食養生（栄養バランス、カロリー・コントロール、機能性食品の活用、薬草の活用）
②ボディー・ワーク（運動、整体、作業療法）
③心理療法（認知行動療法など）
④農業体験（生命的自然との身体的交流）
⑤ラポール（信頼）をベースとした小集団での社交体験

ホリスティック・セラピーは、特に心理的不適応を起こしている人に有効である。有機農業の実践を取り入れた障害者就労支援施設で治癒効果が高いことが知られているが、このような施設では、上記の五つの療法が有機的にうまく機能しているケースが多い。

4　二つの世界観の統合化の試み

西洋では、機械論的世界観をベースに近代化が推し進められてきたことに対して、一九六〇年代ぐらいから様々な危惧の念が表明され、新しい世界観の模索が始まった。

農業の分野では一九六二年にレーチェル・カーソンが『沈黙の春』を著し、農薬による環境汚染への警鐘を鳴らし、環境保護運動展開の契機となった。[11]病害虫の被害を抑えて農業生産性を高めることを実現させたＤＤＴの使用が、野生生物の生命も脅かしていることを告発した。

一九七二年にはローマクラブの『成長の限界』が出版され、利便性が高くより快適な高度消費社会の実現を目指してきた人類の発展が、このままのトレンドで進むと、必ず限界に直面することを警告した。[12]局所的最適化を求める人間行動の集積が、地球全体にとっては合成の誤謬を引き起こしていることを、世界モデルを使ったシミュレーション分析の結果として明確に示した。人類が直面している合成の誤謬の問題をこれほど明快に解説した本は、これが初めてであり、これ以降コンピューターによる計量モデルを使った将来予測の研究が盛んに行われるようになった。最近では、バックキャスティング手法を使って、目標とする地球社会に到るための適切な通過経路を探る研究も行われるようになり、合成の誤謬問題を事前に回避することがある程度可能となってきている。一九七三年にはシューマッハーが『スモールイズビューティフル』を著し、これまでの成長主義を批判するとともに、人間中心の新しい経済学の可能性を提示した。[13]

一九七五年には、フルチョフ・カプラが『タオ自然学』を著し、世界観の見直しの必要性を説いた。[14]現代物理学と東洋思想との類似性に着目し、新しい世界観創造の可能性を論じた。一九七六年には、アーサー・ケストラーが『ホロン革命』を著し、要素還元主義とホーリズム（全体主義）を統合化する新しい一般システム論を提示した[15]。有機体論的世界観に対しても、そこからは何も生まれなかったと批判する彼は、どんなシステムも有機的ヒエラルキー構造をしているが、ヒエラルキーの構成メンバーの一つひとつはどのレベルにおいても、上位のレベルに対しては「部分」として従属しているが、下位のレベルに対しては「全体」としての自律性を持った「ホロン」として存在していることを明らかにした。

一九八〇年には、エーリッヒ・ヤンツが『自己組織化する宇宙』を著し、ゆらぎを伴う不可逆過程で散逸構造の進化、自己組織創出が起こることに着目して、自己組織化パラダイムを提示した[16]。進化とは、一つの構造が別の構造へ移る際の不安定フェーズに働く、諸プロセスの開放的相互作用であり、人の生もまたそのようなゆらぎであり、宇宙全体もゆらぎであり、そこに人が生きることの意味や社会設計の原理を見いだそうとした。

一九八二年には、ケン・ウイルバー編集の『空像としての世界――ホログラフィをパラダイムとして――』が出版され、ホログラフィ（完全写像記憶）をモデルとした新しいパラダイムが提示された[17]。ホログラフィの世界は、華厳経で説かれている「一即一切、一切即一」の世界に近く、全体と部分の不可分相即性をイメージしやすい事例である。

このように今振り返ってみても、西洋では一九六〇年代以降、機械論的世界観と有機体論的世界観の統合化、あるいはその両者を超える世界観の探究が、新しいシステム論からの発想を中心に始まっていたことがわかる。

5　仏教の世界観

自然や社会、人間など森羅万象の認識の仕方の枠組みを世界観と呼ぶなら、仏教はこの世界観を非常に重視してきた。仏教は仏（覚者）になる教えであるが、この仏になるための悟りの体験には世界観の変容が伴うと説かれている。

人間の心を深く探究した唯識論[18]では、我々の世界認識の仕方を三種類に分けて説明している。分別性、依他性、真実性の三性論である。

本稿で考察している二つの世界観との対比としては、分別性的世界観は機械論的世界観に近く、依他性的世界観は有機体論的世界観に近いと思われる。竹村牧男は、仏教の三性説を次のように解説している[19]。

遍計所執性（分別性）とは、分別されたもののことで、対象的に実体として把握され、執着されたものということです。依他起性（依他性）は、他に依るもののことですから、縁起の中の存在すべてを意味します。円成実性（真実性）は、すでに完成されているもののことで、もとより変わらない事象の本性そのものを意味します。それは、縁起の故に無自性、無自性の故に空といわれる、その空なる本質、本性のことに他なりません（竹村牧男『知の体系――迷いを超える唯識のメカニズム――』佼成出版社、一九九六年、一二七―一二八頁、括弧は筆者の追記）。

仏になることを目標とする仏教においては、分別性よりは依他性を上位に、さらに真実性を最上位に見ているが、分別性的な認識の仕方、世界を部分に分割して認識する見方を無視しているわけではない。例えば法華経の十如是の教説の前半部分は、仏も現象の生起を種々の側面である相、性、体、力、作、因、縁、果、報から認識することが説かれている。ただ、この十如是の最後が「如是本末究竟等」（そうしたことどもが、それぞれ平等に、かつ緊密に結び合っているのである）で終わっているところが、分別性だけでは終わらない仏の認識の特徴といえよう。亀山純生は、仏教の因縁果の論理が、因（原因）と縁（条件）による共生（ぐしょう）の果としての三項関係で見る論理であり、どの側面に注目するかで三項が相互転換すること、実践的連関の中での主体の関わりを問う論理であり、生命論的世界観の一つの契機となっていることを指摘している[20]。

唯仏と仏と乃し能く諸法の実相を究尽したまえり。所謂諸法の如是相・如是性・如是体・如是力・如是作・如是因・如是縁・如是果・如是報・如是本末究竟等なり（『法華経』方便品）。

仏教では究極の世界認識の仕方を真実性と呼び、これは存在の縁起性、空性の認識であると説かれている。我執、法執を離れた時に開かれる真如、法性の世界だとされ、苦悩からの解放とともに智慧と慈悲が発現する世界だと説かれている。鈴木大拙は、華厳思想の「事事無礙法界」を仏教の最も深い世界観と位置づけている。竹村牧男は、「事事無礙法界」の世界を、次のように解説している。

如来蔵自性清浄心は、真如と異なるものではない。真如・法性は自己を主張せず、むしろ自らを否定することにおいて、縁起の諸法を成立せしめているというのである。空性は、絶えず自らを空化しているというのである。ここに、理事無礙法界から事事無礙法界への道がある。普遍的な本性は、空性であるがゆえに、自らを否定し尽くして、ただ無尽の関係性の現象世界だけが残る。そこでは、無数の個が関係しつつおのおのの個が主でありえ、かつ他の伴となって世界を構成している。その総体が、絶対者といえば絶対者であろう（竹村牧男『入門　哲学としての仏教』講談社、二〇〇九年、一六七頁）。

竹村牧男の師匠の秋月龍珉は、「事事無礙法界」の世界を、次のように解説している。

創造性とは「仏性（自他不二・大智即大悲）」である。「個」と「超個」、私と場所とのあいだに、こうした根源的な、しかし限界的な対応〈逆対応〉が存し、この場所的逆対応を通して、我と汝とは独立した「個」でありながら、互いによく対応して一致し得る。すなわち甲がその限界的底面において自己を見、そこに彼自身の考えの出発点を定め、そこから一歩一歩正しく考えてくることは、もし乙が同様にして自己の限界的底面から働いてくるならば、そのとき両者は独立の個体のままで互いに正しく対応して一致する。甲の限界が甲のものであるとともに甲を越え、乙の限界もまた同様に乙のものであるとともに乙を越えていることによって、両者とも一なる場所の逆限定に於いてあるものとなる。場所は、到る処にこのような個と個との即非的結合の中心点に充たされている。ここに仏教最高の思想と大拙が言った華厳哲学の「事事無礙法界」観がある（秋月龍珉『絶対無と場所――鈴木禅学と西田哲学――』青土社、一九九六年、四〇三頁）。

仏教の世界観との対比を通じて、機械論的世界観と有機体論的世界観を見直してみると、二つの世界観は二項対立的な関係にあるものではなく、我々認識主体の心の捉われ方に関係した世界認識の仕方の違いとも理解できる。さらに、これら二つの世界観を統合化した先には、真実性の世界、縁起性、空性、真如と呼ばれる世界が開け、創造性の源、いのちや霊性の次元が開かれてくることに気づかされる。

6　おわりに

以上、二つの代表的な世界観である機械論的世界観と有機体論的世界観について、それらの適用誤謬の問題を中心に、考察してみた。

機械論的世界観と有機体論的世界観は二項対立的関係にあるものというより、認識対象の複雑さの程度や次元の違い、認識主体の捉われ方の違いから、異なる世界観が成立することを確認した。

機械論的世界観を適用する場合には、局所的最適化による合成の誤謬が発生する可能性が高いので、それを回避するためにはシステム論的アプローチによるシステム全体への影響に関する配慮が必要である。また、多次元的な評価基準を採用することも必要であろう。

特に農業や医療、教育など生命と深く関わる分野への機械論的世界観の一元的適用は、種々の適用誤謬を引き起こす可能性がある。[21] このような分野への機械論的世界観の適用においては、有機体論的世界観で補完することが有効である。

二つの世界観を統合化した新しい世界観の探究も始まっている。新しい世界観は、全体と部分の連関性、生命現象のダイナミズム、自己組織化、自己超越、創造性などの論理が組み込まれたものとなるであろう。複雑なシステムを対象とした臨床的経験での検証にも耐えるものでなくてはならない。一九七〇年代から西洋で発展してきた一般システム論や仏教の事事無礙法界の世界観は、新しい世界観の創造において参考となるであろう。

仏教の唯識論において、存在の認識の仕方を分別性、依他性、真実性の三種類に分類していることは、世界観を考察する上で深い示唆を与えている。分別性、依他性の二つだけでなく、第三番目に真実性を立てていることは、我々の日常の世界観が我々の心の捉われ、執着によって色付けられていること、認識の虚妄性への配慮からと思われる。

仏教では認識の虚妄性は、主に言語、想念による世界の分節化によって起こると説かれている。この言語、想念による世界の分節化を離れるためには、瞑想、禅定が不可欠である。[22] 世界観の探究は、世界認識の虚妄性への気づきへと我々を誘うようである。虚妄性が晴れたときに開かれてくる世界認識の地平は、我々を解放し、いのちが十全に展開する世界であろう。自然といのちの尊さの実感とそこからの創造的活動の展開は、このマトリックス（母胎）から生まれ出てくるものと思われる。

（１）IPCC, Summary for Policymakers, Climate Change 2013, The Physical Science Basis, 2013.
（２）環境省『環境白書・循環型社会白書・生物多様性白書：平成二十二年版』二〇〇九年。
（３）古沢広祐編著『共存学：文化・社会の多様性』弘文堂、二〇一二年、二七九頁。
（４）ＷＷＦ、グローバル・フットプリント・ネットワーク『生きている地球レポート二〇一〇年版：生物多様性、生物生産力と開発』二〇一〇年。
（５）日本有機農業研究会編『有機農業ハンドブック―土づくりから食べ方まで―』農山漁村文化協会、一九九九年、三三八頁。
（６）FAO, UN, FAOSTAT, 2014.
（７）御影雅幸・木村正幸編著『伝統医薬学・生薬学』南江堂、二〇〇九年、一―二頁。
（８）木村孟淳・御影雅幸・劉園英編著『中国医学―医・薬学で漢方を学ぶ人のために―』南江堂、二〇〇五年。
（９）宮原桂『漢方ポケット図鑑』源草社、二〇〇八年、二四〇―二四六頁。
（10）厚生労働省『人口動態統計』二〇一三年。
（11）Ｒ・カーソン著、青樹簗一訳『沈黙の春』新潮社、一九八七年。
（12）ローマ・クラブ編、大来佐武郎監訳『成長の限界』ダイヤモンド社、一九七二年。

(13) E・F・シューマッハー著、斎藤志郎訳『スモールイズビューティフル—人間復興の経済—』佑学社、一九七六年。
(14) F・カプラ著、吉福伸逸・他訳『タオ自然学』工作舎、一九七九年。
(15) A・ケストラー著、田中三彦・吉岡佳子訳『ホロン革命』工作舎、一九八三年。
(16) E・ヤンツ著、芹沢高志・内田美穂訳『自己組織化する宇宙—自然・生命・社会の創発的パラダイム—』工作舎、一九八六年。
(17) K・ウィルバー編、井上忠・他訳『空像としての世界—ホログラフィをパラダイムとして—』青土社、一九八四年。
(18) 三性の名称については、玄奘三蔵が「遍計所執性」「依他起性」「円成実性」と訳したのに対して、真諦三蔵は「分別性」「依他性」「真実性」と訳している。岡野守也は、初心者に分かりやすい真諦三蔵の訳を採用しているが、筆者もそれに倣うこととした（岡野守也『誰にでも役立つ唯識心理学入門』サングラハ教育・心理研究所、二〇一四年、三四頁）。
(19) 三性の解釈については、歴史的な変遷が見られる（竹村牧男『「成唯識論」を読む』、春秋社、二〇〇九年、三九九—四五四頁）。ここでは、竹村牧男の三性の定義を参照した。
(20) 亀山純生「生命論的世界観の協同探究と日本仏教思想—文明史的転換の共生社会理念の共有のために—」『環境思想・教育研究』七、二〇一四年、一八—二四頁。
(21) 本稿では、生命と深く関わる分野として農業と医療を取り上げたが、吉田敦彦は教育の分野について、ホリスティックな世界観の視点から体系的な考察を行っている（吉田敦彦『ホリスティック教育論―日本の動向と思想の地平―』日本評論社、一九九九年）。

(22) 岡野守也は、仏教心理学に有って西洋心理学で決定的に欠けているものが瞑想、禅定であることを指摘している（岡野守也『唯識と論理療法―仏教と心理療法・その統合と実践―』佼成出版社、二〇〇四年、二五一―二五二頁）。論理療法でのイラショナル・ビリーフや認知行動療法での自動思考は、仏教での我執、法執とほぼ同じと考えていいであろう（菅沼憲治編『人生哲学感情心理療法入門』静岡学術出版、二〇一三年）。

第2部　自然といのちを考える――哲学、心理学、倫理学から

亀山純生

〈いのち〉の三契機と〈尊さ〉への倫理学的視点

はじめに

本稿では、本書の先行成果『サステイナビリティとエコ・フィロソフィ』(竹村・中川 2010)、特に中川の「生命の全一性」の提起、および本書の総論(竹村)の「いのちの深み」の提起を私なりに受け止めつつ、本書のタイトルにも挙げられる「いのち」というタームの内実について倫理学の視点から基礎的検討を試み、〈いのち〉の倫理的性格を展望したい。

それは第一に、現代日本において環境問題や人間疎外の深刻さの中で「いのち」の「尊さ」がキーワードとなっているからである。それにもかかわらず「いのち」とは何かが明らかでなく、いわば言葉だけが踊っている状況にある。それ故、かつて〈共生〉のタームがイチジクの葉と批判されたように、情緒的語用の氾濫の中で、その語をキーワードとして浮上させた現実問題を隠蔽し、解決への問いを雲散霧消させる危険を強く懸念するからである（亀山 2005）。

第二に、末木（2008）が鋭く提起するように、近代のトータルな見直しとも密接に関わって、普遍概念としての西洋近代哲学のタームから現実を〈天下り〉的に解釈する〈悪弊〉を根本的に改めることが不可避だからである。つまり、現実の諸個人が生きている足元から、日本という具体的な場でそれで生きる日本語で、哲学し理論を構築することが決定的に重要だと思うからである。

第三に、私はこの視点から、現代における環境と文明の危機、自然破壊と人間疎外の思想的枠組みをなしてきた近代の機械論的世界観の克服と、新たな生命論的世界観の再構築・共有化の必要を提起した（亀山 2014）。そこでは古典的な意味で機械・物質に対する生命の固有の質に注目していたが、後述の如く日本の哲学界においては科学技術の発達の中でそれが見失われている状況にあり、あらためて生命の固有の質とは何なのか、が問われているからである。

以上の点で、〈いのち〉とは何か、その〈尊さ〉とは何なのかを、あらためて思想的に――とりあえずは倫理の地平で――問い直すことは、哲学的倫理学的にも意義があると思われる。本稿はその第一歩へのささやかな試みとしたい。

1　〈いのち〉を浮上させる問題状況と〈いのち〉の意味限定の視角

現代において「いのち」は倫理の文脈でも新たな注目を浴びている。だが、それはなぜなのか、何より〈いのち〉とは何なのか、その整理は、特に倫理学においては、管見の限りではまだ明確にはなされていない。ジャーナリズムなどで「いのち」への注目を説く論者もほとんど〈いのち〉の意味は自明として扱っているようである。そこで、あらためて今日〈いのち〉が注目される特徴的な倫理的文脈に注目し、そこでの「いのち」の語の独特のニュアンス（生命、寿命などの類語からあふれ出る余韻ないし余剰）を手掛かりに、〈いのち〉の倫理的意味を暫定的に確認したい。なおここでは、〈いのち〉と〈命〉はほぼ重なるものとする。両者がほとんど区別されずに使用され、和語と漢語のどちらを使うかは視覚的な語感、わかりやすさ・親近感の差異を基準にしていると思われるからである。厳密に言えばこの差異は倫理学的には重要な意味を持つが、本稿では従来の倫理（学）のキータームや類縁語との対比――ごく一部だが――に重点を置くので、とりあえず捨象しておきたい。

さて、今日「いのち」の語がキータームとなる社会的倫理的文脈を照らす重要な手掛かりは、唯物論研究協会年誌（2012）の特集「〈いのち〉の危機と対峙する」が示している。その趣意書は、〈3・11〉後の復興策と地元住民の矛盾を中心に、原発の必要など「『生活の論理』によって〈いのち〉を守りたいという願いが踏みにじられるという逆説」に焦点を当てる。〈いのち〉には、漁業者など自然と共生する住民の暮し、被爆で脅かされる生命や子どもの未来が含意される。そして、「平和な生活」を守るために戦争準備が強化される（基地周辺の住民の暮しと国民の命が脅かされる）事態、未来世代の「生活」確保のために生活保護・福祉が縮減される（生活困窮が深刻化し死にまで至る）事態を、市場社会の「日常生活」の論理による〈いのち〉の危機と捉えている。さらに、出生前診断による〃胎児の選別〃や社会的格差増大による子ども・若者の将来や社会生活の格差、死を招くことも少なくないイジメや虐待の深刻化などを想起させつつ、これらを〈いのちの選別〉〈いのちの序列化〉〈いのちの軽視〉と特徴づけている。それを受けて、「生活、生存、生命の根源にある〈いのち〉の存在論」の組み立て直しが、現代における「理論の存在意義」の試金石だと提起している。

以上のごくサワリ部分だけでも、傍線部が象徴するように、現代の人間存在と生をめぐる深刻な事態は既成キーワードのみでは対応できない新たな問題を表出させ、新たなキーワードとして〈いのち〉が注目されることを示している。上で垣間見た問題群は、従来は生存権、生活の権利、人間の平等、人間（人格）の尊厳などのキーワードで論じられてきたものであるからである。またそれは、〈いのち（命）〉

は、生命・生活をはじめ生・ライフなど類語の意味を含みつつも、そこから溢れだす意味の余韻・余剰を照射する全体性を担保する総合的キーワードとして期待されていることを示すとも言える。同特集に限らず、孤立者や自死願望者に対する〈いのちの電話〉、医療現場での〈いのちの尊厳〉、学校現場での〈いのちの教育〉など、一般的にも同様と言えよう。特に宗教者が強調する〈(大きな)いのち〉は、明確にそのことを意図していると思われる。

だが問題は、〈いのち〉の意味の限定、つまりそれが既存キーワードとどう関係し、類語の意味や全体性をどう担保するか、それが含む余韻・余剰の内実が何であるかの、少なくともポイントの確認である。本稿ではそれを倫理(学)の地平で試みるが、その際の重要な視点を同特集は示唆している(残念ながら〈いのち〉の意味の限定には踏み込んでいないが)。同特集の特徴は「〈いのち〉の危機」としてしか表現しえない問題状況を「生活の論理」との対比で浮上させる点にある。それにより、事態を単に政治や権力の問題としてでなく、現代人の価値観と生への関わり方、諸個人の主体的な倫理問題として問うている。

そのことは、第一に、〈いのち〉の意味限定は、単なる類語の余剰探しはもとより人間の普遍的本質からの演繹論的な概念規定でなく、具体的な諸個人の生の営み(生死のありよう)の問題、何より受苦(それなしには現代では人間として生きられないという意味で〈本質的欠如〉)から照射されるべきことを示している。

第二に、〈いのち〉の問題を歴史社会的構造、何より現代のグローバル社会化と高度消費社会構造との関係で捉え、そこに呪縛される現代人の意識構造・価値観の批判・反省から照射することである。それは必然的に、それらを招来した近代的価値観や近代倫理（学）の見直しと深く結びつく。同特集で、生存権が自明の前提としてきた生命に焦点を当て新たに生命権を提起する吉崎論文や、従来は人格を原理として論じられた問題を「〈いのち〉の相互承認」と捉え返す藤谷論文はその好例である。

第三に、以上の作業は、同時に従来の人間抑圧批判や脱近代論の――そして論者自身の――近代呪縛性の自己批判的吟味と不可分なことである。戦後日本において〈脱近代＝反資本主義〉論やポストモダン論がその看板と裏腹にいかに深く近代に呪縛されてきたか、もっぱら対権力者・対資本との関係で市民の生存・自由・平等や民衆解放を謳う民主主義思想が意図とは逆に、人間の抑圧をいかに糊塗・隠蔽してきたか……。その痛恨の自己批判抜きには〈いのち〉論は不可能である。

だが本稿では、これを詳論する余裕はなく随所で示唆するに止めざるを得ないが、少なくとも意図としては、この視点を前提することを強調しておきたい。

2　全体概念としての〈いのち〉の意味の暫定的限定

以上を踏まえて、〈いのち〉とは何かについて、倫理的意味（〈いのち〉というタームが孕む内実のポイント）の若干の暫定的限定を試みたい。それは、本来なら〈いのち〉の問題を表出させる現場からの具体的な論証によるべきだが、今はその余裕がなくとりあえずは、若干の問題現場からの直観的見当に止めざるをえない。その意味でも暫定的仮説的な提示でしかない。

第一は、終末期医療での延命治療の是非と関わるＱＯＬ（Quolity of Life）問題から〈いのち〉が論じられる現場である。そこでは、延命治療を典型とする現代医療の中心がもっぱら生物的生命の維持を焦点とするのに対し、患者のよき（良き？　善き？）生、人間の尊厳の位置づけの問題を浮上させた。その点で中島（1990）は、日本の医療現場ではＱＯＬのLifeが事実上「生活」と理解されてハード面の整備に還元されていると批判していた。そして、Lifeを「いのち」と訳し、通常Lifeの訳語とされる「生活」「生命」「人生」「寿命」などのすべてであっていずれかに特定されない概念だとし、〈いのち〉は超越的存在を介しての人格的交流の内に存在すると提起していた。〈いのち〉が類語の意味の余韻・余剰をカバーすることの端的な指摘であり、そのポイントが価値としての生（尊厳）、諸個人の関係性（交流）、その個人超越性にあることを示唆している。

第二に、前述の特集のように「生活の論理」で抑圧される〈いのち〉が論じられる現場である。

〈3・11〉後の東北にせよ、イジメやブラック労働にせよ、さらには〈無縁社会〉など、そこで〈いのち〉の危機と言われる場合に含意されている一つの重要なポイントは、〈生きる希望〉や〈生きがい〉の喪失、それと密接に関係する人間の孤立化・深い孤絶感にあると思われる（NHK 2010、中西 2012）。もとより生命の危険、生活の困難とセットであり、〈故郷〉など人生の基盤の劇的喪失や、会社など〈オモテ社会〉・世間からの排除という事態とセットである。と同時に、単に生計の困難でなくそうした眼前の困難に立ち向かう力の減退、そこにおける〈誇り・自信〉の不在や自己喪失感、それと不可分な人間的関わり（〈オモテ社会〉の関わりと異質な）の欠如に強く焦点が当てられている。それらを包含する〈生きる力〉〈生きさせる力〉を焦点として〈いのち〉が注目されていると言えよう。〈3・11〉の場合、身近な死者との〈共生〉も生きる力のポイントだと注目されている（若松 2012）が、それは〈いのち〉が死者との関わりをも含むことを、単に宗教世界でなく倫理次元でも示している。

第三に、自然界や人間以外の生物世界において〈いのち〉が論じられる現場である。日本文化においては仏教的自然観の生活化も影響して、人間と他の生物をともに生き物として捉え、生物の生命を〈いのち〉と表現する場合が多い。だが現代の高度消費生活への反省からは同時に、環境問題や食農教育論のように人間と他の生き物との生命的交流・授受される〈いのち〉に焦点があると言えよう（松原 1992、本野 2006）。それとともに注目されるのは、生物多様性保護の中心問題は遺伝子や単に種の多様性でなく地域における生物種・個体の関係の多様性だとして、里山をモデルに「いのちのにぎわい」などと表現される場合である（樋口 2013）。それは生物間の関係性の豊富さの中でこそ各生物の生命力が発現・活性化することを含意している。これらは、〈いのち〉は自然界それ自体においても人間との関わりにおいても、生命交流の力であり生命関係を活性化させる力を意味していると言えよう。

とりあえず以上からだけでも、今日キーワード化されつつある〈いのち〉の意味は、これまでの日本社会・文化における「いのち」の語彙と重なるとともに、そこからあらためて確認すべきポイントも照射されるように思われる。

『日本国語大辞典』（小学館 1973）は、「いのち」の一般的意味は以下の五つとする。

①「人間や生物が生存するためのもとの力となるもの。生命。また寿命」。
②「生涯。一生。生きている間」。
③「運命。天命」。
④「唯一のたより。唯一のよりどころ」。
⑤「そのものの独特のよさ。真髄。また一番大切なもの」。

用例を省いた以上だけでも、現代の「いのち」の語が直接には①②を指すとともに、特に①傍線部と④⑤を一体として含むものとして使われていることが窺える。生活・生命・生の絶対的基盤、価値としての生、その人や生き物・物の固有の価値、いのちのかけがえのなさ、など。

ちなみに、これらの中で語源から見て根幹をなすのは①傍線部とともに、一見奇異に見える③にある。大野（2011）は、「いのち」の語源は、「イ（息）のチ（霊力）」だという。それは、〈いのち〉の基底的意味が個々の生物・個人・諸存在の活力であり、それは個々の存在を超えた（個別存在の前提をなす）力にあることを示唆している。他方、③は漢字の語源に由来するが、それを白川（1984，1987）はこう言う。「命」とは「口」と「令」の合体であり、天（自己を超えた存在）の〈意志〉が口に表現されたもの（を聞くこと）であり、それが万葉時代に和語「いのち」の字に充てられた、と。それ以後、双方の語源的意味の交錯と歴史的豊富化の中で、特に仏教思想と相まって、①②④⑤の意味の核心を形成し、それら全体として日本語の「いのち（命）」の意味を醸成してきた（大野 2011）。仏教との関連では、①の「寿命」は漢訳仏典に由来し個体の生死の期間（生命力の持続）を指すものとして常用されてきた。だが、「寿」の語源は「豊作の祝い」であり（白川 1984）、仏典での「寿命」とは仏（諸仏）による人間・生物の存在価値の承認・役割（使命）付与とその生命持続への寿ぎを意味するのが原意と言える。これらから「いのち」の③の意味は、現代における〈いのち〉の意味の重要な焦点を照射すると思われる。確かに③の表現は歴史的用法による宗教的色彩が濃いが、宗教性を括弧に入れて倫理的地平で再解釈すれば、〈いのち〉とは、個人・生命的個体が存立させられる相互の関係・意味世界（秩序）の自覚において成立し、諸個人・諸生命体の価値的相互承認において現出することを示すからである。

この意味で、①傍線部と③を二つの焦点とする「いのち」の語意の全体とその膨らみは、現代のキーワードとしての〈いのち〉の意味を照射するように思われる。もとより、ここから演繹されるのではない。既存キーワード・類語の限界を超え余韻・余剰を包摂する〈いのち〉への注目は、「いのち」の語用を暗黙の下敷きにしていたとしても、直接には現代社会の生の矛盾・受苦からであり、現代の疎外された生・人間存在と近代倫理・価値観の批判からなされる。だが、あらためて〈いのち〉の意味の焦点を浮上させ言語化する参照点として、「いのち」の語彙とその構造が手掛かりとなると思われる。

以上から〈いのち〉はとりあえずこう定義できないだろうか。すなわち、〈いのち〉とは、〈生命〉〈生存〉〈寿命〉〈生活〉〈人生〉〈生〉を生み、それらを存立せしめ、それぞれと不可分のものとしてその根源において〈はたらく〉活力であり、それ自身、諸個人・諸生命体の相互的存在連関・相互作用とその意味的承認関係において現出する至尊の〈はたらき〉としての〈生かす力〉〈活かす力〉である、と。

なお、日本語の「いのち」は、辞典にあるように道具や芸術品などの物（人工物）にも用いられる。だが、〈物のいのち〉は人間との関わりにおいてはたらくのであり、人間の〈いのち〉の地平から照射される二次的なものと言えよう。

付言すれば、〈いのち〉の暫定的定義と倫理的意義は、倫理学的には、西欧など他の文化圏との共有化・共軛可能性を視野に入れねばならない。今は論じえないが、日本文化との異質性が最も（しばしば必要以上に）言われる西欧圏でも、以下の如く life の多彩な意味を見ると、可能性が大きいことには注意しておきたい。『新英和大辞典』（研究社 2002）はおよそ七つ（①生命、命、生きていること。②生物・生き物。③人生、この世に生きること。④一生、生涯、終生。物の寿命・耐用期間。④複数形で、人、人命。⑤生活、暮し、生き方。⑥活気、生気、元気、快活。⑦活力源、生気を与えるもの。原動力、源泉、精髄、大切なもの）に整理している。

3　〈いのち〉の倫理的性格——〈生命〉と〈いのち〉、〈私〉と〈いのち〉

以上の〈いのち〉の暫定的定義を踏まえ、関連する問題を通してその特徴と倫理的性格を補足的に確認しておきたい。

第一は、〈いのち〉と〈生命〉の関係である。「生命」は国語辞典で「いのち」とも併記されるように、〈いのち〉と重なる仕方で幅広く常用されている（広義）。だが、混乱を避けるためにも、本来の狭義の意味で生物的生命とするのが適当だと思う。つまり〈生命〉とは、生物の本質（「生物が生物として存在する本源。栄養摂取・物質代謝・感覚・運動・生長・増殖のような生命現象から抽象される一般概念」『広辞苑』第六版）だと。「生命」は西洋自然科学の導入の中で生物学的 life の訳語として、当時の日本語で一般的だった儒教由来の「性命」や仏教由来の「寿命」とは区別されて採用された事実上の新造語である（石塚他編 2003）。それ以来、「生命」は日常語でも狭義を本来的意味とし広義を比喩的意味で用いてきたが、現代では生命科学の発達によりほぼ狭義に限定されていると言えよう。思想界で長らく定番である平凡社『哲学辞典』（1954）が「科学の認識の上に立って」「生物の本質的属性」として生命を定義してきたし、比較的最近の岩波『哲学・思想辞典』（1998）も、生命現象に動物や人間の思考・意志を加えつつも、それを踏襲している。

これに対し〈いのち〉は前述の定義とプロセスから明らかなように、人間の社会的生活・個人の生きがい・精神生活まで含む人間存在全体においてはたらき、かつ至尊性を内包する価値的で倫理的な概念である。と同時に、人間も生物であり生物界との関わりで存在するものとして、〈いのち〉はその根源的力としてはたらく。その意味で〈いのち〉は生物においては〈生命〉として、個体の生命（力）およびそれを発現させる他個体との関係、総じて自然の関係性として生命的存在の根源において現出していると言えよう。なお、〈いのち〉としての〈生命〉自体は倫理的概念だが、生物的生命の存在原理として現出する限り（その次元で認識される限り）、倫理や価値関係の前提の事実概念として、生物学の対象にもなりうる。

以上のことは第二に、生命と自然の関係、生命と人間の関係にあらためて重要な視点を拓く。今哲学界では、生命科学・脳科学・情報科学・認知科学などの急激な発展によって、万学の女王の「空位」を科学に占められ、哲学のアイデンティティ危機にあると言う（岩波『講座哲学』編集委員2008）。問題は、「心」「精神」などの領域が以前の如く哲学の「聖域」でなくなったことに象徴される。このことは、生命を含む自然が機械論的自然観に席巻され、哲学史的には有機体論として担保されてきた生命の固有性（〈物質〉との本質的差異）も見失われていることを意味する（分子生物学・複雑科学などの発達もあって機械論が有機体論を凌駕）。それは、機械論を思想的枠組みとする大工業制社会・市場原理社会が招来した環境破壊や人間破壊の抑止への展望喪失をも意味する。

この事態に関して、知的にも社会的にも近代を支配した「要素還元主義的手法」による「生命の分断化」に危機の焦点を見、「生命の全一性」の回復を実践的思想的に提起する中川論文（竹村・中川2010）は極めて示唆的である。そこでは「生命の分断」が、「人間と自然のつながりの喪失」（環境問題など）、「人間と人間のつながりの喪失」（イジメ問題など）、「心と身体、自我と自己のつながりの喪失」（うつ病・自殺者の急増など）の三分野で示される。そして各分野において「生命の全一性」回復の試みを、食・農、ホリスティック医療、ホリスティック教育として例示し、その根底の「生命の全一性」の世界観に上田（1991）の言う「大きないのち」を位置づけることを提起する。

ここで注目されるのは、一つには、機械（要素への還元と合成）に対して生命の独自性（全一性）を担保し生命を軸に世界（自然・社会・自己）を捉える視点を提起し、哲学の〝憂鬱〟に貴重な一石を投じたことである。そこで環境的自然を生命原理の生物世界と見ることの提起は、当たり前のようだが、環境倫理にとっても重要である。私も、環境問題を資源・エネルギー・気候などの物理化学的システムの問題に還元する環境倫理学（環境問題の「エレメンタール」化）を批判し、ローカルな場から眼前の生物世界を軸とする生命圏システム（生命の有機的連関の総体）として環境的自然を見るべきと提唱してきた（亀山 2005）ので、全く同感である。

二つには、生物的自然と人間との関係だけでなく、人間関係や心身関係・自己関係（精神的関係）も生命の分野として捉え、生命の根底に「大きないのち」が存在することを示唆することである。そこでは、「生命」と「いのち」の明示的区別は不明ながら、前述の私の区別から言えば、〈生命〉と〈いのち〉との重なりにおいて生命を捉えており、「生命の全一性」を担保するのは〈いのち〉だと、解される。

三つめに、さらに敢えて言えば（それゆえ著者の意図からの逸脱かもしれないが）、この生命の三分野論は、自然との関係の相でも、文化的社会的な人間関係の相でも、さらには精神的関係・自己関係の相でも、人間を一貫して生命体・生物と見ることを拓くと思われる。私は、近代文明転換の思想的パラダイムとして、機械論的世界観から、仏教的三世界論が示唆する生命論的世界観への転換を提起したが、ポイントはまさにここにあった。つまり日本的仏教では人間は「五蘊世界」（心身不可分の生命体）とされ、「世間」（社会）もろとも「衆生世界」（生き物世界）の一部であり、それが「国土世界」（生命的環境世界）との相関において存在すると見てきた。これを参照点に、私は生物的存在としてはもちろん、社会的存在としても精神的存在としても、人間主体を徹頭徹尾生き物（生命体）と捉えることを提起した（亀山2014）。中川の生命の三分野論はあらためてその可能性を示唆する。なおこの見方の倫理的意義は後述する。

第三に、倫理の地平で〈いのち〉を見ることは、倫理の主体である〈私〉とどう関係するかという問題である。

倫理を論じる場合に主体は何かの問いは不可欠である。私は、それは〈私〉〈この私〉であると考える。哲学的基礎づけは省略するが、少なくともそこから倫理の主体への問いがスタートすることは、経験的にはまず共通の当然の前提として確認されえよう。倫理が人間関係のどの地平（コスモポリタン、国民、地域社会、協同体、共同体、親密圏、家族……）で問題になるにせよ、主体への問いの起点と帰結点は〈私〉にあり、地平による相異は〈私〉の存在連関・性格の問題でしかない。しかも〈この私〉でなければ、倫理主体は自己性を捨象した三人称の主体でしかない。だとすれば、倫理の地平で問題になる〈いのち〉と〈私〉(〈この私〉)の関係に一定の見通しを立てることも不可避の課題となる。

この課題について、宗教論ではなく倫理学として珍しく〈いのち〉を主題とする大庭(2012)は、「私のいのち」という日常的語用から検討を行っている。大庭も「いのち」を定義せずに議論を進めるが、死の自覚から〈いのち〉を論じる叙述の具体例から〈生命〉(生物的いのち)を想定しているようである。そこで大庭は、近代倫理の〈主体＝自我〉の枠組みと連動して、〈私〉の能動性が「私のいのち」の語用において「私が所有するいのち」に収斂し、〈いのち〉を設計操作可能な「プロジェクト」化していることを批判する。そして、新生児の成長を想起しつつ、〈私〉(意識)の成立以前に生命(いのち)があり、「私のいのち(生命)」以前にその誕生をもたらす生命活動があったことや、〈私〉の生命活動の自然制約から、「私の受動性」を確認し〈私〉に対する〈いのち〉の前提性(先在性)を指摘する。そこから、「私のいのち」とは「私において働くいのち」であり、〈私〉とはいのちの場の限定であるにすぎないという。その意味で、倫理主体の〈私〉の根源に〈いのち〉があるとし、言わば倫理主体は〈いのち〉であり、〈私〉という場において働く〈いのち〉だというのである。

ところで〈私〉は、〈あなた〉という他者の存在を前提し、それとの関係において成立する。この点に注目して、前述の唯物論研究協会年誌(2012)の藤谷論文は、「『私』の根源的受動性」を強調し、倫理主体は「〈いのち〉の承認と連帯という人間関係」にあるという。それは、まず始めに父母などの〈あなた〉と言う呼びかけ・働きかけがあり、その中から初めて〈私〉が成立するということを想起すれば分りやすい事態である。その意味で、〈私〉（の〈いのち〉）という存在は、〈私〉に先行する〈あなた〉（の〈いのち〉）の働きかけの中でこそ実現することを、藤谷は指摘していると言えよう。

以上の点から、〈私〉に先立ち〈私〉の根源に〈いのち〉があること、〈私〉という倫理的主体を成立せしめるものが〈いのち〉であることを認めることは、単に神秘的ないし宗教的次元でなく、倫理的地平において不可避であると言えよう。

4　〈私のいのち〉の三契機とその倫理的性格

以上のような、〈私〉に先立ち〈私〉を成り立たせる〈いのち〉の根源性に、これまで特に強く注目したのは宗教の世界である。個々の教義はともかく、しばしば、「大きないのち」「無限のいのち」「永遠の命」などと表現されるが、それを宗教哲学的に論じた上田（1991）はこう言う。人間が「生きている」ことには、その「自覚」の相違により、「生命」「文化的生」「いのち」の三つのあり方があり、文化的生の肥大化による三者連関の歪みが現代の危機である。そして、前二者は自然科学と哲学（社会科学を含む?）により学問的に理解されるが「いのち」は不可で、「いのちの自覚」は死や「人間的生の否定」を介して了解されるもので、文学・芸術、特に宗教が遂行する。そのような「いのち」は人間を超えて「宇宙的に循環する物の大きないのち」とされる。イリイチ（2005）も、現代の危機はI am a lifeの語用が示す「生命」の「実体化」（モノ化）にあり、本来の「生命」とは宗教心の核心をなすものであり、ヨハネ福音書のI am Lifeが示すように神が体現する「宇宙を動かしている原動力」であると言う。

両者の真意は詳論で確かめられるべきだが、今注意すべきは、かかるフレーム・表現が独り歩きし宗教世界で神や仏とされると、しばしば〈いのち〉は人間や自然を超えた別の超越的実体のイメージに陥りやすいことである。諸個人が宗教的世界で〈いのち〉をどう表象するかは信仰の自由の問題だが、倫理的地平での〈いのち〉は決して超越的実体ではありえないことに留意すべきである。確かに先に確認したように〈いのち〉は個別存在や〈私〉に先立ちそれを存在せしめるものである。だがそれは、具体的存在の外部に超越的存在として実体的にあるのではなく、どこまでも具体的存在に内属しつつ具体的諸存在の関係においてはたらき、関係を成立させる〈力〉としてある。それゆえに同時に諸存在・〈私〉も、この〈いのち〉のはたらきに与かる限り存在しうるものとして、関係の一時的な集約点であって不滅の実体ではありえない。その意味で〈いのち〉の倫理的理解にとって、仏教が哲学的に明らかにしてきた縁起の法、本書の総論（竹村）が〈いのち〉の「深み」の相として解明する華厳哲学の相即相入の関係、関係の存在内化としての阿頼耶識のあり方が有力な参照点となる。

それ故に、〈いのち〉はいのち一般としてでなく、必ず何かのいのちとして、何よりも〈私のいのち〉〈私においてはたらく〈いのち〉〉として存在する。そして、諸存在の〈いのち〉も〈私のいのち〉との関係からこそ初めて問題になるのであり、それは〈いのち〉が価値的な倫理概念であることから必然的に要請される問いの根源的地平である。それ故また、〈私のいのち〉の構造が問われ、〈私のいのち〉と〈私〉の存在・活動の具体的ありようとの関係が問われねばならない。〈いのち〉と同様〈私〉も、近代哲学が〈自我 Ich〉とする如き私の内奥に鎮座する普遍的実体ではなく、フォイエルバッハが主語の真実態は術語の総体だと指摘するように（亀山 1982）、さしあたりは私の具体的な行為・関係の起点であり行為連関の集約点をなすのが〈私〉だからである。

以上の意味で〈私のいのち〉の構造は決して人間の実体的な普遍的本質や〈自我〉から演繹されるものではなく、各人それぞれの場での多相的で具体的な生きる経験の総体から照射され、帰納的総括の帰結としてある。その確認の上で、総括の参照点ないし〈わたしのいのち〉の反省の手掛かりとして、従来の人間存在構造論をとりあえず援用することも一定の意味があろう。

この点で参考になるのは山崎（1995）が提起する「〈いのち〉の三つの次元」である。まず「自然との関係において成り立つ」「いのち」（「生命あるいは生存の次元」）、次に「社会との関係において成り立つ」「はたらき」（「生活の次元」）、最後に「自己自身との関係において成り立つ」「いきがい」（「価値観の次元」）であり、これらが連関しあう「一つの全体」が〈いのち〉であると言う。この三次元説は、先に見た上田(1991)と同じく、古来概ね共通認識となっている人間存在の三特徴、自然（生物）的存在・社会的存在・精神的存在に対応しており、〈いのち〉の構造の最も抽象的で共有可能な照射点としてはとりあえず妥当であろう。また、ここでも〈いのち〉の明示的定義はないが、その術語から〈ちから〉を含意しており、上田(1991)の文化的生以上に、それを含みつつ現代において〈いのち〉論が固有に照射される社会構造との関係（特に労働）を問う視点が明瞭である。何よりこの〈いのち〉論は近現代において「切りつめられた〈いのち〉」（自然から生命性の剥奪、共同体解体による近代的個人への「人間の縮減」）の批判から構想される。だが後述のように問題もあるので、それも考慮しつつとりあえずこれを手掛りに、結論的に〈私のいのち〉の構造は最も抽象的には次の三契機からなる、と提起しておきたい。

一つの契機は〈生命〉であり、そこにはたらく〈いのち〉は死滅に至る生存（生物的交流）という相にある。もう一つの契機は〈生活〉であり、そこにはたらく〈いのち〉は終わりを前提とする働き（社会的交流）という相にある。さらなる契機は〈人生〉であり、そこにはたらく〈いのち〉は死とむきあう生きがい（死にがい）という相、突然の終焉を媒介とする自己の個性・固有の価値を自覚する力（精神的交流）という相にある。そしてこの三契機からなる全体が〈私〉の〈生〉であり、そこではたらき

〈私〉を存立せしめるのが全一的な〈私のいのち〉（〈私〉においてはたらく〈いのち〉）である。

私が従来の人間存在論や生命の三次元論で最も問題だと思うのは、山崎が「三次元」を「三層構造」とも言うように、生物的存在・社会的存在・精神的存在が階層と捉えられることである。そこには、山崎が援用する沢田（1986）が生命の三次元を生命→生活→文化の進化として建物の階の積み上げイメージで見ることに典型的だが、人間（精神的存在）は高次元で生物的存在・動物的行為は低次元との位置づけがある。これは近代的生命観の常識だが、そこには〈生命〉という〈いのち〉の視点は希薄で、生命維持活動は人間の基礎という名の下で貶価されるベクトルを内包している。だが中村（2013）が独自の扇型生命誌のモデルで力説するように、生命の進化は種の高低を結果せず、各生物（種）はそれぞれ絡み合いながら固有の進化をとげた帰結（現在的終端）として同等であり、かかるものとして相互依存関係にある。この視点からこそ〈いのち〉の視点が拓かれえよう。

これと密接なもう一つの問題は、人間存在の三次元論は、生命活動と社会的活動と精神的活動の本質的な三特徴をバラバラの独立した別領域と捉える枠組みを内包することである（関係を言う場合でも三つの自立的活動領域とする）。生命活動は、例えば近代医療が目的とするように生体システムの維持、せいぜい身体の維持強化活動と見なされ、社会活動は、もっぱら対他活動ないし社会システム参加と見なされ、精神的活動はこれらを超越隔絶した心の豊かさの領域だと見なされる。さらにそれは、三次元の階層イメージとも関連して、心理学者マズローの欲求の階層理論に対応した人間活動領域の三層として表層の精神的活動・社会的活動から深部の基層の生物的活動の如く捉えられる。そして、危機の際には表層の人間的外装（精神性・社会性）が剥奪されてむき出しの獣性が露出するという古き差別的人間観（亀山 1989）を温存するテコともなる。

だが現実の人間は、〈3・11〉で示されたように生命や生存の危機の際にもどこまでも精神的社会的存在、まるごと人間としてふるまう。理論的には、つとにフォイエルバッハが人間を我と汝の共同的な人間的感性と規定した（亀山 1982）ように、人間は精神的文化的で社会的なまるごと身体存在なのである。それ故、生命活動も〈食べること〉が象徴するように、自然（動植物などの他の生命）と関わる社会的文化的で精神的な身体活動であり、だからこそ他者（ないし汝）の〈いのち〉との関わりの中での動植物の〈いのち〉と〈私のいのち〉の関わりという倫理的問題も存在しうる。社会的活動も精神的活動であることはもちろん生命維持活動と不可分の身体的活動であり、精神的活動も生命維持・社会的活動と一体の身体的活動（ふるまい）なのである。

その意味で、日本仏教の三世界観が示唆するように、人間は環境的自然との関係においても社会（「世間」）においても心身不可分の生き物（「衆生」）と徹底して捉えきる視点が、〈いのち〉と人間の全一性が分断される現代では特に重要な意義をもつ。人間は生命体（生物的存在）・社会的存在・精神的存在を三契機とする全一的存在なのであり、生命システムはその契機の一つに注目して科学的に抽出された人間存在の一面の抽象像（相）にすぎない。近代医療が対象とする如く、精神性・社会性を捨象して純粋な生命体が存在すると見るのはその実体化であり、全一的な人間存在の、何よりそれを実現する全一的な〈私のいのち〉の分断の所産である。人間の生物性・精神性を捨象して社会システムの一要素としか見ないのも、生物性・社会性を捨象して純粋な精神世界があるように見るのも、全く同じである。

以上の意味で人間存在の三特徴と〈私のいのち〉のはたらきの三つの相は、三次元でも三層構造でもなく、三つの独立した領域でもない。〈私〉を全一的存在として生かす〈はたらき〉の全一性における三つの契機 Moment というのが最も適当だと思われる。つとにヘーゲルが示したように契機とは全一性を前提とし、それが別々の次元（異なる階層や領域）・バラバラの要素と化すなら同時に全一性の喪失であるからである。

5　〈いのち〉を〈尊ぶ〉

最後に〈いのち〉の〈尊さ〉を倫理的にどう考えるか、「尊厳」と「尊重」をめぐる議論を手掛かりに若干の見通しをつけてみたい。

河野（2012）は、人間の価値と生命の価値に関わるドイツの法哲学者ヨンパルトや倫理学者バイエルツらの興味深い議論を紹介している。それによると欧米では尊厳 dignity と尊重 respect は根本的に異なる概念であり、前者は、ナチスの人種差別・人間虐殺の反省から成立した「人間の尊厳」として、不可侵性を内包する絶対的価値の表現であり、現実世界では人間にのみ妥当する。これに対して後者は、場合により侵害が認められる相対的価値の表現であり、生命はこの意味で尊重されるという。そしてこの論理は、欧米生命倫理学における、生きる権利のある人格（パーソン）とそれが認められないヒト（生物的存在）との区別に対応している。

There is no respect of persons with God. のように確かに respect は序列化や差別待遇の意味も含まれる（小学館『ランダムハウス英和大辞典』1979）ので、彼らの二つのターム区別は一定の根拠がある。ちなみに権利（人権）の不可侵性という法的位置は、哲学的「尊厳」概念から裏づけられる。この区別は日本語の語用からもとりあえずは倫理学的に確認されてよいと思われる。「尊厳」は元来「とうとくおごそか」の意だが、現代の用法に「おかしがたい」の意味が入ったのは dignity の訳語になった故と思われるし、「尊重」の「重さ」はその程度の差異を前提し相対性を内包するからである。

そこで問題は、生命が「尊重」の対象でなく「尊厳」をもつことをどう位置づけうるかである。河野は、西欧の生命倫理学の人間と生命の差別は人間と他の生物を峻別するキリスト教的世界観に基づくと適切に評しつつ、人間も生物界の一員であることから人間の生物性（「人類としての遺伝子」と「個体としての生命」）に人間の生命の「尊厳」の根拠を見る。この立論は、河野が問題とするヒトの遺伝子操作や脳死の問題では有意義だが、欧米生命倫理の発端である堕胎の是非や医療でのＱＯＬ問題には必ずしも対応できないように思う。何より環境倫理が問題にする他の生物と人間の価値的同等性と双方の関係の倫理的位置づけには全く対応できない。生物個体（生命）に「尊厳」（不可侵性）を認めるなら、人間が他の生物の生命を奪うことは絶対禁止となるからである。逆に、人間の生命の尊厳を人類としての遺伝子により他の生物個体との質的差異から説明するなら他の生物との価値的同等性の否定となり、西欧の生命倫理学と同じ枠組みになる。

この難点は〈いのち〉と人間を含む生物・個体の関係を見ることで克服の展望が拓けると思われる。生物・個体を存立せしめる根源的力として〈いのち〉を捉え、〈いのち〉は生物・個体に内属して〈生命〉としてはたらくとともに、個体間の関係においてそれを成立せしめる力としてはたらく。このはたらきとしての〈いのち〉にこそ尊厳があるのであり、〈いのち〉は不可侵である。これに対し、生物・個体は〈いのち〉（〈生命〉）のはたらく場として存在し、敢えて言えば〈いのち〉（〈生命〉）の担い手ないし預かり主（決して所有者ではない）であり、その伝え手・媒介者である。〈いのち〉は生物・個体ぬきにははたらかない（現出しない）のであり、その意味で生物・個体は〈いのち〉の当体として至尊の価値をもつが短絡的に不可侵性をもつとはいえず、最大限に尊重されるべきものと言えよう。人間の〈いのち〉は〈生〉として、同時に〈生活〉〈人生〉を契機とする〈生命〉として固有の質をもつが、人間はあくまで三契機一体の〈生命〉的存在として、他の生物・個体と同等の至尊の価値を有するのである。

ちなみに、基本的人権は個人（人間個体）の不可侵性を担保しているが、それは他の生物にも同じくはたらく〈いのち〉の尊厳をこそ根拠にして成立するのであり、生物を超えた人間自体・人類の尊厳ゆえではない。しかもそれが個人の尊厳（不可侵性）を担保するのは、国家等の社会権力・社会システムや自他の社会的存在に対してであり、社会固有の法制度においてである。倫理的人権概念は法的人権を基礎づけるが、それはあくまでも人間の〈いのち〉がはたらく人間世界内部（人間関係）に限定される事柄であり、対自然関係・他の生物との関係に無媒介に拡張されるべきではない。付言すれば、近代の人権概念は原理的に所有権を核とする故に自然を所有対象としてモノ化し、さらに人間をも所有対象として――労働力の時間決め所有権をテコに――、ブラック企業に典型的な人間全体のモノ化という根本的問題を暴露している。これらの克服には、近代人権概念を基礎づけてきた自然不在の近代倫理（加藤1991）を根本的に見直し、単に自然を射程に入れるだけでなく、何より〈いのち〉の尊厳を原理として再構築する必要があると思う。そこでは所有権はそもそも基本的人権なのか、土地や自然・生物を人間の（ましてや個人の）所有対象としうるのか、根本的問い直しが不可避だろう。

さて、〈いのち〉の尊厳を根底として具体的な生物（個体・種・生態系など）は最大限尊重さるべきものと見ることを提起した。もとよりそれは、食をはじめ人間による生物の〈生命〉摂取や一般に生物・自然の〝利用〟（変容）の倫理的位置づけを可能にするためである。だがここまでは、生命を貶価する西欧での「尊厳」と「尊重」の区別を起点にして論をすすめてきたので、生物の最大限尊重とはそれとどう異なるか、という疑問が残るかもしれない。本来ならば西欧の倫理世界での respect の語用との対比でなされるべきだが、今は日本語の語用から違いを示唆するに止めたい。

これに関して先述の中村桂子は仏教学者のシンポジウムで、いのちの「尊さ」とか「大切さ」でなく「いのちの愛おしさ」と言うと強調している（武田 2005）。これは「大切」が、貴重品を大切にする（しまっておく・秘蔵する）の語用と重なり、いのちとの関わりが消えるからだと言う。と同時に、仏教学者がいのちの「尊さ」は人間の利己性においては不可能で、利他性の極致たる「菩薩・仏の尊さ」だと強調する点を意識する故と思われる。おそらく中村の提起はその内実の是非でなく、そう表現するといのちの「尊さ」が、人間に崇め奉られる（人間の上方の彼方に遠ざけられる）風に捉えられることの危惧の表明だろう。ポイントはいずれも、人と生物のいのちの関わり・生命の授受の具体的場面が希薄化する点にある。中村はこの場面に据わって、先述した現在の全生物の多様性と価値的同等性を前提にいのちを〈かけがえのないもの〉とするあり方を「愛おしむ」と言うのである。

私はこの提起は重要だと思う。仏教学の議論は別にして、確かに仏教を含む宗教界では儀礼などから仏や神を超越的に崇める形が歴史的に成立し、「尊さ」の日常語用でもそのイメージはぬぐいがたく浸透している。『大辞典』(講談社 1965) では「尊」は「目上に向かい敬い重んずる」とし、尊厳などこれを含む熟語一〇四例には尊い対象と人間の直接的交流を示すものはない。また、大野 (2011) は「尊」の和語「たふとし」は、宮柱の太く立派さを表わして畏敬されることを語源とし、「尊」と同じ意味だという。『広辞苑』の用例もほぼ同様である。その意味で、〈いのち〉の〈尊さ〉と言う場合、〈いのち〉の尊厳は含意するとは言えるが、関わりを捨象した〈いのち〉一般に対する単なる心理や観念へと拡散する危険に警戒が必要だろう。

その点で〈尊さ〉とは何よりも〈尊ぶ〉という関わりの行為として、しかも生物・自然との具体的相互交渉の次元とセットで、意味を明確化することが肝要である。「尊」の語用との関係で言えば、この字の原義が神に供えた後で共に飲んで霊力を内化する酒の容器 (樽) だった (白川 1984) ことの意味を復活させることでもあろう。また「たふ」は「たへ (神秘の妙・布)」の音韻変化 (白川 1987) と言うから、「尊ぶ (たふとぶ)」はこの「たふ」(〈私〉・固体的存在を超えた関係性の妙が顕現する布) を「たぶ」(「給ぶ」「賜ぶ」) という語の掛詞として定着したと見ることも一助となろう。

何より、〈尊ぶ〉の意味の豊富化は現代の日常語の中から発掘されることが重要である。例えば、〈いのち〉の「ありがたさ」は〈有り難さ〉として、尊厳なる〈いのち〉との〈私〉の出会いの時空的個別性と偶発性――この生命体における〈いのち〉との今、ここにおける〈この私〉とのかけがえのない値遇――の表現として、〈いのち〉を〈尊ぶ〉の不可欠の契機として浮上するであろう。そしてそれを前提として、食の場面が象徴するように、個別的生物における〈いのち（生命）〉の授受を「いただく」と表現する日常語も〈尊ぶ〉の重要な内容を示すと言えよう。さらには、大庭（2012）が倫理学的に注目するように、「このいのちが、いかに多くのいのちの『おかげ』をこうむっているか」に「気づく」ことから、「いのちは私に何を求めているか」と問い直すことも、〈いのち〉を〈尊ぶ〉ことの重要なベクトルを指示すると思われる。

そして日常語を通して〈いのち〉を〈尊ぶ〉という行為の意味・内実を豊富化させる点で、繰り返すが、本書の総論で竹村が解明する仏教哲学の概念は極めて重要な参照点を提起している。縁起の中で偶々この〈私〉という一時的存在（生死のプロセス）として内在化し、かつ他の生命体・他の個別的人間（他の〈私〉）との個別的一回的関わりの継起の中ではたらき、それらを生む〈いのち〉として、これを尊厳性において〈尊ぶ〉ことの思想的ポイントを照射する点で。そして〈尊ぶ〉が〈痛み〉を内包することで、〈いのち〉あるもの・生き物・生命体の最大限尊重ということの倫理的性格を明らかにする点で。

だが問題の主舞台は何より、人間と自然、人間と人間との関わりの各局面において、それぞれの〈いのち〉の相において〈いのち〉を〈尊ぶ〉ことをいかに具体的に示しうるかである。そして最大限尊重とは〈いのち〉の各相において、〈私〉に、一般に人間に何をなすべきでないかをどう照射するか、である。課題として別の機会に譲りたい。

【参考文献】

石塚正英・柴田隆行編（2003）『哲学・思想翻訳語辞典』論創社
イリイチ（2005）『生きる意味』ケイリー編・高島訳、藤原書店
上田閑照（1991）『生きるということ―経験と自覚』人文書院
大野晋（2011）『古典基礎語辞典』角川学芸出版
大庭健（2012）『いのちの倫理』ナカニシヤ出版
加藤尚武（1991）『環境倫理学のすすめ』丸善ライブラリー
亀山純生（1982）「フォイエルバッハ」入江・亀山・牧野『理性・感性・自由』三和書房
亀山純生（1989）『人間と価値』青木書店
亀山純生（2005）『環境倫理と風土―日本的自然観の現代化の視座から』大月書店
亀山純生（2014）「生命論的世界観の協同探求と日本仏教思想」『環境思想教育研究』第七号
河野勝彦（2012）「『人間の尊厳』とは何か、それをいかに守るか」後掲『唯物論研究年誌』第一七号
沢田允茂（1986）「生命の三次元について」新岩波講座哲学六『物質　生命　人間』岩波書店

白川静（1984，1987）『字統』、『字訓』平凡社
末木文美士（2008）「日本発の哲学―その可能性をめぐって」『岩波講座　哲学Ⅰ』岩波書店
武田龍精編（2005）『仏教的生命観からみたいのち』法蔵館
竹村牧男・中川光弘編（2010）『サステイナビリティとエコ・フィロソフィ』ノンブル社
中島修平（1990）「『いのちの質』が問うもの」、季刊仏教別冊四『脳死尊厳死』法蔵館
中西新太郎（2012）『「問題」としての青少年―現代日本の〈文化―社会〉構造』大月書店
中村桂子（2013）『科学者が人間であること』岩波新書
ＮＨＫ「無縁社会プロジェクト」取材班（2010）『無縁社会』文芸春秋
樋口広芳（2013）『鳥・人・自然―いのちのにぎわいを求めて』東京大学出版会
松原純子（1992）『いのちのネットワーク―環境と健康のリスク科学』丸善ライブラリー
本野一郎（2006）『いのちの秩序・農の力―たべもの協同社会への道』コモンズ
山崎広光（1995）『〈いのち〉論のエチカ』北樹出版
唯物論研究協会（2012）『唯物論研究年誌』第一七号、大月書店
若松英輔（2012）『死者との対話』トランスビュー

上柿崇英

〈生活世界〉の構造転換

――“生”の三契機としての〈生存〉〈存在〉〈継承〉の概念とその現代的位相をめぐる人間学的一試論

1　はじめに

「人間とは何か？」という問いが、これまでとはまったく異なる形で、またこれまでとはまったく異なる意味において、重大な問題をわれわれに突きつけている。われわれが生きる現代という時代は、〈生活世界〉の自明性が失われるという意味で、かつてわれわれが一度も経験することのなかった新たな時代の一局面である。〈生活世界〉が実体を失った世界においては、人々は〃生〃のリアリティを確立することができない。そうした世界で生まれ落ちた世代には、もはや〃生命〃も〃他者〃も、〃社会〃も〃歴史〃も、意味を持ったものとして現前することはない。そこでは〃人間〃という概念自体が、一切の輪郭を喪失するのである。

果たしてわれわれはこうした時代の到来を予見していたのだろうか。確かに一部の人々は、かつてより人間疎外、物象化、アノミーといった表現を用いてある種の〃人間の危機〃について語ろうとしてきた。しかし彼らを含めて圧倒的に多数の人々は、それが人間にもたらす事態の意味をあまりに軽く見積もり過ぎていた。現代人にとっては驚くべきことであるが、これまで語られてきた多くの人間学においては、無条件に健全な〈生活世界〉が前提され、〈生活世界〉それ自体が実体を喪失するという事態はそもそも想定されていない。これまでわれわれが掲げてきた人間に関する理想、人間の未来に関する諸々の約束は、いまや根本的に再検討が迫られている。それが果たして本当に人間というものを掌握できていたのか、そこに人間学的虚構性がなかったと本当に言えるのかという問いが、時代のもたらす現実によって要請されているのである。

例えばわれわれはこの半世紀あまり、「個人の自立」という人間の未来を語る、いわば〃合い言葉〃を持っていた。それは端的には、真に自由で平等な個人の実現こそが人間のあるべき姿であり、諸々の社会的矛盾を克服する契機もまた、根底的にはそれに帰せられるというものである。この理想は、もともと〈近代〉というものがわれわれに約束していた未来であった。専制政治を打ち倒し、政治的、社会的抑圧からの〝解放〟を謳った最初の物語、そして何ものにも依存することなく〝意志の自律〟をもって社会と自己との調和を企図した第二の物語、それらはわが国の戦後社会において、戦前に代わる新たな社会の道標として受け継がれ、やがて「個人の自立」という物語となった。彼らは瓦解しつつも残存する〝故郷〟の「伝統的共同体」を、「個人が埋没した全体主義」や「克服すべき戦前」と重ね合わせた。そして権力の監視と「共同体」からの個人の〝解放〟こそが、すなわち「自立した個人」の確立こそが、時代の要請する最も重要な課題であると認識したのである。

確かに「個人の自立」という理想は、一度は時代によって裏切られたことがある。それは現実に「伝統的共同体」が解体していってもなお、想定された「自立した個人」が現れなかったからである。彼らが目撃したのは、むしろ瓦解する社会的紐帯であり、拡大するエゴイズムであり、精神的に揺らいだ人々であった。しかしこの時点で「個人の自立」という理想が現実に屈するということはなかった。それは新たな形で再生し、戦後社会を依然として牽引していくからである。

例えば社会変革を志向する人々の間では、G・W・F・ヘーゲルからK・マルクスに至る〝止揚〟の物語を引き合いに、「自立」の理想を阻んでいるのはいまや資本主義的経済システム——国家行政システムと並んで当初は人々に自由と平等を保障するための装置のひとつに過ぎなかった——であるとされ、変革を導く主体として「自立」に対するいっそうの啓蒙が要求された。他にもポストモダンを受け入れた人々の間では、一度は〈近代〉の終焉が宣言されたものの、相対主義を生き抜いていくための方法として、結局は〝強靭な個〟が要請されていく。両者はともに〈近代〉の超克を目指していながら、「個人の自立」という理想的人間像としての〈近代〉については、決して手放そうとはしなかった。

しかし今日われわれが時代の証人として目撃しているのは、ここで見いだされた新たな構想がまたもや砂塵に帰したということである。かつて〝人間の危機〟と呼ばれたものは、高度情報化を経てさらに新たな段階へと至り、われわれが先に見たような恐るべき事態として現前した。われわれの見通しによれば、〈生活世界〉の自明性を素朴に前提とした人間学は、それがいかなるものであってもこれからの時代を解明するものにはなり得ない。例えば「個人の自立」というものをめぐって、いったい何が人々の「自立」を阻んでいるのかという問いは、もはや失効している。われわれが問わねばならないのは、「個人の自立」が前提していた人間学のどこに誤りがあったのかということ、そしてより根底的には、〈近代〉そのものが内包していた人間学的な虚構性とは何かということである。

このことはわれわれに新たな人間学を必然的に要請する。われわれが現代という時代の位相を位置づけ、そこに見られる人間的現実を掌握していくためには、従来の人間理解にとらわれない、新たな時代に相応しい人間それ自体を理解する概念、そして理論的枠組みが必要である。なぜ、われわれは今日自信を持って〝生〟というものを語ることができないのか。そして現代人はなぜ、これほどまでに動揺と不安に苛まれ、過剰なまでに人間を恐れ、信頼することができないのか。それらが新たな人間像のもとで解明されなくてはならない。

本論で試みたいのは、こうした新たな人間学の構想を念頭に、そこで不可欠となる基礎概念のいくつかを整備していくことである。そしてここでは、それを用いて現代社会を読み解く端緒となるいくつかの論点について考察したい。

最初の焦点となるのは、人間存在にとっての〝生〟の本質とは何かである。筆者はそこで〈生活〉としての〝生〟の概念に着目し、それを記述するための基礎概念として、〈生存〉〈存在〉〈継承〉という三つの〝契機〟について取り上げる。興味深いのは、この「生の三契機」が何時いかなる文化においても、〈生活〉を構成するうえで不可欠な契機となってきたということである。このうちひとつでも欠けてしまうと、人間存在の〝生〟は成立しない。そして人間存在にとっての基本的な〈生活〉は、この「生の三契機」が〝自然生態系〟と人間が造り出す人工生態系としての〝社会〟、そして〝人間〟それ自身の交わる接合点において、具体的な形を取って展開されてきた。この「生の三契機」が展開される〝場〟、それこそが人間存在にとっての等身大の、すなわち実体を備えた〈生活世界〉である。

ここでの問題意識は、本書の主題である〈自然〉と〈いのち〉の問題についても深く結びついていよう。なぜなら〈生存〉や〈継承〉から切り離された〈存在〉の問題ばかりに目を向けてきた伝統的な人間学と違い、〈自然〉への眼差しは、われわれが生物学的基盤を持つ〈ヒト〉であるがゆえに、〈生存〉から切断された〝生〟はいかなるものであっても虚構であることを、また〈いのち〉への眼差しは、われわれが死すべき存在であるがゆえに、〈継承〉から切断された〝生〟もまた、いかなるものであっても虚構であるということを想起させるに十分だからである。

次の焦点となるのは、〈生活世界〉から自明性という前提が崩れていく〝構造転換〟の過程と、それが現代社会にもたらした人間学的な意味とは何かについてである。〈生活世界〉の構造転換は、本来十全な形で結びついていた「三つの契機」が互いに分断され、矮小化され、やがて〈生活世界〉そのものが実体を失っていく過程として描かれる。ここで用いる「ぶら下がり社会」という現代社会の比喩は、人々が高度に発達した市場経済システム、行政システム、情報システムといった「機能的な社会的装置」に依存し、物理的には互いに接触可能な位置にいながら、精神的、存在論的には切り離されてしまっているという事態を指している。

その際特に重要となる論点は、「ぶら下がり社会」においてはなぜ、人々が互いに関係性を構築し、相互扶助や問題解決のための協力関係を生み出すことが著しく困難になっているのかということである。(1)

ここでわれわれは人間存在における〈共同〉の本質について改めて問う必要がある。〈共同〉を成立させるのは単なる同一性でも情緒的結合でもなく、それが必要であるという〝事実〟と〝意味〟の共有である。そしてわれわれが生きているのは「〈共同〉の動機」が失われた社会であるということ、このことが問われなければならない。

そして本論では最後に、この一連の議論から発展的に導出される、新たな論点についていくつか取り上げよう。すなわち〈継承〉と〝学校〟の問題、コミュニケーションと情報システムの問題、そしておそらく最も重要であろう「〈倫理〉の中抜け現象」の問題についてである。

われわれはこうした分析を通じてはじめて、現代人が置かれている真の困難とは何かについて理解できるようになるだろう。われわれが注視すべき「構造転換」は、「公共圏」においてではなく〈生活世界〉そのものにおいて引き起こされた(2)。そして「構造転換」が意味するものは、相互主観性に基づく観念的空間の単なる合理化ではなく、「生の三契機」を実現していく場としての〈生活世界〉がたどった自明性の喪失過程なのである。

2　〝生〟の三契機としての〈生存〉〈存在〉〈継承〉について

(1)人間存在における〈生活〉の概念と、その伝統的な理解

人間存在における〝生〟の本質、すなわち〝生きる〟ということの意味をいかなる形で定義するのか。これは人間学の最も根幹に位置すべき問いのひとつであろう。本論で最初に試みるのは、この〝生〟の本質を〈生活〉という概念を通じて理解することである。

まず〝生活〟とは、『広辞苑（1998）』によれば「①生存して活動すること。生きながらえること。②世の中で暮らして行くこと。また、その手立て」であるとされる。ここから一般的に〝生活〟の語には、生命的存在として〝生〟を営む〈生存〉の契機と、社会的存在として人間集団の中で〝生〟を営んでいく〈存在〉の契機が両方含まれていることが理解できる。これに対して増井（2012）は、〝生活〟の語が〝ライフ（life）〟の訳語として明治期に造られ、当初は人生や内面など衣食住から離れた精神性が強調されたものの、戦後になってから衣食住を含めた「暮らし」——「日が暗くなるまで行動する」に由来する——と同義になったことを指摘している。ただし〝ライフ〟に目を向けると、そこでも①（死んだものとは異なり）活力を持った生体としての〝生命〟、②生存期間や経験の連続としての〝生涯〟や〝人

生〃、③生き方や暮らしとしての〃生活〃といったように、やはり〈生存〉と〈存在〉の両契機を見ることができるのである。(3)

〈生活〉として〃生〃を捉えることによって、われわれは〈生存〉と〈存在〉の連関性について予感することができる。ここで歴史的存在として異なる世代の〃生〃を繋ぐ、〈継承〉の契機をどう考えるのかという点については後に論じよう。ここで先に確認しておきたいのは、それにもかかわらず実際にはこの〈生存〉と〈存在〉が長きにわたって同等に扱われてこなかったということ、つまりこれまでの人間学的な知的伝統においては、〃生活（life）〃が問題とされていながら、概して〈存在〉が上位に置かれ、〈生存〉は下位、あるいは従属的地位に置かれてきたということである。

まず、この「伝統」をはっきりとした形で先導したのはアリストテレスであった。古代ギリシャにおいて〃ライフ〃に相当するのは〃ビオス（βίος）〃であり、例えばアリストテレスが基本的生活を〃享楽的〃なもの、〃政治的〃なもの、〃観照的〃なものに類型したことは有名である（アリストテレス 1971）。周知のようにアリストテレスは、このうち理性（νοῦς）を用いて普遍的な真理を認識する「観照的生活（θεωρητικός βίος）」を最も上位に置いた。確かにここでの類型は人間にとっての〃善き生〃とは何かをめぐって行われたものであったが、ここでは〃生活〃において、そもそも〈生存〉の契機が問題にもされていないという点に注目したい。

アリストテレスの想定する〝生活〟に〈生存〉の文脈が欠落した背景には、おそらく大きく二つの論点がある。第一に、人間にとっての〝善きこと〟とは、当然人間のみに与えられた固有の能力が活用されることであるという信念、そして第二に、古代のポリスは奴隷を用いる社会であり、そこでは人間は〈生存〉の問題から解放されてこそ〝市民〟としての能力を発揮できると考えられていたことである。アリストテレスによれば、生命体にはそれぞれ異なった形の魂が与えられている。植物の魂には〝栄養能力〟があり、動物の魂には加えて〝感覚能力〟がある。そして人間の魂のみに限ってさらに思惟能力としての〝理性（νοῦς）〟が与えられている（アリストテレス 1974）。つまり「観照的生活」が最も上位に位置するのは、他ならないその〝生活〟が最も人間に固有のものだとされるからなのである。それに比べれば、名誉に即した社会的実践である「政治的生活（πολιτικὸς βίος）」はまだしも、快楽に耽る「享楽的生活（ἀπολαυστικὸς βίος）」となると、今度は畜獣と大差のないものだという理由で蔑視の対象となる。つまりここでは、〈生存〉は「観照的生活」や「政治的生活」を存分に営むための前提条件なのであって、究極的には〝なければないに越したことはない〟ものとして扱われているのである。

こうした人間理解の「伝統」は、きわめて根深く引き継がれてきた。例えば〝生〟の本質を人間固有の属性に見いだす試みは、二〇世紀に「哲学的人間学（philosophical anthropology）」を提唱したことで知られるM・シェーラーにおいてもはっきりと見いだせる。シェーラーは『宇宙における人間の地位

(1926)』において、アリストテレスと同様に植物、動物、人間の区別から議論を進め、最終的には人間のみが「世界開放的」であること、つまり「精神」によって衝動や環境世界に縛られることなく、それらを対象化できるという点を強調した（シェーラー 2012）。そこでは生命的な〝生〟はあくまで桎梏、抑圧、依存として捉えられ、やはりそこから〝解放〟された地点にこそ、人間存在における最も本質的な〝生〟が始まることになるのである。

　こうした〈生存〉軽視の「伝統」の中で、〈存在〉の地位をよりいっそう高める役割を果たしたのは、おそらく近代的な〝自由〟の概念である。後に「個人の自立」という理想を生み出すことになるこの自由の概念は、J・ロック以来、J・J・ルソーを経てI・カントに至るまで、一貫して自由な個人が社会や国家といった人間集団をいかにして形成し、その中でいかに生きるべきかを問題としてきた。注目したいのは、〝社会契約〟の物語においては、個体が死ぬことも世代が交代することもないということである。この「自由の人間学」は確かに〝生〟における〈存在〉の地位を著しく高めたが、そこでは〈生存〉も〈継承〉も必要とはされていない。強いて言うなら、それらは〝生まれながらにして自由〟である人間が縛られている、いわば〝鉄鎖〟のひとつとして位置づくのである。

　こうした強固な「伝統」の中で、〈生存〉を〝生活〟の文脈の中で再び問題にしようとしたのは、H・アーレントである。アーレントは「観照的生活」の下位に置かれてきた「政治的生活（vita activa）」に再び光を当て、そこに「労働（labor）」「仕事（work）」「活動（action）」という三つの営為を区別しながら導入した（Arendt 1958）。注目したいのは、ここでの「労働」が人間の生命性に由来する循環的かつ必然的な領域であるとされ、まさに〈生存〉を実現するための活動力として位置づけられていたことである。しかしここで〈生存〉の地位が復権したわけではない。実際にはその逆で、アーレントは近代以降「労働」の領域が社会的に際立った重要性をもつに至り、その分「活動」、すなわち多数性（plurality）を持つ人間が共通世界において自己存在を露わにする領域が縮小したことを、むしろ憂いでいるのである。つまりアーレントの問題意識は、あくまで上位にあるべき〈存在〉と下位にあるべき〈生存〉の位置関係が逆転しているということであって、両契機を同等に扱おうということでは決してなかった。

　また確かにアーレントが言うように、「労働」の重要性を本質的に高めたのはK・マルクスであろう。しかしそのことはマルクスが〈生存〉を重視したということを必ずしも意味しない。なぜなら『資本論』における「自由の国」の描写から浮上するのは、マルクスにとっての理想の「労働」もまた、必要に伴う労働時間を極力縮小させ、むしろそれを〈生存〉から解放することによって、自己表現や自己実現として展開させていこうとするものだったからである（マルクス 1968）[4]。

(2)〝生〟の三契機の定義とその〝内的連関〟

以上、簡単な整理ではあったが、これだけでもわれわれは、「伝統」における〈生存〉の不当な扱いについて感じることができただろう。重要な点は、われわれが求める新たな人間学においては、〈生活〉として理解される〃生〃の本質はあくまで、〈生存〉〈存在〉〈継承〉という文脈を異にする三つの契機によって成立すること、そしてそのいずれかを上位と見なしたり、そのいずれかのみを切り出して本質的だと見なしたりすることはできないということである。ここで一端、これらの基礎概念に対して明確な定義を与えておこう。

最初に〈生存〉とは、人間が生物学的基盤を持つ一生命体であることの宿命として、必要物を確保し、そのための素材の加工や道具の製作、知識の集積などを行っていくことを指している。[5]〈生存〉は人間の生命性に由来する。そして人間が一生物種としての〈ヒト〉である以上、〈生存〉を実現させることは、〈生活〉としての〃生〃を構成する根源的な契機のひとつとしてあり続ける。したがって、この契機を取り除いて論じられるいかなる人間学も、人間の〃生〃を一面的にしか捉えていない。

次に〈存在〉とは、人間（ヒト）が他者（他個体）とともに集団を構成し、その中で生を営むという本質的特性を持つこと、そしてその宿命として、集団の一員として自己存在を形成し、構成員との間で情報を共有し、信頼を構築し、集団としての意志決定や役割分担などを行っていくことを指している。[6]〃社会的存在〃としての人間、より正確には、個体性を保持していながら、同時にきわめて深い集団的性格を併せ持つことは、〈ヒト〉という生物種の存在形態である。[7] したがって〈存在〉を実現させるということは、人間が〈ヒト〉としての生得的な基盤をもとに、社会的生活を通じて後天的に人間存在としての自己を確立していくこと、そして同時にそうした社会的生活を維持するために、個と集団との間に生じる諸々の問題を引き受け、日々解決していくという、二重の意味での〝社会性〟の具現化を意味する。これらは〈生存〉とは本質的に異なる〝生〟の局面でありながら、やはり人間存在の〈生活〉においても不可欠な契機である。

最後に**〈継承〉**とは、人間（ヒト）が一生命体として必然的に〝死〟を迎えるという宿命によって、自らが前世代から受け継いだものを改良しながら次世代へと引き渡していくことを指している。[8] この〈継承〉という契機は一般的な〈生活〉概念のなかでも、前述のように独立した一側面として取り上げられることはほとんどなかった。しかし〈存在〉の文脈における〈生活〉が個体として完結していないように、〈生活〉は、時間軸の射程のもとでも個体として完結することはない。つまり〝生〟に内在する本質的な〝歴史性〟を位置づけるためには、〈生存〉や〈存在〉のいずれにも還元できないものとして、〈継承〉という契機がどうしても必要になるのである。

以上、〈生存〉〈存在〉〈継承〉それぞれに対して一定の定義を与えてきた。次に重要になるのは、これらの契機の〝内的連関〟である。これらの契機は本質的に区別されるものの、〈生活〉の根源的な脈絡においては密接に結びついているからである。

まず〈生存〉と〈存在〉に見られる内的連関とは、第一に人間（ヒト）の〈存在〉に見られる社会的性格が、明らかに〈生存〉を実現するために獲得されたものであるということ、そして第二に、それゆえ人間存在にとっての〈生存〉とは、常に〈存在〉の文脈を通じて社会的に実現されるということにある。まず〈ヒト〉の社会性の基盤は、ホモ・サピエンスが成立するはるか以前から、自然淘汰を受けて徐々に形成されてきたものである。象徴的に表現するなら、自然生態系の中で人間（ヒト）が〈生存〉を実現していくためには〝集団の力〟が必要だったということ、この事実こそが〈存在〉の根底にはあるということである。そして人間（ヒト）が根源的にこのような社会的な動物として進化したために、人間にとっての〈生存〉は、〝ロビンソン・クルーソー[9]的生存闘争〟のように個体で完結することは決してなく、常に社会的な葛藤を伴うものとなったのである。

次に考えたいのは〈生存〉や〈存在〉が、〈継承〉との間に持っている内的連関である。それは端的には〈ヒト〉の存在形態が、自然生態系の表層に〈社会〉という人工生態系を造り出し、その〝人工環境〟において〝生〟を営むこと、そしてその〝人工環境〟を次世代へと引き継いでいくものであるというところに基点がある。このような形で〈継承〉される〈社会〉に相当するものとして、われわれは物質的な「社会的構造物」だけでなく、非物質的な「社会的制度」「シンボル／世界像」といったものをあげることができる。ここにあるのは、単なる〝個体集団〟には還元できない人間固有の〈社会〉というものの実体である。(10)ここで再び象徴的に述べるならば、〈社会〉とは、人間存在が〈生存〉と〈存在〉を実現するために自ら造り出した〝舞台装置〟であるということ、そしてこの〝舞台装置〟としての〈社会〉は、幾世代にもわたる努力の集積によってはじめて精巧なものとなること、したがって〈継承〉がなければその実体は容易に失われ、それは次世代への多大な損失となること、これらの事実こそが〈継承〉の根底にはあるということである。

人間存在は、前世代から受け継いだ〈社会〉が、〈生存〉や〈存在〉を実現するにあたっていかに重要なものであるかを理解していたからこそ、その次世代への〈継承〉を責務として繰り返し担ってきた。したがって〈継承〉に見られる〝歴史性〟を、例えば単に〝消えゆく存在として世界に何かを形として残したい〟といった願望に還元するのは誤りである。そうではなく、人間は本質的に死すべきものであるがゆえに、過去から未来へと連なる連鎖の中で、常に〝担い手〟としての役割を引き受け、再び次世代にそれを託そうとする。そのときそこから立ち現れる〝生命〟、あるいは〝意志〟の連鎖そのものの中にあるひとつの〝生〟の実体、これこそが人間存在の〝歴史性〟の本質なのである。(11)

(3)〝生〟の三契機と〈生活世界〉の概念

以上を通じてわれわれは、〝生〟の本質を〈生活〉として理解し、そこに含まれる三つの契機と、その内的連関について見てきた。こうした〝生〟や〈生活〉の本質論は、確かに現代社会に生きるわれわれにとっては十分な実感を伴わないものかもしれない。しかしそれは前述のように、われわれがすでに〈生活世界〉の自明性が失われた世界に生きているからである。

例えばわれわれから見て数世代前の人々が当たり前のように営んでいた、農村における伝統的な生活様式を想起してみて欲しい。彼らは自然生態系と人工生態系としての〈社会〉、そして人間それ自身の交わる地点において、明確な〈生活〉の枠組みを持って生きていた。そこには日課のリズム、年中行事のリズム、通過儀礼（人生）のリズム、そして新たに直面する物事によってその〈生活〉の枠組み自体が徐々に再構成されていく第四のリズムとがあり、そこで展開されるあらゆる活動、例えば日用品を製作する、田植えをする、道を補修する、寄合いを開く、行事を準備するといったように、いかなる労働、生業、慣習、儀礼を取り上げてみても、そこには何らかの形で必ず〈生存〉〈存在〉〈継承〉の文脈を見いだすことができるだろう。(12)

このように三つの契機が、〝自然〟と〝社会〟と〝人間〟の交わる地点において具体的な形を取って展開されていく〝場〟のことを、ここで改めて〈生活世界〉と定義しよう。つまり人間にとって〝生きる〟とは、圧倒的に長きにわたって〈生活世界〉を舞台として、〈生存〉〈存在〉〈継承〉を十全に実現していくことに他ならず、それは歴史的な射程からすればつい最近まであまりに自明であり、疑問の余地がないほどにリアリティのあるものだったということである。こうした〈生活世界〉の自明性は前述の村落組織としての〝ムラ〟だけに当てはまるものではない。後述のように都市においても、〈生活世界〉はおよそ〝地域社会〟というものの紐帯が消滅するまで、おそらく一定の形で存続していた。なぜなら〈生活世界〉は、そこに生きる人々が三つの契機を協力して実現させなければならないという〝事実〟と、そこに内在する〝意味〟を互いに共有し続けられる限り、何らかの形で実体を持ち得るからである。

そして実はこの〈生活世界〉の自明性こそが、われわれがこれまで後回しにしてきたいくつかの問題を明らかにするための大きな手がかりとなるのである。例えばなぜ人間学の「伝統」においては、〈生存〉が一貫して〝冷遇〟されてきたのか。このことを理解するためには、〈生活〉をめぐる一般概念において、なぜ〈継承〉の契機が当初から欠落していたのかという問題を先に考えてみるのが良いだろう。端的に述べれば、それは〈継承〉が〈生活世界〉においてあまりに整然と埋め込まれていたこと、つまり多くの人々が特別に意識せずとも自ずと実現されていたために、それが概念として対象化されてこなかったからではないかということである。

そしてこれと同じことが、おそらく〈生存〉においても言えるのである。例えば古代から近代に至るまで、「伝統」を担った人々の多くは相対的に〈生存〉の問題から〝解放〟された人々であった。ここで、特定の文脈から〝解放〟されている状態と、それに対するリアリティが失われている状態とを混同してはならない。彼らにとって〈生存〉は、むしろ庶民の関心事としてあまりに露骨なリアリティを持っていた。しかしだからこそ彼らの関心は〝非俗の世界〟に向けられたということ、強固な〈生活世界〉が屹立していたからこそ、彼らはそれを超えた〝生〟について問題にし得たということなのである。

　人間存在において最も根源的な〝生〟の契機は、やはり〈生存〉〈存在〉〈継承〉でなければならない。確かに「観照的生活」も「自由の人間学」も、〝生〟においては依然として価値あるものである。しかしここで重要なことは、これらが本来〈生存〉〈存在〉〈継承〉といった基本的な〝生〟の実現があってはじめて浮かび上がる〝二次的な問題〟であったということ、そして現代のように無条件に健全な〈生活世界〉を前提できなくなり、三つの契機それ自身が問題となるような時代の到来については、これまでの人間学ではそもそも想定されていなかったということなのである。

3　〈生活世界〉の構造転換

〈生活世界〉が自明性を喪失したことによって、人間学は根本的な再考が迫られている。ここからはこれまで見てきた「生の三契機」が、実際に現代社会においてどのような形態へと変質し、その帰結として人間存在がいかなる事態に直面しているのかということについて見ていこう。

(1)「生の三契機」の現代的位相

まずわれわれは現代における〈社会〉の基本的性格、あるいはそこに見られる特徴的な構造について確認しておくことが必要である。それはすなわち、科学技術と化石燃料に支えられた市場経済システム、行政システム、情報システムの複合体の異常なまでの高度な発達であり、そこでの人間は、もはやそれなしには生きられないほどに深くそれらに埋め込まれ、依存するというものである。ここではその〝システム複合体〟のことを、便宜的に「機能的な社会的装置（以降「社会的装置」とのみ記す）」と呼ぶことにしたい(13)。こうした〈社会〉の様式は、前述の伝統的な社会様式とは著しく異なるものであるが、そこで〈生存〉〈存在〉〈継承〉は今日、いかなる形態として具現しているのかということである。

例えば今日のわれわれにとって〈生存〉の実現とは、労働力を〝市場〟に売り、必要なあらゆる物質を〝市場〟から調達すること、そしてその〝不足分〟を〝行政サービス〟によって埋め合わせることを意味している。その文脈は市場経済のネットワークによって複雑に細分化され、巨大なブラックボックスとして現前している。われわれにとって自明なものは、労働の対価として支払われる〝貨幣〟と、財としてパッケージされた〝製品〟でしかない。それはかつての〈生存〉が、部分的には市場の助けを借りつつも、物質的生活の全体性に自ら主導的に関与していくものであったのとは対照的であろう。

同じように、現代における〈存在〉の実現もまた、一方では抽象的な国家に基礎づけられたアイデンティティ、他方では個人的な願望の充足としての〃自己実現〃という形で奇妙な空中分解を引き起こしている。そこでは社会的な問題の解決は遠く離れた専門家集団への依託となり、社会的生活は単なる趣味趣向の次元に還元される。それはかつての〈存在〉の実現が、〈生活世界〉を共有する人々の一員として承認され、その集団の一員として健全な関係性を確立していくこと、そしてそこで生じる多様な問題を協力して解決していく役割分担と自治の実現であったこととはやはり対照的である。

最後に〈継承〉の実現であるが、それは今日〃学校〃——特殊な形に整備された環境と専門家集団のもとで効率的な〃継承〃を目的とした、それ自体がひとつの「社会的装置」である——への全面的な〃依託〃という形で特徴づけられる。ここでも対照性は明らかであろう。なぜならかつての〈継承〉の中心には常に〈生活世界〉が定位し、人間形成や社会的な〃意味の再生産〃そのものは、あくまで〈生活世界〉の文脈に根ざした対人関係と生活経験を通じて成されていたからである。〃学校〃の役割とは本来、そうした生活経験の中からは得られない特殊な〃知識〃の再生産を行う、いわば〈生活世界〉の〃補助機関〃に過ぎなかったのである。

このように見ていくと、現代社会においては〈生存〉〈存在〉〈継承〉が確かに実現されているにも関わらず、それらはもはや相互の連関性を失い、それ自身においても著しく矮小化してしまっていることに気づかされる。ここには「経済活動」「自己実現」「学習」といった「社会的装置」に依存した個別的な活動はあっても、それらを〈生活〉という形でつなぎ止めていた本来の文脈は破綻してしまっている。いうなれば、ここで〈生活世界〉は実体を失っているのである。そこでは〝生〟は粉砕され、あらゆるところで自己完結してしまっているということを覚えておいてほしい。われわれが直面しているのは、こうして〈生存〉〈存在〉〈継承〉のいずれにおいても本来のリアリティを喪失するという事態なのである。

(2)〈生活世界〉の構造転換

ここからは〈生活世界〉が実体を失っていく過程、すなわち「構造転換」の歴史的展開過程というものについて、少し具体的に見てみよう。その最初の契機になったのは、社会的近代化の帰結としての急激な都市化と、人々の流動性が加速したことに伴う〝中間組織〟の衰退である。これはもっぱら「伝統的共同体」の解体として語られてきた過程であるが、元来〈生活世界〉は人々の〝共同〟によって支えられ、そこでは共同を円滑にする互恵的な中間組織が重要な役割を果たしてきた。例えば前述の農村社会においては、水利組織、労働組織（道ぶしん）、祭祀組織、信仰組織（講）、消防・防犯組織といった数多くの中間組織が〈生活〉を組織化し、共同を下支えしていたことで知られている。[14] またこのことは都市部であっても同じであり、江戸期には〝町内〟や〝町組〟、明治以降は〝町内会〟や〝自治会〟〝部落会〟が中心となり、そこに〝青年会〟や〝婦人会〟といった性別年齢階層的な組織が加わることで、衛生、防火、美化清掃を含む生活全般にわたるさまざまな相互扶助が組織化されてきた。[15]

ここで確かに明治の改革は、人々の流動性を高め、こうした中間組織を成り立たせている互恵の枠組みを突き崩す要因にもなったはずである。しかし先んじて流動性が高まっていた東京でさえ、多くの町内会が大正から昭和初期にかけて相次いで結成されたこと、それどころか戦時中、町内会は戦時体制を陰で支えたとしてＧＨＱによって廃止させられてもなお、講和条約後に禁が解かれると、それが相次いで自発的に〝復活〟していったことを考えれば、ここには依然として人々を共同へと向かわせる別の力学が働いていたと考える必要がある。[16] そしてそれはきわめてシンプルな生活上の問題、すなわち物が不足していた時代に、地縁的な生活者同士の共同が必要であるという明白な〝事実〟と、それが繰り返し担われてきたことの〝意味〟が互いに共有されていたからに他ならない。

ここで重要なことは、人間存在における〈共同〉の本質とは何かということである。〈共同〉の本来の意味は、「人間が何かを一緒にする」ということである。[17] しかしここには人間が他者と関係を取り結ぶこと、そして「ともに力を合わせて何かを実現していく」という「協同」の契機が自ずと含まれている。われわれはしばしば、ともすればかつての〈共同〉が、何の〝事実〟も〝意味〟も担保しないまま、あたかも特定の価値規範や情緒的感情の共有によって容易く成立していたかのような幻想を持っている。しかしそれは人間存在における〈共同〉の一面的な理解でしかない。

この点に着目することで、われわれは「構造転換」を大きく押し進めたのが、なぜ明治の改革以上に、高度経済成長であったのかを理解できる。中間組織の衰退と形骸化を招いたのは、人々の流動化だけでない。むしろ人々が物質的に豊かになり、地縁的な生活組織の存在意義が相対的に低下していったこと、つまり〈共同〉が必要であるという〝事実〟の共有がここで大きく揺らいだためである。しかしわれわれが目を向ける必要があるのは、この時点ではまだ地縁的な人々の間に人間的な信頼関係が維持され、そうした人間的基盤を通じて〈生活世界〉は依然としてリアリティを保持し得たのではないかということである。こうした人々の〝信頼〟に基づく地縁的関係性のことを、ここでは〈地域社会〉と呼ぶことにしよう。それは必ずしも厳しい規則や綿密な〈共同〉がなくとも、いざ必要な際には互いに協力関係が築けるという人々の潜在的な自信であり、同時に人間そのものに対するある種の素朴な信頼であった。

しかしここでかろうじて残存していた〈地域社会〉もまた、その後急速に衰えていくことになる。注目したいのは、このとき大規模に形成されたニュータウンやベッドタウンに象徴される「郊外」と、そこに移り住んだ当時の若者世代が共有していた特有の精神性である。彼らは〝市場経済〟の恩恵や〝行政サービス〟の充実によって、すでに自分たちには十分な「自立」の契機が与えられていると感じていた。彼らはもはや負担を伴う地縁的な〈共同〉には十分な意味を見いだせなくなっていた。彼らが見いだしたのは、むしろ「擬似的な共同体」としての〝カイシャ〟と、その補完物として、居住という純粋に機能的な目的によって形成された〝核家族〟である。[18] つまりこの時代に現れた「郊外」とは、当初から〈地域社会〉の紐帯が存在せず、それが想定されてもいないという点で、これまでとはまったく異なる新しい都市の枠組みだったのである。

そして「構造転換」の最終段階は、こうした「郊外」があらゆる地域に浸透し、そこで育った〝子どもたち〟が、世代交代によって社会の主流を占めるようになるときに訪れる。まず〝カイシャ〟は、バブル経済という異常な高揚の終焉を経て、営利団体としての本来の形へと純化されていった。新しい世代はこうして、孤島と化した〝核家族〟を離れるなり、むき出しのまま市場経済システムの熾烈な競争に巻き込まれていくことになる。

ただしここで重要な点は別にある。それは最初の「郊外化」を担った世代と、その「郊外」に育った世代とでは、その人格形成の舞台となった社会環境において決定的な違いがあったということである。後者が育った「郊外」は、高度にかつ緻密に機能する「社会的装置」の傍らで、〈地域社会〉の人間的基盤さえ存在しない、社会的な紐帯が著しく薄弱化した世界であった。[19] しかし前者が育った〈地域社会〉においては、未だに人間的基盤が健在であり、彼らはそうした〈地域社会〉に守られながら、むしろ自らの意志によってそこから〝自由〟になることを選択した世代だったからである。彼らがこの時点で自ら巻き込まれている「構造転換」の行き着く先について予見できていたとは到底思えない。「個人の自立」こそが人間の理想だと信じた世代にとっては、この過程はおそらく本当に〝自由の実現〟に向かっているように見えていたはずである。しかし〈地域社会〉が解体したことで、いまや〈生活世界〉もまた完全に失われることになったのである。

　ここにおいてついに「構造転換」は完成された。〈生活世界〉が実体を失った世界、それは人間にとって〝生の空間〟そのものが、何ひとつ人間的な意味を持たない世界となることを意味している。それは〝伝統的価値規範の解体〟といった生易しいものではない。ここには「経済活動」「自己実現」「学習」はあっても、生命的存在としての〝生〟、社会的存在としての〝生〟、そして歴史的存在としての〝生〟を繋いでいた意味の文脈はもはや存在していない。そこでは〝生命〟も〝他者〟も、〝社会〟も〝歴史〟も、新しい世代にとっては不可解なものとしてしか映らないのである。おそらく〈地域社会〉に残されていた人々の漠然とした信頼関係は、〈共同〉の〝意味〟を担保できる最後の〝足場〟であった。つまり新しい世代には、この〝意味〟が受け継がれていない。こうして「生の三契機」の相互断絶と矮小化、そして〈生活世界〉の空洞化によって、われわれは〝生〟のリアリティを失うだけでなく、人間存在が他者との関係を取り結び、ともに何かを負担することで何かを実現していくという、〈共同〉の意味とリアリティまでをも失ったのである。

(3)現代社会の比喩としての「ぶら下がり社会」

さて、われわれはこうして現れた現代社会を、ここで比喩的に「ぶら下がり社会」と呼ぶことにしたい。それは現代に生きる人間が、前述の「社会的装置」にきわめて深く依存することによって、互いが物理的に接触する位置にいながら、互いに精神的、存在論的には切り離されるという、非常に特徴的な関係性を構成しているためである（次頁図1）。

確かに「構造転換」の背景には、より高度な市場経済システムや行政システムの出現が関わっている。しかしこれまで見てきたように、「社会的装置」そのものの存在が単純に「ぶら下がり」を引き起こすわけではない。「ぶら下がり社会」は、人々と「社会的装置」とを媒介していた〈生活世界〉、あるいは〈地域社会〉がもたらす〝共助の緩衝帯〟が風化し、個々の人々が別々にかつ〝直接的〟に「社会的装置」へと結合されることによってはじめて成立するからである。それらを解体させたのは、皮肉なことにわれわれ自身でもあった。かつて〈共同〉が必要であるという〝事実〟が揺らいだとき、〈共同〉の負担に意味を見いだせず、「社会的装置」へと〝ぶら下がる〟ことを選択したのは、他ならないわれわれだったからである。

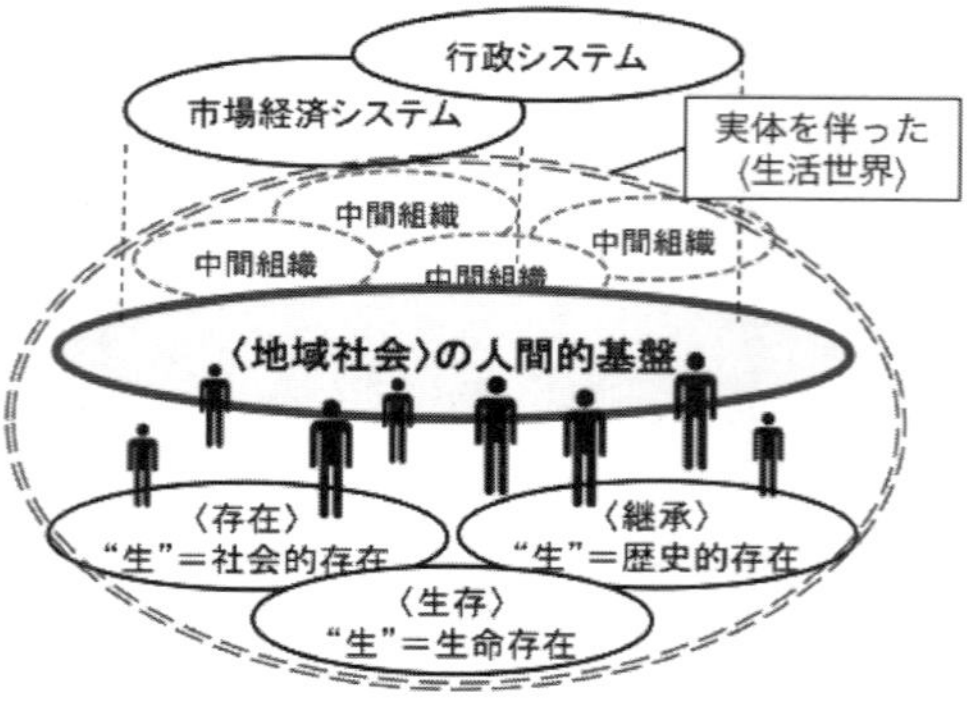

図１右：実体を保持している〈生活世界〉のイメージ

われわれは、もはやあらゆる〈共同〉の残渣が塗りつぶされた時代、今度は〃家族〃でさえも意味を失いつつある時代に生きている[20]。ただしこのように「社会的装置」に極度に依存した社会は、その〃歯車〃がいったん機能不全を引き起こすやいなや、たちどころに社会全体が崩壊するきわめて危うい社会でもある。こうした危機感が認識されていることは、確かに近年「コミュニティの再興」といった形で地縁的な〈共同〉の再評価が行われている面からも読み取れる[21]。しかしきわめて高い流動性の中で、いったん極限にまで「社会的装置」に依存するようになった人々が、再び〈共同〉の〃意味〃を取り戻すことは、おそらく並大抵のことではない。

このことは現代に生きるわれわれが〃他者〃や〃隣人〃との間に関係性を構築し、それを維持していくことに対して、すでに著しい困難に直面しているということにもよく現れている。ここで目を向けなければならないのは、一方で巨大な「社会的

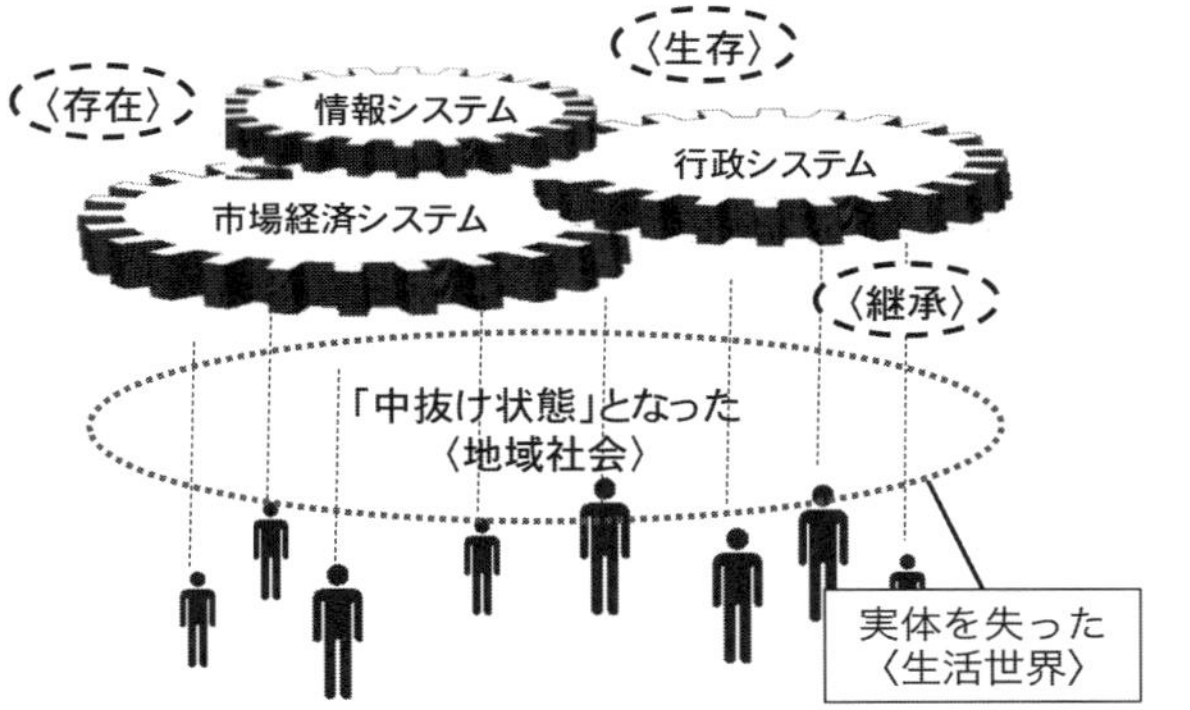

図1左：〈生活世界〉が実体を失った「ぶら下がり社会」のイメージ

装置」が屹立し、他方で〈共同〉の意味が失われた世界においては、特定の人間同士の関係性に一切の必然性が生じないということ、つまり「〈共同〉の動機の不在」という事態によって、人々がいかなる心理的葛藤に直面しているのかということである。[22]

そもそも現代社会において「ぶら下がり」が可能なのは、「社会的装置」への〃接続〃さえ維持できれば、直接的な他者との関係性を一切遮断しても、〈生存〉を中心とした最低限の〈生活〉が一見成り立ってしまう側面があるからである。ここには二つの重大な事実が内包されている。第一に、そこでは人間存在の〈生活〉は、「社会的装置」の文脈において〃自己完結〃していくため、個々の人間の属性は「ぶら下がる」という一点を除いて存在論的に均一化され、関係性に特別な意味を及ぼさなくなっていくということ、そして第二に、こうした存在論的に均一で自己完結した人間同士が生み出す関係性は、構造的に〃いつ解消されてもおかしくない〃というリスクに常時曝されているということである。つまり「ぶら下がり社会」においては、あなたと関係を結ぶ必然性もなければ、そのためにこの関係性を継続する必然性もないのである。

ここでわれわれは〈共同〉とはそもそも〝負担〟を伴うものであり、〝負担〟を伴わない〈共同〉など存在しないという、最も基本的な人間学的事実を想起する必要がある。「共同の動機」が不鮮明な社会においては、われわれは誰かを目前にして、その人に本当にその〝負担〟を引き受ける意志があるのかどうかについて、絶えず脅迫的な不安を抱えることになる。端的には、私が誰かを思いやったとしても、その誰かが私を思いやってくれる保証はない、自身が相手を信頼していると思っていても、相手が自身を信頼してくれていると思える手がかりがどこにも見いだせないのである(23)。

「〈共同〉の動機の不在」はこうして不信感や誤解を生み出す土壌となり、人々のコミュニケーションに対する敷居を高め、一貫して関係性を解体させる方向にわれわれを導いていく(24)。ただでさえ人間の関係性には直接的なリスク——特定の人間と関係を持ってしまったがために本来不要であった代償を支払う羽目になるといった——もあるだろう。こうした状況下において、にわかに〈共同〉が必要であるという〝事実〟が顕在化したとしても、多くの人々がコミュニケーションに希望を見いだせず、リスクを恐れるあまりコミュニケーション自体を放棄し、「ぶら下がる」苦痛にただただ堪え忍ぶことを選択したとしても、それは決して驚くに値しない。人々が「社会的装置」への依存へと向かえば向かうほど、人々からは「〈共同〉の動機」が失われて行く。そして「〈共同〉の動機の不在」は強力な〝遠心力〟となり、再び人々を「社会的装置」への依存へと駆り立てよう。これが、われわれの生きる現代社会というものの現実なのである。

4　新たな人間学の地平のために――「〈倫理〉の中抜け現象」から考える

以上を通じてわれわれは、現代社会における人間存在の実像について、「生の三契機」の矮小化と〈生活世界〉の空洞化、そして〈生活世界〉の構造転換における最終局面としての「ぶら下がり社会」といった論点を手がかりにしながら見てきた。ここでは最後に、十分な議論を展開する余裕はないものの、以上の議論を踏まえたうえで現代における人間の解明を試みる際、今後重要になると思われるいくつかの論点について概観したい。

(1)「構造転換」に見られる「中抜け現象」――特に〈継承〉と〝学校〟、コミュニケーションと「情報システム」の視座から

最初に取り上げておきたい論点は、以上に見てきた「構造転換」の中に、人間存在と「社会的装置」

をめぐる、ひとつの一貫した過程を見いだすことができないかということである。それは「社会的装置」が本来、健全な〈生活世界〉の〝補完物〟に過ぎなかったということ、そしてそれは〝母体〟であったはずの〈生活世界〉の瓦解によって異常に突出するようになり、最終的には人間自身がその肥大化した「社会的装置」に〝適応不全〟を引き起こしていくというものである。

　つまり〈生活世界〉の解体によって「ぶら下がり社会」が出現したのと似た構造が、実際には「構造転換」のさまざまな局面において見いだせるのである。例えば先に見た〈継承〉の文脈の変化である。前述のように〝学校〟という「社会的装置」は当初、〈生活世界〉における単なる〝補助機関〟に過ぎなかった。つまり人間が成長し、社会化される舞台はあくまで〈生活世界〉における人間的基盤、すなわち〈地域社会〉であって、そうした生活実践からは得られない特殊な知識を取得できる場が〝学校〟だったわけである。しかし〈生活世界〉＝〈地域社会〉が空洞化し、人々の〈生活〉が互いに接点を失っていくことで、結果として、孤島と化した〝核家族〟と、〝学校〟という「社会的装置」だけがその場に残されたのである。ここには「社会的装置」への依存と〈生活世界〉＝〈地域社会〉の空洞化という二つの事態が、まさに同時に進行していく過程として読み取れよう。

　そしてこれと同じことが、おそらくコミュニケーションと「情報システム」の関係においても言うことができるのである。インターネットの出現以来、急速な社会の情報化によって、いまや情報ネットワークは、市場経済システムや行政システムに匹敵する、ひとつの巨大な「社会的装置」となった。われわれが各々の関心に従って端末から情報を出力／入力しているだけであるにも関わらず、結果としてそこにひとつの巨大な「情報世界」が形成されている様子は、われわれが労働者として企業や行政に参加し、その組織の論理や役割に従って行動しているだけであるにも関わらず、結果として社会全体に物質やサービスが行き渡るようになっている様子と酷似している。したがって「情報システム」への「ぶら下がり」とは、われわれが情報交換や関係性を再生産するにあたって、「情報世界」への接続がその不可欠な条件となっていくことを意味している。

記憶に新しいように、インターネットもＳＮＳも当初は情報を介して人々を結びつける、リアルなコミュニケーションの補助装置に過ぎなかった。そしてそれは実際にコミュニケーションの時間的、空間的制限を超克し、確かに〝手軽なコミュニケーション〟をわれわれにもたらした。しかしそれがもたらしたもうひとつの現実とは、コミュニケーションを行う「社会的装置」が存在することによって、リアルな関係性の敷居がさらに一段と高くなるという逆説的な事態である。ネット上のコミュニケーションはその性質上きわめて不完全なものであり、やはり新たな誤解や不信感を生み出す土壌となる。[25]それは決してリアルなコミュニケーションを代替することはできない。それにもかかわらず、手軽な手段としてそれが存在しているという事実が、リアルなコミュニケーションを行う動機を破壊する。[26]それは

「共同の動機の不在」ときわめて良く似た、関係性の〝遠心力〟として機能するのである。

(2)〈倫理〉の三層構造と〈倫理〉の「中抜け現象」

最後に見ていくのは「〈倫理〉の中抜け現象」というものである。そこでは人間存在の〈倫理〉を構成する最も中核的な部分が、「構造転換」の過程で空洞化し、〈倫理〉全体の構造を歪なものに変質させる。この議論には人間存在にとっての〈倫理〉の本質とは何かという、きわめて重要な人間学的な問題が内包されているが、ここではその要点となる部分に絞って取り上げてみたい。

まず〈倫理〉といっても、日本語の〝倫理〟は、〝倫〟（人のみち）＋〝理〟（すじみち）と書いて「人のふみ行うべき道」に由来し、英語の〝エシック（ethic）〟は、「住み慣れた地、慣習、人柄」を意味する〝エートス（ἦθος, ἔθος）〟に由来している。[27] 今日では両者ともに「人間の行動に作用する何らかの道徳的原理（あるいはその体系）」といって差し支えはないだろう。しかしわれわれがそれを学術用語として用いる場合、そこにはやや次元の異なる二つのものが同時に含まれている。すなわち〝特定の集団の間で素朴に共有されている社会的規範〟と、〝意識的な反省を通じて導出された普遍的な倫理原則〟の二つである。このうちI・カント以降の近代倫理学が対象としてきたのは主に後者であって、前者についてはもっぱら「慣習」という形で、後者を導く際の所与の前提として扱われてきた側面がある。[28]

ここで筆者が試みたいのは、いったん先の「慣習―普遍倫理」という倫理の二元構造を解体し、倫理の枠組み自体を〈生物倫理〉―〈素朴倫理〉―〈反省倫理〉という三層構造に再編できないかということである。まず〈生物倫理〉とは、倫理そのものを認知するための生得的基盤であり、倫理の遺伝的、身体的基盤と言っても良い。具体的には他者の信念を推測、想像する能力や、反射的な情動、共感の能力といったものが該当するが、これらについては一定の生物学的基盤が存在することがすでに知られている[29]。その意味で〈生物倫理〉はあらゆる倫理の基盤をなし、その欠如は先天的なある種の疾患（例えばサイコパス）という形で位置づけられる。

これに対して〈素朴倫理〉は、〈生物倫理〉を現実の社会生活の中で実際に活用していくための〝枠組み〟に相当する。そこでは特定の場面や状況、文脈に応じて発達したさまざまな行動規範がひとつの体系をなしており、広い意味ではわれわれが事物に対して持っている〝意味の体系〟、すなわち〝世界像〟――自然観、社会観、人間観を含む世界観――の一部を構成しているということもできる。したがって〝世界像〟と同じように、それは〈生活世界〉における具体的な生活経験やコミュニケーションを通じて形成、共有される[30]。要するに、人間は誰しも〈生物倫理〉を持って生まれるが、然るべき社会関係があってはじめて特定の〈素朴倫理〉を形成することが可能となるのである。

〈素朴倫理〉は〝志向している対象〟から見るとき、大きく①「自然に関わるもの」と②「人間に関わるもの」、③「自然と人間の両者にまたがるもの」という形で存在し得る。例えば伝統的な農村社会においては、①としては暦に応じた慣習的行動や、狩猟や農耕の作業に関わる慣習などを、②としては年齢や性別に応じて期待される慣習的な行動や役割、生活の中で他者と接する際のマナーなどを、そして③としては神事や年中行事に関わるものなどをあげることもできるだろう。〈素朴倫理〉の存在理由は、第一に、人間集団の〈生存〉の基盤となるのが、その集団の立脚する地域生態系であるということ、第二に、前述のように、人間存在は遺伝的には個体を単位としながら、同時に〈生存〉を集団の力を用いて実現させるという存在様式を備えているという点に帰せられる。したがってそれぞれの個体を集団として社会的に統合し、かつ持続的な形で〈生存〉〈存在〉〈継承〉を集団として実現させるためには、いわばこうした「自然に対する〈作法〉」と「人間に対する〈作法〉」の両方が不可欠だったのである。

最後に、こうした〈素朴倫理〉の上に、特定の状況下において現れるのが〈反省倫理〉である。〈反省倫理〉の特徴は、何らかの基準に基づく合理的な根拠や判断を伴う規範的な命題として意識的に記述できるという点にある。これは〈素朴倫理〉が多くの場合、〈生活世界〉の文脈に深く埋め込まれることによって、その命題の根拠や判断理由が意識されないのとは対照的である。

以上のように理解すると、確かに〈素朴倫理〉と〈反省倫理〉がそのまま従来の「慣習―普遍倫理」に当てはまるようにも思えるかもしれない。しかし近代倫理学における「普遍倫理」はここでいう〈反省倫理〉よりも実際にはさらに狭い概念であって、そこでは「普遍倫理」以外の〝倫理〟の要素がすべて「慣習」という概念に無造作に押し込まれているのである。まず「慣習―普遍倫理」には、生得的である〈生物倫理〉と後天的である〈素朴倫理〉の区別がなく、いってみれば前者の〈倫理〉の次元を想定していない。しかしより重要な点は、「慣習」として位置づけられてきたものの中には本来〈反省倫理〉と呼ぶべきものまで含まれており、実際には〈素朴倫理〉と〈反省倫理〉の境界もまた、必ずしも明確ではないという点である。

そもそも〈素朴倫理〉は単純に所与の前提として扱うべきではない。〈素朴倫理〉が内面化されていく過程には、主観的な倫理と社会的規範との矛盾や葛藤が克服されなければならず、前述のように、それが受容されるにはさまざまな人間関係や社会経験が必要となる。そしてそれはおそらく人間の成長過程とも密接に結びついている。これに対して〈反省倫理〉が現れるのは全く別の局面、端的には異なる〈素朴倫理〉同士が矛盾や対立をきたした場合などである。このとき〈素朴倫理〉は意識的に反省の対象となり、両者を架橋する新たな原則が必要となる。〈反省倫理〉に判断の根拠や合理性が要求されるのはそのためである[31]。ただし〈反省倫理〉の合理性は、特定の前提条件を含んでいるという意味で、厳密には「普遍的」ではない。それにもかかわらず〈反省倫理〉の存在意義は、あくまでその特定の状況を克服することにあるため、このことは少しも問題にはならないのである。しかも当初は〈反省倫理〉

として自覚された規範原理であっても、時間や世代の経過を経ることで〈素朴倫理〉の一部になることがあり得るだろう。

さて、やや前置きが長くなったかもしれないが、本論でこうした〈生物倫理〉—〈素朴倫理〉—〈反省倫理〉という新たな〈倫理〉の枠組みを提起したのは、人間存在の〈倫理〉において中心をなすものが、このうち〈素朴倫理〉であることをはっきりと示すためである。前述のように近代倫理学における「普遍倫理」は、本論で言う〈反省倫理〉の中でも、無条件に普遍的であることを極限にまで追求したという意味で、きわめて特殊な倫理の領域であると理解せねばならない[32]。したがって「〈倫理〉の中抜け現象」という場合、それは「構造転換」によって〈生活世界〉が空洞化することを通じて、人間存在の〈倫理〉の根幹となる〈素朴倫理〉の再生産が社会的に困難となり、結果として〈反省倫理〉が、本来根ざすはずの〈素朴倫理〉を欠いたまま宙吊りの状態となる事態を指している（図2）。前述のように〈素朴倫理〉の形成には〈生活世界〉の具体的な文脈を伴った生活経験やコミュニケーションが不可欠であるが、「ぶら下がり社会」においてはそうした個々の経験自体が非常に矮小化したものになるためである[33]。

ただし注意が必要なのは、〈素朴倫理〉の中には、漠然と行っているが容易に変更可能な「浅い〈素朴倫理〉」と、より深い部分に根ざし、直接的な感情にまで作用する「深い〈素朴倫理〉」とがあるとい

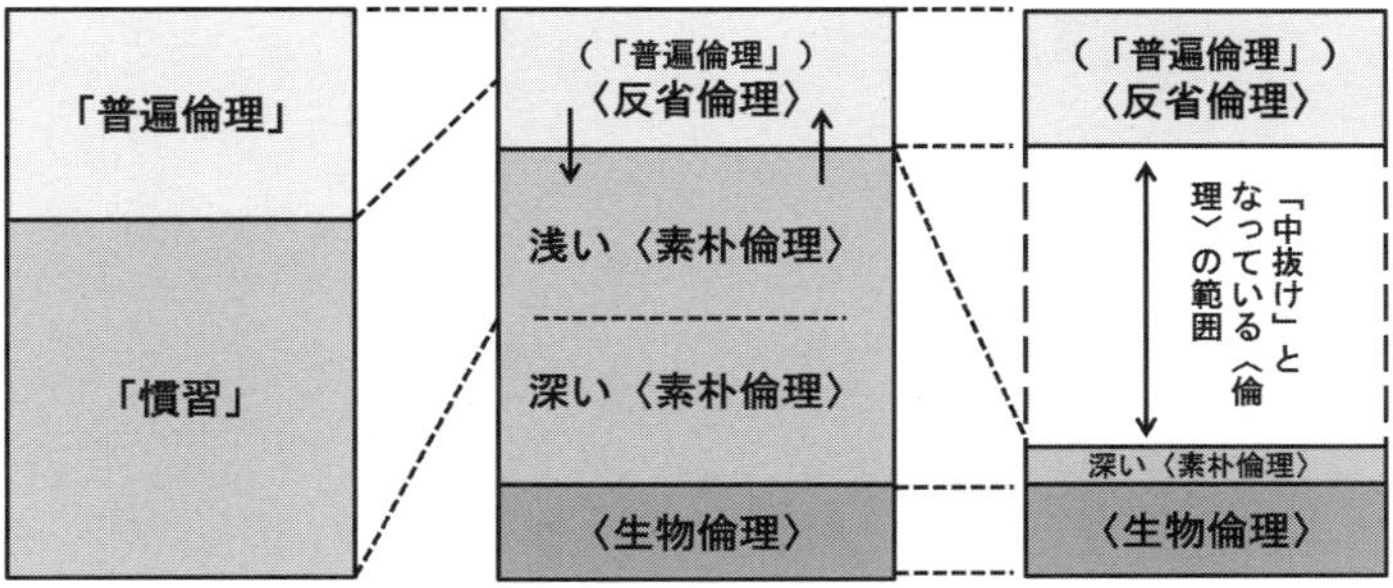

図２：従来考えられていた〈倫理〉の構造（左）、本論で提起する新しい〈倫理〉の構造（中央）、「中抜け」となった〈倫理〉（右）

うことである。例えば年中行事として定着していた特定の慣習が廃れることと、「人を殺してはいけない」という感覚が失われる事態とでは、その人間学的な意味がまったく異なっているだろう。「〈倫理〉の中抜け現象」においては、〈倫理〉の空洞化がこうした「深い〈素朴倫理〉」にまで到達する。すなわち「なぜ人を殺してはいけないのか」という問いであっても、〝そのように感じてはいるが理由や根拠を説明するのは難しい〟といった形ではなく、こうした漠然とした確信それ自体を経由することなく〝文字通りなぜだか分からない〟という形できわめて深刻に受け止められるのである。

注目してほしいのは、先に「人間に対する〈作法〉」として言及したものの中には、他者との関わり方、突き詰めれば〈共同〉のために必要な最も基本的な〈作法〉が含まれていたということである。例えばいかにして人は関係を構築し、信頼を確認し、対立を仲裁するのか。またいかなる場面で人は感情を抑制し、それを表出すべきなのか。そしていかにして人は関係性を破綻させることなく妥協し、時には制裁や報復を行うべきなのか。これらは人間が集団として生を営むにあたって最も基本となる技法と呼べるものばかりである。重要なことは、これらが〈素朴倫理〉による基礎づけを失ったとき、果たして〝技能〟としての意味を保持し続けられるのかということである[34]。

したがってわれわれが目を向けるべきなのは、今日「ぶら下がり社会」の中では、こうした「人間に対する〈作法〉」ですら、再生産が難しくなりつつあるのではないかということである。確かに現在においてもなお、〈素朴倫理〉が完全に失われたわけではないかもしれない。例えば公共機関で行う整列乗車や、すれ違いざまに道を譲ったり、譲られた際に挨拶をしたりするといった行為は、確かにわれわれがまだ一定の〈素朴倫理〉を共有していることとの例証であるともいえる。しかし「深い〈素朴倫理〉」にまで達する「〈倫理〉の中抜け現象」は明らかに進行中であり、この先いくつもの世代交代を経て、われわれが現在と同じように振る舞えているとは限らない。こうして「ぶら下がり社会」では、相当に薄くなった〈素朴倫理〉の上に、足場をなくした〈反省倫理〉だけが不可解に聳え立つことになる。現代人が直面している深刻なニヒリズムを理解するためには、この「〈倫理〉の中抜け現象」という視点がきわめて重要になるのである。

(3) 結びにかえて

さて、われわれは「生の三契機」にはじまり「〈倫理〉の中抜け現象」に至るまで、さまざまな基礎概念の導入を試みてきた。その中にはさまざまな論点が含まれていたが、本論の主題とは次のようなものであった。すなわちわれわれは〈生活世界〉の自明性がすでに失われた時代を生きているということ、そして〈生活世界〉を自明視してきたいかなる人間学も、もはや現代における人間の解明においては無力であるということ、したがってわれわれはこうした時代に相応する新たな人間学を構想しなければならないということである。確かにこの新たな人間学のためには更なる議論の展開が不可欠だろう。しかし本論でできることは、その出発点を切り開くというところまでである。ここで再びわれわれは、冒頭で取り上げた「自立した個人」という戦後社会の人間的理想というものに立ち返える。多くの議論を経てきたわれわれにとって、「自立した個人」の理想が失敗した原因を説明することはそれほど難しくはないだろう。

例えば社会変革を目指したプロジェクトが誤っていたのは、諸個人が経済的、社会的桎梏から解放されさえすれば、人々は容易に自発的な意志によって連帯するとしたことである。彼らはかつての〈共同〉を否定したが、他方でそれが「自立した個人」の生み出すアソシエーションによって、十分置き換え可能なものであると信じていた。しかしそこには〈共同〉というものに対するある種の幻想がある。繰り返し見てきたように、〈共同〉の根底には「生の三契機」が深く結びついていること、そして〈共同〉が成立するためには、それが必要であるという〝事実〟と〝意味〟が互いに共有されていなければならないということである。〈共同〉の〝事実〟も〝意味〟も失われ、〝生〟が高度に自己完結した「ぶら下がり社会」においては、人々の間に「〈共同〉の動機」がそもそも働かない。したがってそこでは一部の特殊な人々を除いて、人々はまさに自発的な意志によってアソシエーションへの参加を選択しないのである。むしろ現代人はその絶え間ない〝遠心力〟に曝されながら、「ぶら下がり」に耐える道を自ら選択する。そしていまや「深い〈素朴倫理〉」、「人間に対する〈作法〉」もままならないまま、身近な対人関係にさえ多くの支障をきたしながら生きている。[35] こうした事態に目を向けないまま連帯が掲げられても、その言葉は人々の心に届きようがないのである。

　これに対してポストモダンに基づく試みが誤っていたのは、「構造転換」を単なる「伝統的価値の解体」や「価値の多様化」といった次元でしか捉えられず、それが人間存在に対してもたらす意味をあまりに軽く考えていたことである。「伝統的価値の解体」で想定されていたのはせいぜい「浅い〈素朴倫理〉」であって、そこでは「深い〈素朴倫理〉」が揺らぐという事態の重みが常々過小評価されてきた。現代人が直面しているのは、「生の三契機」の矮小化にはじまり、子どもであるということ、青年であるということ、異性と関わるということ、子孫を産み育てるということ、看取るということ、老いるということ、およそ「人間あるいは人生の概念」そのものが瓦解していく世界であり、それでもそこで人間として生きて行かざるを得ないということである。〈素朴倫理〉が失われていく過程と〝生〟がどこまでも自己完結していく過程とは、いわばコインの両面である。こうした極限的なニヒリズムの中に放置された人々にとって、「価値の多様性」を語ることなど絶望の上塗りでしかない。

　確かに「個人の自立」が本当に〝来たるべき未来〟にあるのだとすれば、それを今なお放棄すべきでないという主張も成り立つだろう。しかしわれわれが認めなければならないのは、実際には「個人の自立」は〝未来〟の姿などではなく、現代こそが「自立した個人」の〝ディストピア〟であるということである。確かに現代社会にはある種の経済的な不平等やそれに伴う閉塞感などが存在する。しかし他方でわれわれがすでに、歴史上かつてないほどに〝自由〟と〝平等〟が実現した時代に生きているということもまた、明白な事実なのである。皮肉にも〝自由な個性の全面展開〟を可能にする唯一の社会様式は、「ぶら下がり社会」である[36]。つまりあたかもW・W・ジェイコブスの『猿の手』のように、願いというものは望んだ通りに叶えられるとは限らず、帰結の重みはそれが実現してみてはじめてわれわれに思い知らされるということなのである[37]。

　それならばなぜ、一時代の人々は「個人の自立」という理想に意味を持ち得たのだろうか。その答えは簡単である。つまり戦後という時代が、〈生活世界〉が実体を失っていくまさに過渡期に相当していたからである。彼らは社会の変容を目の当たりにしつつも、少なくとも幼少の人格形成期においては〈地域社会〉の人間的紐帯の中で守られて育った。それゆえ彼らは〈近代〉から抽出された「個人の自立」を過剰に理念化、理想化し、結局は「構造転換」が意味する内実に気づけなかったのである。

すでに「構造転換」が完成された世界に生きるわれわれにとって、〝未来〟を語るための展望というものは果たして見いだし得るのだろうか。残念ながら、そこに明確な道筋はない。というよりも、事の重大さを勘案するとき、筆者は現段階で近視眼的な解決を安易に問題にすべきではないとさえ考える。[38] ここでわれわれに言えることは、こうした事態が人間存在にとって〝持続不可能〟であるということ、[39] そしてわれわれが忘れていたのは、人間とは生物学的に条件づけられた〈ヒト〉というものを根幹に持つ存在であって、人間はいかなる環境にあっても決して無条件に人間として在り得るわけではないということである。それを人間の〈自然さ〉と呼ぶのであれば、われわれが生きる現代とは〈社会〉が〈人間〉から突出した時代、すなわち〈社会〉がいつしか〈人間（ヒト）〉というものに本来想定されてきた〈自然さ〉との間で、〝整合性〟を保てなくなった時代としても理解することができる。このことをさらに突き詰めるためには、われわれに人類史的な視点でさえ要求される。というのもわれわれが目撃している現代とは、人類が自然生態系の表層に人工生態系としての〈社会〉を造り上げて以来、「農耕の成立」や「〈近代〉の成立」といった重大な質的変容を経て、最終的に到達した〝第三の重大局面〟としても理解することが可能だからである。[40]

確かに筆者が〈共同〉という概念を持ち出したり、いわゆる「伝統社会」の描写を引き合いに出したりしたことで、本論の背後に、ある種の過去への憧憬主義を予感したという読者もいるかもしれない。しかしそれが全くの誤りであるということが、ここから理解できるだろうか。なぜなら人間の〈自然さ〉を問題とし、現代において〈社会〉と〈人間（ヒト）〉との解離が相当程度にまで進行していると考える者にとって、両者の〝整合性〟がかろうじて維持されていた時代の形式を参照することは、過去への回帰を促すためではなく、むしろ新たな〝未来〟のために不可欠なことだからである。〝生〟から実体が失われた時代においては、それはわれわれが必ず通過しなければならない〝人間学的参照点〟として、必然的に言及されるのである。

同じように人間の〈自然さ〉という概念を用いると、その本質主義的な響きによって、一部の読者からはやはり反発が予想される。彼らは〈自然さ〉を肯定することで、一義的な人間観が権威を持ち、それによって人間の自由や可能性の幅が否定されるのではないかと恐れる人々である。しかしわれわれがよくよく考えてみるべきことは、こうした社会をつくり出したのがまさに、人間の条件というものの一切を直視することなく、無邪気に進歩を追従し、理想化された未来だけを無条件に肯定してきた結果ではなかったかということである。われわれはすでに「人間／人生の概念」が破壊された時代に生きている。この期に及んでわれわれは、人間の〈自然さ〉を論じることにまだ躊躇すべきなのだろうか。筆者が敢えて「整合性」という概念を用いるのは、人間の〈自然さ〉が一方で決してひとつの在り方に固定したものではないこと、ただし他方でそこには必ず適応限界が存在するということを示すためである。新たな人間学は、〝生〟の本質とは何か、〈共同〉の本質とは何かという、人間学の原点に立ち返えらなければならない。そしてそこから〝現代〟という時代を再び照射し、人間というものの在るべき姿を問題とするのである。

さて、本論で見てきた〈生活世界〉の自明性が失われるという事態は、人類史的に見れば、ごく最近の出来事である。この事実はわれわれにとって両義的な意味を持つだろう。われわれにとって幸いなのは、それがわれわれに〝現代とは異なる「新たな社会」は十分に構想可能である〟と物語るからである。「ぶら下がり社会」の果ての先に、〈社会〉を再び〈人間（ヒト）〉に埋め戻すことができるかどうか、そうした社会を構想できるかどうかがここで問われている。他方でわれわれにとって不幸なことは、それが〝「構造転換」にはまだ続きがあるかもしれない〟ということを同時に物語るからである。前述のように〈素朴倫理〉はまだ完全には失われていないかもしれない。しかし例えば二〇年後を想像してみてほしい。それは「人間／人生の概念」を生まれながらに喪失した世代が子育てを終え、そうした世代に育てられた子どもたちが今度は社会の主流になる時代である。そのとき実体を伴った〈生活世界〉＝

〈地域社会〉の記憶を保持した最後の世代が引退する。そして生まれながらにして「情報世界」に接続され、スマートフォンとSNSが生み出す現実と「情報世界」の二重性を自明として人間形成を行ってきた世代が成人を迎えるだろう。そのときわれわれは果たして人間というものについて何を語り得るのか、それが新たな人間学には問われているのである。

【引用・参考文献】

浅野智彦（2013）『「若者」とは誰か―アイデンティティの三〇年』河出ブックス
岩上真珠／鈴木岩弓／森謙二／渡辺秀樹（2010）『いま、この日本の家族』弘文堂
上柿崇英（2010）「三つの〝持続不可能性〟―「サステイナビリティ学」の検討と「持続可能性」概念を掘り下げるための不可欠な契機について」『サステイナビリティとエコ・フィロソフィ―西洋と東洋の対話から』竹村牧男／中川光弘編、ノンブル社、pp. 127-169
上柿崇英（2014）「「自己家畜化論」から「総合人間学的本性論・文明論」へ―小原秀雄「自己家畜化論」の再検討と総合人間学的理論構築のための一試論」『総合人間学』第八号、総合人間学会、pp. 142-146
上柿崇英／尾関周二編（2015）『環境哲学と人間学の架橋―現代社会における人間の解明』世織書房
NHKクローズアップ現代取材班編（2013）『助けてと言えない―孤立する三十代』文藝春秋
NHK「無縁社会プロジェクト」編（2010）『無縁社会―〝無縁死〟三万二〇〇〇人の衝撃』文藝春秋

木村忠正（2012）『デジタルネイティブの時代』平凡社
倉沢進／秋元律郎（1990）『町内会と地域集団』ミネルヴァ書房
小原秀雄（2000）『現代ホモ・サピエンスの変貌』朝日新聞社
土井隆義（2008）『友だち地獄』ちくま新書
鳥越皓之（1993）『家と村の社会学（増補版）』世界思想社
広井良典（2009）『コミュニティを問いなおす』ちくま新書
米山俊直（1967）『日本のむらの百年』ＮＨＫブックス
古荘純一（2009）『日本の子どもの自尊感情はなぜ低いのか』光文社新書
増井金典（2012）『日本語源広辞典［増補版］』ミネルヴァ書店
増田敬祐（2011）「地域と市民社会―「市民」は地域再生の担い手たりうるか？」『唯物論研究年誌（16）』唯物論研究協会、pp. 301-325
宮台真司（2000）『まぼろしの郊外―成熟社会を生きる若者たちの行方』朝日文庫
宮台真司（2006）『制服少女たちの選択――After 10 Years』講談社
山崎亮（2011）『コミュニティデザイン』学芸出版社
山田昌弘（2005）『迷走する家族』有斐閣
山田昌弘（2014）『「家族」難民』朝日新聞出版
山竹伸二（2011）『「認められたい」の正体』講談社現代新書

アリストテレス（1971）『ニコマコス倫理学（上・下）』高田三郎訳、岩波文庫

アリストテレス（1974）「霊魂論」『世界の大思想20』高田三郎訳、河出書房新社

I・カント（1960）『道徳形而上学原論』篠田英雄訳、岩波書店

L・コールバーグ（1987）『道徳性の発達と道徳教育』岩佐信道訳、広池学園出版部

M・シェーラー（2012）『宇宙における人間の地位』亀井裕／山本達訳、白水社

M・ハイデッガー（1994）『存在と時間（上・下）』岩波文庫

S・バロン＝コーエン（1997）『自閉症とマインドブラインドネス』長野敬／長畑正道／今野義孝訳、青土社

J・L・マッキー（1990）『倫理学—道徳を創造する』加藤尚武監訳、哲書房

K・マルクス（1964）『経済学・哲学草稿』城塚登／田中吉六訳、岩波文庫

K・マルクス（1968）『資本論（三巻二）』大月書店

G・H・ミード（1973）『精神・自我・社会』稲葉三千男／滝沢正樹／中野収訳、青木書店

Arendt, H.（1958）*The Human Condition.* The University of Chicago Press.（アレント（1994）『人間の条件』志水速雄訳、ちくま学術文庫）

Habermas, J.（1981）*Theorie des Kommunikativen Handelns.* Suhrkamp Verlag.（ハーバーマス（1987）『コミュニケイション的行為の理論（上・中・下）』未来社）

Habermas, J.（1990）*Strukturwandel der Öffentlichkeit,* Suhrkamp.（ハーバーマス（1992）『公共性の構造転換』細谷貞雄／山田正行訳、未来社）

『英語類義語情報辞典（1993）』大修館書店
『英語語源辞典（1997）』研究社
『広辞苑（第五版）（1998）』岩波書店
『哲学・思想辞典（1998）』岩波書店

（1）筆者はこの問題を以前から「環境の持続不可能性」および「社会システムの持続不可能性」に並ぶ「人間存在の持続不可能性」と位置づけ、〝持続可能な社会〟を実現するにあたって資源・エネルギー、レジリエンスといった問題とは異なる次元において、やはり避けて通れない重要な問題であると提起してきた（上柿 2011、上柿／尾関 2015）。

（2）ここでの指摘には、かつてJ・ハーバーマスが「公共圏の構造転換」について論じたこと（Habermas 1990）、また「システム（System）」に対置される形で「生活世界（Lebenswelt）」の概念を導入し、「生活世界」の「合理化」と「内的植民地化」について論じたことが背景にある（Habermas 1981）。「生活世界」はもともとE・フッサール、A・シュッツらの現象学的社会学に由来する概念であり、その主眼はあくまで日常世界における〝意味〟の再生産を問題にすることにあった。〝生活（Leben）〟という語を使用しながら、その人間学においては根源的な意味での〈生活〉の文脈が顧みられることはない。これは本論の問題意識に関連して興味深い点である。

（3）『英語語源辞典（1997）』『英語類義語情報辞典（1993）』などを参照。

(4) ただし『経済学・哲学草稿』における「疎外された労働」をめぐる論述のように、ある面ではマルクスは〈生存〉と〈存在〉の連関性を論じていたともいえる(マルクス 1964)。

(5) 〈生存〉とは『広辞苑(1998)』によれば、「生きながらえること。生命を存続させること。」とある。

(6) 〈存在〉という語の最も基本的な含意は、「ある、または、いること。および〝あるもの〟」であるとされる(『広辞苑(1998)』)。哲学的概念としての〝存在〟もまた、〝ある〟とは何かといった文脈で論じられるが、ここでの〈存在〉とは、あくまで人間にとっての存在論的な問題を指している。それは端的には人間集団としての社会と自己とをめぐる問題である。

(7) 〝社会性〟を持つ生物はきわめて多様に存在するが、とりわけ①アリやハチに代表される昆虫の社会性と、②哺乳類全般に見られる社会性、③〈ヒト〉固有の社会性の次元は、それぞれ区別して考える必要がある。①は遺伝学的に個体性が失われた社会性であり、③のみが後に言及する〈社会〉を本格的に生み出すことができる。

(8) 〈継承〉とは『広辞苑(1998)』によれば、「うけつぐこと」であるとされる。似た語として「伝承」があるが、本論では特定の技術や芸能などを受け継ぐ場合を「伝承」とし、〈継承〉を、世代を媒介するより普遍的な人間学的原理として区別する。

(9) 本論では「人間(ヒト)」「人工生態系としての社会」といった形で、随所に動物学者の小原秀雄から受けた影響が反映されている。小原はかつて、人間(ヒト)の社会性に関して、〝もしロビンソン・クルーソーが赤ん坊の頃から無人島で育ったと仮定した場合、それは〈ヒト〉ではあったとしても、果たして人間と呼べるものになるのだろうか〟という印象深い問いを提起したが、これは人間学的にきわめて重要な問いである。小原の議論に関する筆者の理解については、上柿（2014）を参照。

(10) こうした概念の詳細については、上柿／尾関（2015）を参照。またここでの〈社会〉は、〝文化（culture）〟とわれわれが呼んできたものの構造でもある。註7も参照。

(11) この問題と類似した哲学的命題を提起したのはM・ハイデッガーであったが、そこで主たる焦点となっていたのは〈存在〉と〈継承〉の連関であったと言える（ハイデッガー 1994）。しかしここで見たように、人間存在の〝歴史性〟は〈生存〉の契機とも本質的に結びついているのである。

(12) こうした伝統的な生活様式は、地域においては二〇世紀末まで残っていた。具体的なものとして、農村社会学や文化人類学からの多くの研究がある（鳥越 1993、米山 1967）。

(13) これらはいずれも、実体としてはひとりひとりの人間の行動がつくり出す仮象でありながら、われわれの個人的な意志とは別のところで、つまりそれ自体の論理によって機能的に人々の行動を調整する〝社会的な装置〟である。この概念についてのより詳しい説明は上柿／尾関（2015）を参照。

(14) 前掲の鳥越（1993）、米山（1967）など。

(15) 江戸期の組織は明治政府によって廃止されたが、そこで培われた〝町内原理〟そのものは生き続け、後の〝町内会〟などに引き継がれていった（倉沢／秋元 1990）。

(16) 戦前の〝町内会〟は行政の末端組織としても位置づけられ、一面においては確かに戦時イデオロギーを支える役割を果たした。しかし両者の関係は決して一方的な行政支配ではなく、地域社会の側にも一定の〝主体性〟があったと考えるべきである。戦時中は町内会組織が最も活発化した時期のひとつとされるが、それは同時に人々が〝貧しさ〟から実際に相互扶助を必要としていたからである（倉沢／秋元 1990）。

(17)「共同」および「協同」の由来については増井（2011）を参照。

(18)この世代が一方では地縁的な〈共同〉を忌避しながら、他方でなぜ純粋な営利法人でしかない〝カイシャ〟を「共同体」に見立てたのかということは興味深い問題である。

(19)この「郊外化」とそこで育つ若者たちのメンタリティの関係を九〇年代の早い段階で社会学的に論じたものとして、例えば宮台（2006）がある。一九八〇年に生まれた〝筆者自身〟も含めて、ここで描かれた若者たちこそ、現代における子育て世代である。なお近年指摘されている、子どもの「自尊感情の低さ」の問題（古荘 2009）と「構造転換」に伴う社会環境の変化との関連は、考えるに値する問題設定だと思われる。

(20)例えば岩上／鈴木／森／渡辺（2010）、山田（2005）、ＮＨＫ「無縁社会プロジェクト」（2010）など。

(21)例えば広井（2009）、山崎（2011）など。こうした試みは現代においていっそう評価されるべきであるが、他方で本論の指摘する人間学的な問題もまた、同時に目を向けていく必要があるだろう。

(22)「共同の動機」の概念は増田（2011）の議論から大きな示唆を得た。

(23)例えば山竹（2011）のように、現代人の抱える精神的な〝揺らぎ〟を「承認不安」として理解する方法もある。しかしそこで注意が必要なのは、「承認論」ではしばしば〈存在〉の実現が単なる自己存在の

「承認」と同一視され、それが実際にはいかに根源的に〈生存〉や〈継承〉と結びつくものなのかという視点が抜け落ちてしまうことである。われわれが目を向けるべきキーワードがあるとすれば、それは「承認」ではなく、むしろ「信頼」であろう。

(24) わが国ではすでに相当の〝未婚化〟が進んでおり、将来的に生涯未婚率は男性が三割に、女性は二割になると言われている（山田 2014）。このことが価値の多様化や経済的問題のみによって説明できるとは筆者には思えない。

(25) リアルな世界と「情報世界」の二重性がもたらす相互不信の拡大は多くの論者によって指摘されている。例えば土井（2008）など。

(26)「情報システム」が発達すればするほど、リアルなコミュニケーションは〝負担〟となり、人々は微細な表現や発言のタイミングに神経過敏になっていく。木村（2012）によれば今日われわれは、場面に応じてさまざまな〝情報ツール〟をきめ細かく使い分けており、例えば〝ツイッター（twitter）〟の本質は「テンションを共有したいという欲望」と「異なるテンションの共有を強いられたときの困惑」というジレンマを巧妙に解決する手段として機能しているとする。

(27) 増井（2012）、『英語語源辞典（1997）』など。

(28) カント（1960）、マッキー（1990）などを参照。「慣習」を主題的に扱ってきたのは、むしろ文化人類学や社会学の方であったと言って良い。

(29) 代表的なものとして、「心の理論」の研究などがあげられる（バロン＝コーエン 1997）。

(30) それは社会学において「社会化」の過程、あるいは特に行動規範の局面においては、自身の中に「一般的な他者」を形成していく過程として理解されてきたものである（ミード 1973）。

(31) 〈反省倫理〉が出現する典型的なものは、異なる集団同士で結ばれる約束事である。ただし集団の内部においても、新たな事態などを受けて〈素朴倫理〉に変更が迫られる場合に、それが〈反省倫理〉として再度自覚されることもある。

(32) その意味ではまったく何者にも依拠しない「意志の自律」というものも、現実には想定しがたいきわめて特殊な状態であるといえる。

(33) 近代倫理学において〈素朴倫理〉が何の疑いもなく所与の前提とされてきたことは、現代人にとってはまさに驚くべきことである。われわれはここで、かつての「知的伝統」が〈存在〉の問題を語る際に〈生活世界〉を自明の前提としてきたことを想起せずにはいられまい。

(34) こうした対人関係の「技法」と〈素朴倫理〉の関係、あるいはそれらが習得される過程を、例えばコールバーグ（1987）に見るような〝発達〟の問題と関連づけて論じていくことは、今後研究されるに値する主題であると思われる。

(35) ここで筆者が指摘しているほどに現代コミュニケーションは薄弱化しておらず、むしろ〝若者〟世代を見るにつけ、現代人は高いコミュニケーションスキルを有し、さまざまなツールを用いて積極的に社会参加を行っているという反論があるかもしれない。実際、浅野（2013）が指摘するように、現代的コミュニケーションの特徴は「状況志向」であり、そこでは関係性が「多元化」しただけで「希薄化」したわけではないという側面も確かにある。しかしここで単なる趣味・嗜好の次元で展開されるコミュニケーションと、自身や家族の人格に直接結びつくような、あるいは実利や生活を直接左右するような〝生身の現実〟に関わる次元でのコミュニケーションとを混同すべきではない。〈共同〉の能力が試されるのはむしろ後者であって、前者ではないからである。「ぶら下がり社会」では多くの個人が「多元化する自己」に基づく「島宇宙」（宮台 2006）を形成する。それは宮台が「仲間以外はみな風景」（宮台 2000）と揶揄したような、互いに連絡不能な無数の小集団のことである。そこで見られる「傷つかない、傷つけない」を徹底した「優しい関係」（土井 2008）の〝作法〟は所詮小手先に過ぎず、とても本当の意味での〝むき出し〟に耐え得るものではない。また「ぶら下がり社会」では「ぶら下がる」ことへの反動から、ときに特定の関係性に過剰な期待や執着のしわ寄せが来る。こうした状況に現代人はまったく慣れていない。何かのきっかけで関係性に対する諦観と期待の均衡が崩れるとき、「多元化する自己」という〝戦略〟はあっけなく破綻し、そこに多くの悲劇が生まれるだろう。

(36)「一〇〇人の村」があり、そこでは〝自由〟と〝平等〟が保証され、個人は「自立している」としよう。そして「自由な個性」を求めた結果、全員が「俳優」になることを望んだと仮定する。そのとき「村」が早晩に破綻するのは明らかである。そこには人間が人間として在るためには個人を超えた重要な物事があるということ、そしてそれを実現するためには、ときに自由な意志とは別のところで互いに何かを負担し合わなければならないという了解が、欠落しているためである。それを唯一可能にするのは「ぶら下がり社会」だけである。そこでは高度に発達した「社会的装置」によって〈生活〉は完全に自己完結しているため、諸個人はシステムが動き続ける限り、誰とも関わりあうことなく好きなだけ「自己実現」に勤しむことができる。しかしそのような世界で「俳優」になったところで、そこに〝生〟の実感や、充実があるとは誰も思わないだろう。

(37) ただ「誰にも迷惑をかけたくない」という理由で、他者から一切の支援を拒絶する高齢者（岩上／鈴木／森／渡辺 2010）、そして死に瀕してもなお「助けて」と声を上げることを拒絶する三十代（NHKクローズアップ現代取材班編 2013）、こうした人々の孤独死を目撃するとき、われわれは「個人の自立」という理想がいかに現代人の脳裏に深く内面化されているのかを思い知らされる。「個人の自立」＝「他人に迷惑をかけてはいけない」という規範によって、現代人には相互扶助への否定的感情が深く刷り込まれている。「生の三契機」で見たように、それがいかに社会的存在としての人間本性を不自然に否定するものであるのかをわれわれは直視すべきである。

(38) 例えばわれわれは〝生〟を自己完結させようとする構造的な〝遠心力〟に抗いながら、他者とともに〝生〟を紡ぐ〈共同〉本来の〝意味〟を再び共有し、〈共同〉を実現するための〈作法〉の〝知恵〟を再び紡ぎだすことが本当に可能なのだろうか。現代に生きるわれわれにとって、その道筋を描くことは決して容易ではないからである。

(39) 註1を参照。

(40) 筆者は環境哲学の枠組みとして、人類史を〈自然（生態系）〉〈社会（構造）〉〈人間（ヒト）〉の三項関係の変遷過程として理解するモデルをこれまで用いてきた（上柿／尾関 2015）。「農耕の成立」は第一の重大局面であり、そこでは〈自然〉の表層を覆う薄皮のようだった〈社会〉がひとつの実体を持つようになり、〈人間〉と〈自然〉の〝直接的〟な相互作用を〝間接的〟なものに変容させる。第二の重大局面は「〈近代〉の成立」であり、そこでは近代的世界像と科学技術、化石燃料によって基礎づけられた〈社会〉が、「〈自然〉から〝切断〟」され、予測とコントロールによって、生態学的な制限を無視する形で膨張しはじめる。そして第三局面となる現代においては、膨張した〈社会〉が、今度は「〈人間〉からも〝切断〟」さることになるのである。

増田敬祐

生命と倫理の基盤——自然といのちを涵養する環境の倫理

1　私たちはどのような時代を生きているのか

現代社会は生きる指針を見失った時代と言えるのではないだろうか。高度に発達した科学技術によって人類はかつてないほど生命の操作をも可能にしているが、一方で生命それ自身でもある人間存在はあらゆる事象において目まぐるしく変転する価値基準のなかでどのようにして生死を全うすればいいのか見通しを持てないままでいる。[1] しかし、個人の自由選択と自己責任に任されたライフコースを前提とする今日の日本社会において、その担い手となる人間モデルは自己を取り巻く環境に惑わされず、自己の

「内面的統一」を根拠に最適な選択をし、その理念を全うする人生を目指さなければならない。それは時間（歴史）、空間（場所）に囚われることのない「いま、ここ」のみが常に更新を続けていくことを自明とする〈現時性の世界観〉に生きる〈存在の価値理念〉であり、その意味で、いつ、どこであっても、ゼロベースから始めることができる世界観である。ゼロベースとは、時空（歴史や場所）に囚われず、他者との関係にも束縛されない、文字通りゼロの状態に人間をおくことに価値を見いだすことである。ゼロの状態であるからこそ誰にも何にも惑わされず、自分が最良だと判断するものを自由に選択し、行為することができると考えられている。ゼロベースに基づく〈現時性の世界観〉に対応するのは過去－現在－未来という時間の流れのなかに世界観を構築する〈通時性の世界観〉である。(2)

現行の社会システムは〈現時性の世界観〉に基づき「いま、ここ」に一番の価値をおき、通時性に煩わされることなく何でもゼロベースから個人の自由な活動を行えることを良しとしてきた。その際に強調されたのは「本来の自由」を獲得するために求められる人間の自律・自立の希求であった。だが、その帰結として現れたのは、冒頭に述べたようにゼロベースであることが自分の存在を「根無し」にし、〝どのように生きればいいのか分からない〟という点で生きる指針の混乱と全てが自由選択に任されるがゆえの懊悩を背負った〈ゼロベース世代〉の登場である。(3)全てがゼロの状態から始まる世界観を存在の次元においてもスクーリングされた〈ゼロベース世代〉の抱え込む懊悩は、ときとして戦後民主主義の価値理念を受容して育った「世代」には理解し難いものに映る。「伝統的共同体」「農村共同体」は「前近代」の産物であり、個人の自由が抑圧される場所である、という世界観で日本を捉えている立場からすればそのような抑圧から解放された現代社会は自由選択や活動の自由を保証しており、それらを自分のものとして活かしきれない人間存在は不可解なのである。この不可解さに対し、資本主義社会によって疎外されていることを問題とし、「真の自由」を享受できていない状況を打破することが重要であると主張する議論や単純に「甘え」や「何でも人のせいにして責任を取らない」という時代の風潮として解釈する意見がある。

だが、ここで問題となるのは〈存在の価値理念〉と現実を生きている人間存在の乖離である。存在が安定的に位置づく場所を出生の初めから持たない「根無し」の〈ゼロベース世代〉は、愛憎入り乱れながらそれでも自分の存在を迎えてくれるという意味で〝帰る場所〟を自分の裡に宿していた「世代」と〈存在の次元〉で質の異なる感情を持つ。「人間が弱くなっている」という言説があるが、その内実は単に「弱く」なっているのではなく、人間の生を、存在を、位置づける根が浅く、「根無し」であることによる存在の脆弱さである。もしそうであるならば、現代を生きる人間存在は「弱く」なっているというよりは、むしろ、自分の生きる根を喪失したことによって存在そのものが揺らぎ、自分の生を肯定するための土壌を持ち合わせていない状態にあると認識したほうがよいかもしれない。〈根を持つもの〉

と〈根を持たざるもの〉では世界は全く異なる地平にあり、しかし、同時代をともに生きている。そのことを理解しないままに人間存在を論じることは双方にとって人間存在の淵源で深い溝を作ることになる。(4) 人間が生きることの不如意さは古の先人が自負してきた人生の困難さであるが、〈現時性の世界観〉に生きる現代社会はそれとは全く異なる〈存在の次元〉において度し難いほどの困難な問題を抱えている。その困難さは生命に対する科学的な理解が進むことと人間という生命の一員の〃より良き生〃が必ずしも一致していないことを示す。戦後日本が追い求めてきた〈存在の価値理念〉とは何であったのか、そしてそれが現在どのような形で実際の人間生活に影響を及ぼしているのか、その解明が喫緊の課題となる。

現今の時代状況のなかで人間は改めて存在の確証や生の充実を求めて「帰属」する場所を探している。「つながり」や「絆」「フルサト」の標榜から地域再生論、コミュニティ論の議論まで現代社会は大なり小なり自分の存在をどこかに「帰属」させることを「新しい問題」として位置づけようとしている。「帰属」という言葉は、アジア・太平洋戦争前後の過酷な経験からパターナリズムを彷彿させるとして批判的に捉えられている反面、生きる指針に関わる重要な要素として「伝統」や「固有性」とともに取り上げられる。その潮流は日本において二十一世紀に入った頃から勢いを増し、昨今の政党政治の動きなどを鑑みれば戦後日本の価値基準を変質させようとしていることが分かる。「帰属」するものを求め、模索する潮流が勢いを増す現代日本において、これまでのように何にも左右されない「自立した個人」の集合体としての「市民社会」の確立を唱えるだけでは、存在を揺るがせ、「帰属」するものを求める時代に対応することはできない。人間が自分の存在を確証するために他者との関わりの渦中に「帰属」することは人間存在論として肝心であり、その際に論点となるべきは存在の「帰属」先について、その中身と質の検討である。

ゆえに本稿は、今一度、人間の営みの歴史、特に庶民の歴程を重視する視点から人間存在を考察する。その入り口として問題意識を共有するのは歴史学の網野善彦の提起である。網野は現代社会を「人類社会の青年時代から壮年時代」への転換の渦中にあると述べる（網野 2003）。「青年時代」と名付けられた時代において人間生活は生産力の発展によって「進歩」していくと考えられた。しかし、今や人類滅亡の可能性をはらむ原子力の開発や工業化の進展にともなう地球規模の自然環境破壊の進行により、「青年時代」は根本的に持続性を持たない世界観によって駆動していることが明らかとなった。(5)「青年時代」の世界観を代表するのは〝進歩史観〟や〝発展段階説〟であり、本稿でいうところの〈現時性の世界観〉である。(6)従来のこれらの世界観ではなぜ人間存在が揺らいでいるのか解明できない。今、求められるのは「青年時代」の理想主義を経た上で体得される地に足の着いた「壮年時代」の世界観から人間をみることである。そのためには「より根源的な社会の大転換」（網野 2003）のための概念規定の創造、具体的には、定常型社会や循環型社会、脱成長社会のように〈生命的基盤〉の確保から〝自然〟と〝いのち〟の「循環」を守る時代の世界観を紡ぎ出す必要がある。

その要となるのが庶民の歴程である。綿々と暮らしを守り、自分たちの〈生命的基盤〉となる〝環境〟を維持管理・運営してきたのは「権威」や「権力」の力ではなく、この列島の大半である庶民の営為である。日本の津々浦々を行脚してまわった宮本常一が、なぜ敢えて『庶民の発見』(1961)という題名を記したのか。庶民は時代のなかで忘れられた存在であったがゆえに改めて〝発見〟せざるを得なかったのであるとすれば、庶民の歴程はこれまでないがしろにされてきたということになる。本稿は庶民の営みの歴史から〝人間が存在するとはどういうことか〟を検討する。網野が指摘するようにこれまで庶民の歴程は「伝統的共同体」[7]という「封建制」「封建遺制」の産物でしかなく、近代社会はその解体と民主化を至上命題としてきた。しかし、この列島に生きる人間存在の多くが自分の人生の拠り所とし、生命活動の中心としてきた庶民の生活空間とそこに根づき、維持されてきた文化や哲学の語りは現代日本の人間存在論において人間を論じる契機として看過できるものではない。以上のように時勢を捉える本稿は倫理的問いとして庶民の営為に根ざしてきた〈人間の共同〉を検討する。その際に環境倫理学が注目する地域社会(local community)の議論を応用しながら人間の生きる〝環境〟は第一義に〈生命的基盤〉である必要があり、それは〝自然〟や〝いのち〟と密接に関わること。そのような〝環境〟を構築し、維持管理・運営していくために求められる〈人間の共同〉とは何であるのか。また〈人間の共同〉を基礎づける人間存在の倫理と〈共同の動機〉のメカニズムについて考察する。

2　自然といのちの再発見

地球規模の自然環境破壊が深刻化するなかで、地球の有限性、自然環境の保護、世代間の公平性が争点となり、近代科学技術文明の推進だけではこれらの問題を根本的には解決できないことが明らかとなった。(8) それはこれまで信奉されてきた〝進歩史観〟や〝発展段階説〟の再検討と同時に生命についての再考を促した。科学技術の発展は個々の事象においては有益かもしれないが、その全体を見渡すとき、生み出され更新されていく科学技術が人間を含む生命それ自体を脅かすものとして了解されるようになったからである。(9) このように自然環境だけでなく生命そのものに注目する議論は改めて人間の生きる〝環境〟を問題とした。(10) その代表的なものが環境倫理学である。環境倫理学は当初、自然環境破壊を主な論点としたが、その後の展開のなかで人間を取り囲む〝環境〟それ自体を研究の対象とするようになった。(11)

本稿で論じる〝環境〟の「主体」は人間である。人間はある特定の空間に実在するがゆえに存在は自分を取り囲む環境に規定される。言い換えれば、人間は時間のなかに生き、自分のおかれた地理的空間に左右される存在であるので、その空間においては自然環境に規定されるだけでなく、そこに生きる他の人間＝「意のままにならない他者」にも規定される社会的な存在である。以上から人間にとっての〝環境〟の問題は、自然と人間の関わりのあり方を問う自然環境の問題だけでなく、人間自身が生きる社会環境の問題でもあり、人間と人間の関わりのあり方が問われる。例えば、現在まで続く日本の公害事件は自然環境破壊により〈生命的基盤〉という生命を育む人間生活の場をも破壊した。このことは人間の生命破壊、生活破壊に直結し、公害事件に関わる人間社会の問題、つまり、社会環境における人間と人間の問題を顕現させた[12]。このことから〝環境〟とは自然環境と社会環境の連関であり、〝環境〟の破壊は自然環境のみならず、人間の生命や生活の破壊とも密接に関わっている。同じことは生命と〝自然〟の関係においても言える。そのことを現すのは現代社会で深刻さを増す人間の心身の問題である。現行システムの「利潤と競争の原理」は自然環境破壊を引き起こしているだけでなく、人間の心身のリズムまで狂わせ、過労死や心身症など健康や生命を危機に追い込む事態を生み出している。このことは〈生命的自然〉という生命（心身）に備わる自然が〝環境〟の破壊によって変調をきたしていることを示す[13]。〈生命的自然〉のバランスが崩れることの問題に対しては医療や教育の現場から警鐘が鳴らされている。今や日本は自然環境破壊による〈生命的基盤〉の破壊はもとより、労働環境の悪化による心身の疲労、家族環境の脆弱化による子どもの発達上の問題、教育や医療・福祉の格差などによって〈生命的自然〉

を脅かされ、心と体の調子を崩しても、その不安定な状態をなかなか解消できない「こころの病」の時代に突入している[14]。戦後、人間存在の「帰属」先として新たに価値理念化された「家族」ですら崩壊の危機に瀕している[15]。その意味で〝自然〟破壊は人間破壊という一つの結末を迎えた。

以上から現代社会は自然環境、〈生命的自然〉という二つの〝自然〟破壊に晒される状況にあると言える。前述したように環境倫理学において〝環境〟を問題とすることは山川草木、湖沼河海などの自然環境の保護に始まり、人間存在のおかれる社会環境を問題とするに至ったが、そのなかで〝自然〟についても自然環境に留まらず人間自身が持つ〈生命的自然〉という生命（心身）のリズムを守る視点を大切にしなければならない。〝環境〟と〝自然〟が連動して破壊されるなかで生命を守り、回復させていくには〝いのち〟という視点が重要になる。本稿における生命とは端的に生命体、生物として生きる命と捉えるが、人間存在は単に生物として生きているわけではない。人間存在は古来より倫理的問いとして〝より良く生きる〟とは何かを鍛錬してきた。ゆえに生命としての人間は生物でありながら、同時に社会的文化的な側面からも生命を豊かなものにしようと生きる存在である。本稿ではこのような人間の生命のあり方を〝いのち〟としてより広義の意味で捉える。〝いのち〟の視点は、一つに、生命の依存する自然環境の保護を促し、〈生命的基盤〉の回復の必要性を教える。二つに、〝いのち〟は生命の豊かな営みのために〈生命的自然〉という心身に備わる〝自然〟の大切さを気づかせる。〝いのち〟を守るためにこれらを重視することは自然と人間の関わりを問い直し、また人間と人間の関わりのあり方について生命が躍動できる〝環境〟を尊重し、「意のままにならない他者」と「活き活きとともに生きる」ためには何が求められるのか、その手掛かりを与えてくれるだろう。それは同時に〝環境〟の「サステイナビリティ」を担っていくために求められる人間存在の倫理とは何かを問うことでもある。〝いのち〟を根づかせていくためには、I・イリイチが「コンヴィヴィアリティ」の提起によって「活き活きとともに生きる」ことを人間の共同性から議論しているように〈人間の共同〉が論点となる。(16) その舞台として想定されるのは地域社会（local community）である。しかし、地域社会は近代社会のなかで漸次、弱体化させられてきた場所である。そこで次に公私二元論を検討するなかで地域社会がどのように価値づけられてきたかをみていく。(17)

3　〈人間の共同〉に関する根本問題

(1)公私二元論の問題

現代日本において、

この国は戦後、あまりに「個人」の自由に価値をおきすぎたせいで、利己主義の蔓延など自分の私利私欲のことしか考えない「私」の肥大化を招いた。このような状況を改善するためには、国家＝「公」による「私」の抑制が必要だ

という意見がある。[18] このような言説は一聴すると、現代社会の「公共性」の欠如を問題視し、「私」に改めて「公共性」を啓蒙していこうとしている点で積極的意義があるように受け取られる。また「公」への期待は人間存在の「帰属」先や「固有性」を確証する論拠として「つながり」や「絆」の大本になると目される議論もある。以上のような言説は戦後民主主義を標榜する立場からは鋭く批判されてきた。しかし、そこにおいても「アトム化」してばらばらとなった個人が大衆社会化や利己主義に陥っていることは問題となり、その解決を「公共性」に見いだそうとしている点で「公」に注目する議論と共通する。異なるのは「公共性」の中身である。「公」による「私」の抑制を批判する立場からは「私」の抱える問題の克服に対し、個人の近代的思惟を成熟させることで「自立した個人」となり、「自立した個人」同士が相互に寛容になることで「公共性」を切り開くことが目指された。しかし、近代的思惟の成熟は原理的には自己完結した存在である「自立した個人」を「主体」として想定するため、人間存在をどこにも何にも「帰属」させない自由な存在として捉えることができる一方、まかり間違えば人間存在

を「根無し」の状態に陥らせる〈存在の価値理念〉であった。そして現代社会は、先に述べた〈ゼロベース世代〉のなかに自分の存在を「根無し」と感じさせる潮流を生み出しつつあり、そのことが存在の「帰属」先として「公」を評価する時代の雰囲気に接続されている。

本稿はこのような時代の雰囲気に対し、「帰属」先を直ちに「公」に措定することには問題があると考える。それは日本における近代明治以降の公私二元論的世界観の持つ問題であり、この世界観にあっては人間生活の舞台となる〈生きる場〉へのまなざしが欠落する。換言すれば、「公」と「私」の間に位置する「共」が看過されてしまうところに問題がある。そこで本稿は、公私二元論における「公」と「私」の間に再度「共」の視点を組み入れた「公－共－私」という枠組みから人間存在について検討する必要があることを提起したい。「公」とは、国家、行政・司法・立法などの政府機関のことである。「共」とは、〈自治的共同〉を基盤とする〈生きる場〉における社会集団、主に地域社会（local community）を念頭におく。特に本稿ではセーフティーネット（生存のための互助機能）としての〈共の世界〉に着目する。「私」については一つに、分割不可能な個人、二つに、経済活動の主体（家族や私企業）を想定する。明治時代以降、日本は西洋近代の世界観を導入していくなかで中央集権的国民国家の確立のために地域社会＝〈共の世界〉の「自治」を圧殺し、それぞれの地域を担う〈自治的共同〉を衰退させ、国家の出先機関として新たに再編しようとした(19)。それは「公」と「私」による公私二元論の世界観から国民国家を築き上げることであった[20]。その一つの帰結として現れたのはアジア・太平洋戦争であったが[21]、戦前戦中の過酷な体験を省みるなかで、戦争に加担したとして軍部、政治家、官僚組織、財界人だけでなく、地域社会とそこで営まれる生活組織も批判の的となった。地域社会は「伝統的共同体」として個人を全体に埋没させる全体性の最小単位であり、日本の全体主義を下支えする空間として捉えられたからである。

しかし、本稿は地域社会が近代明治以降、中央集権的国民国家により〈自治的共同〉を剥奪され、その内実を変質させられてきた場所と理解する。上述したように、一般的に地域社会＝〈共の世界〉は戦争に加担した悪しき「精神的紐帯」としての側面を持つ場所と批判されてきた[22]。だが、ここには〈共の世界〉に対する認識の歪みがある。富国強兵を目指す国家は殖産興業などによって強力な「近代」化を推進したが、その過程で〈共の世界〉は、漸次、変質させられていった[23]。その意味で「近代」的な空間に変化していく地域社会を「前近代」的な場所として描き、「前近代」であるがゆえに個人が「共同態規制」によって束縛され、「判断主体」として行為することを許さなかったと捉えることは一面的である。個人の全体性への埋没は地域社会の次元ではなく、むしろ、国民国家の次元で起こったことであった。つまり、「公－共－私」の枠組みからみれば、「近代」化の過程で「共」を弱体化させる一方、中央集権的国民国家としての「公」の強化によって「私」を国民国家に「統合」する公私二元論的世界観を築き上げていったとも整理できる。[24]

これまで全体性の末端を担ったのが〈共の世界〉と批判されてきた。しかし、地域社会の歴史の内実を鑑みれば、公私二元論に基づく国民国家建設に適応するために自分たちの〈生きる場〉を「近代」化していくことが、結果的に〈共の世界〉を「国家大」の総力戦協力に参加させることになったとも考えられる。[25]そこにおいて〈共の世界〉はもはや〈自治的共同〉に基づく地域社会ではなく、国民国家の出先機関であり、個人を埋没させる全体性を強制するのは国家としての「公」である。[26]このような観点からすれば、出先機関となった〈共の世界〉に問題の本質があるとは言えない。全体性の末端となっているのは「近代」化によって変質し、外皮だけが残る地域社会であり、容易に「共」＝悪しき「精神的紐帯」という図式は成り立たない。中央集権的国民国家による「近代」化が〈共の世界〉をどのように変質させていったのか、その視点から今一度、近代明治以降の日本社会をみる必要がある。なぜならいつの時代にあっても、庶民の営みは〈美しく、したたかで、しなやかな〉ものであり、「権力」に対し、単純に主従関係を受容するだけではなく、「権力」からの強制を柔軟に去なそうとする知恵を兼ね備えていたからである。[27]「近代」化はこの庶民の知恵を創出する場＝〈共の世界〉を解体し、個人を公私二元論的世界観に組み入れた。本稿はここに公私二元論の問題を看取する。

戦後の日本は、〈共の世界〉を戦争への積極的参加を促した温床として理解し、「アジア的」で「停滞」

している「伝統的共同体」と捉えた[28]。その克服のために唱えられたのが、戦前戦中とは逆に「公」に対抗する「私」に重点をおく公私二元論であった。今度は「私」を前提とすることで地域社会を民主化し、「伝統的共同体」を解体していこうと啓蒙したのである。〈共の世界〉は「公」と「私」の間で翻弄されながら、それでも適応していくために努力した。「私」を重んじる公私二元論に理論的な影響を与えたのは一九七〇年代以降、平田清明などの議論から発展した「市民社会」論である。次にこの「市民社会」論について検討する。

(2)市民社会論の限界

「公」による「私」の統制、またそれに加担したと見做された〈共の世界〉に対する批判から「私」を重視する公私二元論的世界観が導入されたが、その際に理論的根拠となったのは「市民社会」論であった[29]。「市民社会」論では民主化の「主体」=「市民社会」の担い手として「自立した個人」という近代的人間モデルを標榜する。「自立した個人」は、一つに、外部からの影響を排した自己の内面に「理性による自己統治」を求める。二つに、近代的自由と平等を保障された個人は自己規律と倫理的主体としての自律を必須とする。これらの条件を満たす「自立した個人」の社会的結合が、「公」=国家や「私」的企業群の運営する資本主義市場経済に対抗する市民社会（Zivilgesellschaft）として想定されている。その結合形態はアソシエーション（自由な個人の連合）を前提とし、アソシエーティブ・デモクラシーとして民主化の実現に理論的枠組みを与える。しかし、現実には大衆社会化や「アトム化」、昨今では孤立化や無縁化にみられるようにアソシエーティブ・デモクラシーは未だ上手く機能するには至っておらず、その意味で民主化は未完の状態にある。「どうしたら成熟した民主化＝アソシエーティブ・デモクラシーを達成できるのか」という問いに対し「市民社会」論では、各人が「自立した個人」になること↓「自立した個人」になるにはどうすればいいのか？↓民主化を成熟させること↓どうやって成熟させるのか？↓「自立した個人」になること、という同語反復の状態にある。ここに「自立した個人」を自明のものとして社会的結合を論じることの陥穽をみる。

「自立した個人」の社会的結合の原理は、近代的自由・平等に基づく自己規律と〈内面的自発性〉の発現であり、他者の存在を必要としない。ゆえに〈共の世界〉のように〈自治的共同〉を維持していくために他者や外部の〝環境〟に束縛されることはない。このことは〈現時性の世界観〉と相まって戦後の日本で肯定的に捉えられ、〈共の世界〉を超克しようとする「私」に重きをおく公私二元論の特徴となったが、同時に「自立した個人」であることは〈共の世界〉にあったセーフティーネット（生存のための互助機能）を個人で開拓しなければならないことを意味した。〈共の世界〉亡失後のセーフティーネット模索の問題である。多くの場合、それは財とサービスへの依存の増大として現れる。互助組織の弱体化は商品としてのセーフティーネットを発達させたが、財とサービスに変容したセーフティーネットは現代日本において格差の問題を生み出している。「格差は各人の活動の自由の結果である」という意見がある。このような言説に基づく世界観では生命でさえも財とサービスのなかに組み込まれ、人間存在は「利潤と競争の原理」のなかで不安定な状態を強いられる。例えば、就職活動が生存に直結しているかのように喧伝される現行システムでは、失敗、即ち、生命の危機と捉えられ、就活の失敗は人生の失敗、更には自己の存在自体の失敗ではないかと思わせるほどの力を持つ[30]。このように自分の存在を自己否定するような事態は、活動の自由や機会の平等を与えられておきながらそれを活かす能力がなかった、「自立した個人」になれていない自分に非があるという自己責任論に接合される[31]。

(3) むき出しの個人の誕生

生存のための互助機能を持たない人間存在が現行システムからこぼれ落ちること、言い換えれば、公私二元論的世界観を前提とする社会において「自立した個人」になることに失敗した人間は、セーフティーネットを持たないためにむき出しのまま社会に放り出されることになる。むき出しのままの人間が助けを呼ぼうと意を決しても〈現時性の世界観〉によって構築された社会では、常にゼロベースから〈人間の共同〉を構築しなければならず、一度システムからはみ出た人間は新たに他者との関係を取り結ぶことが非常に難しい。その意味においても存在はセーフティーネットのない「根無し」の状態に陥ってしまう。自分の存在の寄る辺もないままに自己責任論を受容する時代は「自立した個人」の啓蒙の果てに不安定化する人間存在を生み出した。

〈むき出しの個人〉の誕生である。と同時に〈共の世界〉の衰退は関わりの場の喪失として現れ、自然と人間、人間と人間の直接的な関わりの希薄化を招いたことにより、他者と関係を結ぶ際に活かされてきた〈生きる場〉における人間存在の倫理や作法の醸成を途絶えさせた。それゆえにむき出しとなった個人は倫理や作法を会得することなく、目指されるべき己の〈内面的自発性〉に依拠するのみで他の〈むき出しの個人〉と関わらなければならない。それは人間存在にとってむき出しのままであるがゆえに傷つけ合い、共有するものを持たないなかで手探りの関係を築いていかなければならないことを意味する。このように毎回ゼロベースから始まる関係性は〈むき出しの個人〉を疲弊させ、他者と関わることを忌避する人間存在を多数生み出すに至っている。また他者との関係に傷ついた個人は、新たな拠り所として国家の用意するセーフティーネットとその「物語」に全面的に依存するしかなくなっている。

「市民社会」におけるアソシエーティブ・デモクラシーの担い手として期待された「自立した個人」とは、畢竟、〈むき出しの個人〉のことであった。セーフティーネットを獲得することすら「利潤と競争の原理」のなかに掠め取られてしまう時代にあって〈むき出しの個人〉は〈生命的自然〉に変調をきたし、〝いのち〟の貧困に晒されている。以上から、現代日本の「人間の危機」とは、セーフティーネットを獲得することもままならず、存在の揺らぎと心身共に疲弊した個人の増加によって、自分が生きることに手一杯で他者と関係を結び合うことに余裕を持てなくなっている時代の危機のことである。本稿はこのことを〈人間の共同〉の危機として捉え、ここに人間存在論の根本問題があると考える。「つながり」や「絆」など単に「共同性が大事だ」というだけでは〈人間の共同〉の危機の問題は解決され得ない。〈むき出しの個人〉にとって他者との関わり合いはむき出しであるがゆえに過酷な作業となる。そのことを踏まえず、今以上に「自立した個人」になることを啓蒙していくことは人間存在を一層の〈存在の価値理念〉に追い込んでいくことになりかねない。その帰結は「自立した個人」になれない自己の存在を否定する状況と自ら自己責任論を受容する存在の抱える懊悩である。「人間が弱くなっている」という言説の後景にある人間の〈存在の次元〉における揺らぎ、確証のなさは、この時代に特有の現象であり、公私二元論的世界観がもたらした〈共の世界〉における〈人間の共同〉の亡失の結果である。

現代日本において「根無し」の状態の解消は国家に「帰属」することだと支持される潮流もあるが、本稿は人間存在の「帰属」先はこれまで看過されてきた〈共の世界〉＝地域社会にあると主張する。公私二元論的世界観からだけではみえてこない庶民の歴程がそこにはあるからである。人間はいつの時代にあっても自分の存在が孤立しないように互いに配慮し合いながら暮らしを続けてきた。近代明治以降の中央集権的国民国家がそのようなセーフティーネットを破壊し、〈生きる場〉を圧殺してきた歴史を現在の日本がどのように捉え、近代国民国家とは人間が〝より良く生きる〟ために一体何の役割を担ってきたのか、改めて検討される必要がある。庶民が〈自治的共同〉として守ってきた〈共の世界〉に自分たちの存在を位置づけることは〝自然〟と〝いのち〟への視点を獲得する作業ともなるだろう。そのとき論点となるのは「根無し」の人間存在が根づく土壌の回復についてである。この場合、本稿が論じる土壌とは人間存在の倫理のことであり、〈人間の共同〉の契機となる関わりのあり方である。

(4)両面的乗り越え論の課題

「自立した個人」の問題を指摘し、地域再生のためにローカルな場所に注目する議論として広井良典(2006)のコミュニティ論がある。そこでは「自立した個人」という近代的人間モデルのみでコミュニティを構成することは困難であり、個人の自由と平等を保障しながらも、個人がばらばらに孤立し、コミュニティが瓦解していくことを回避するための方策が練られている。それは「自立した個人」同士の「開かれた関係性」を基盤としながら「伝統的共同体」の積極面である持続的な「一体意識」を「融合」させることで新しいコミュニティを構築しようというものである。本稿ではこのような「伝統的共同体」と「自立した個人」の両面の弱点を乗り越え、利点を「融合」させようとする共同性の議論を〈両面的乗り越え論〉と呼ぶ[32]。しかし、〈両面的乗り越え論〉は、「伝統的共同体」と「自立した個人」の間で共同性を構成する要件がバッティング（butting）するという「融合」の実現可能性において難題を抱える。端的に言えば、「自立した個人」は「伝統的共同体」を解体することで登場した近代的人間モデルであり、この人間モデルを土台として「伝統的共同体」のなかに息づく共同性を担っていくことができるのかということである。本稿は両者の共同性の検討から原理的にみて「サステイナビリティ」的にも実現不可能であると結論した（増田 2009, 2011）。

ここまでの議論から「公」－「私」関係だけで〈人間の共同〉と人間存在は論じることができない。またその批判的継承から「新しいコミュニティ論」を提唱する〈両面的乗り越え論〉においても、〈共の世界〉が「近代」化のなかでどのように価値づけられてきたのかを重視することなく、安易に「伝統的共同体」と「自立した個人」の「融合」を唱えていることに検討の余地があった。「利潤と競争の原理」の渦中を懸命に生きている人間にとって「自立した個人」を目指そうというスローガンはときに酷烈である。存在を揺るがせ、「根無し」となった人間は「帰属」先を求めて漂っている。人間が自分の存在を確認し、「意のままにならない他者」との間に信頼を醸成していくには他者との共同性のなかに「帰属」することが必要であり、それは自分たちが生きる〝環境〟を担っていくためにも不可欠である。問題は、この「帰属」先を「公」に直結させるわけでもなく、かといって「市民社会」論のように存在を自己完結したものと捉え、[33] 何かに囚われ「帰属」するような状態に陥らないよう「自立した個人」になることを目指すのでもない、自分たちの〈生きる場〉である地域社会を等身大の〈共の世界〉として改めて位置づけ、この空間をもって人間存在の「帰属」を検討する必要がある。そのためには地域社会を維持管理・運営していくための〈人間の共同〉とそれを基礎づける他者との関わりを内包した倫理の視点が求められる。その際、人間存在を「自立した個人」としてだけでなく、関係性のなかに論じる縁起論（竹村 2009）は参考になる。次に環境倫理学においても地域社会に注目する議論があることを紹介し、〈共の世界〉の検討に連関することをみていく。

4　環境倫理学におけるローカルな場所への注目

環境倫理学において地域社会に注目する議論は自然と人間の共生（kyosei）という視点からローカルな場所の重要性を論じている。[34] それはローカルな場所を維持管理・運営するための〈人間の共同〉と、この〈共同〉に求められる人間存在の倫理の議論に関連するものである。倫理とは、共同関係における理（ふるまい方）であり、秩序、道理を示す。[35] 環境倫理とは、上述してきたように自然環境だけを問題とするのではなく、より原理的には「主体」を取り囲む世界に関わる倫理の問題、人間が自然環境を介して他者と共に生きるための〝環境〟に関する倫理を問題とする。これらを踏まえれば、自然と人間だけでなく人間と人間の関係をも包含する〝環境〟の倫理が論点となる。この環境倫理の特徴は自然と人間の関係の〝全体〟から倫理を考えることにあり、それは自然環境を利用し、維持管理・運営してきた〈共の世界〉の〝環境〟の倫理とも共通する。もう一つの特徴として、ローカルな場所から環境倫理を問うことは〈生命的基盤〉の重要性を認識し、その再生を図ろうとするとき、〝いのち〟の回復と〈生命的自然〉の取り戻しに具体的な範域（空間性）を示すことである。これは〈共の世界〉が担ってきたセーフティーネットの再生に実践的枠組みを与えることにもなる。またローカルな場所を単位とする環境倫理は〝環境〟の範域が明確なために自然環境や他者、他の集団との関わりに求められる倫理（ふるまい方）を顔のみえる共同性の渦中から検討する。このことは自然と人間、人間と人間の関わりの規範が〝環境〟に規定されていることを現す。この規範が〈生命的基盤〉を〈共同〉で維持管理・運営していく際に人間存在の倫理として重要な役割を担い、〝いのち〟と〈生命的自然〉を育み、守る際の指針となる。このような〝いのち〟への注目は、ホリスティック・セラピー（中川 2013）の議論や〈農〉の思想と関連がある。

〈公私二元論的世界観は〈共の世界〉を黙殺したために、〈生命的基盤〉を維持管理・運営する担い手とその〈共同〉を失った。それは同時に人間の生きる活動から自然環境との関わりを希薄化させた。その結果、オルタナティブとして財とサービスの拡充と依存が増大し、人間存在は「利潤と競争の原理」のなかを生きるために〃いのち〃と〈生命的自然〉を危険に晒す事態となった。環境倫理学におけるローカルへの注目は公私二元論的世界観とは異なり〈共の世界〉に対する視点を内包している。ゆえに〈人間の共同〉に関しても「市民社会」論で論じられる「自立した個人」を担い手とするアソシエーションとは別の社会的結合の原理を検討しなければならない。だが、本稿が〈両面的乗り越え論〉として批判的に検討したようにローカルへの注目は必ずしも〈共の世界〉を担う〈人間の共同〉の内実を捉えている訳ではない。本稿は近代的人間モデルを前提とする〈共同〉は、各人の〈内面的自発性〉の発現と自由選択参加に〈共同の動機〉を信託している点で共同性に脆弱性を抱えると結論する。では、個人の自由選択参加から始まる〈共同〉とは異なる〈人間の共同〉とは何であるのか。〈共の世界〉における〈共同の動機〉を基礎づけるメカニズムの解明が必要となる。

5　〈経験的自発性〉とその核心的契機としての〈インボランタリー性〉

まず始めに自発性の検討を行う。自発には、①自ら進んで行うこと、②自然に起こること、という二つの意味がある。[36]「市民社会」論が前提とするアソシエーションの原理は〈内面的自発性〉という「自立した個人」の「理性による自己統治」から生じる自発性であり、他者の存在を必要とせず、また外界に影響を受けることなく発現しなければならない自発性である。[37] この自発性が一般的には上記①の意味として理解されている。これに対し本稿は〈経験的自発性〉という関係性の渦中から醸成される自発性を提起したい。[38]〈経験的自発性〉は〈参加のインボランタリー性〉という核心的契機を通して自分の役割を了解・共有していく自発性である。〈インボランタリー性〉とは〈ボランタリー性〉の対概念であり、地域社会という次元において〈自治的共同〉が健全に機能している場合にのみ発現可能である。これは「ヴァナキュラーな領域」(イリイチ 2006) という土地に根ざした、互いに顔のみえる共同関係のなかで共通認識を共有するものであり、場所性を欠いた領域、例えば中央集権的国民国家による上からの強制とは質も目的も異なる。

この〈インボランタリー性〉という言葉に対する批判として予想されるのは、インボランタリーとは強制のことであり、それは近代の積極面とされる個人の自由や平等を否定し、各人の「自発」的=〈ボランタリー〉な活動を妨げる、というものであろう。このような批判はインボランタリー(involuntary) という言葉に〝心ならずの〟〝不本意な〟という意味が含まれていることに関連すると思われる。[39] だが、〈共の世界〉において単純に〈ボランタリー性〉=善、〈インボランタリー性〉=悪という図式は成り立たない。[40] 現実の〈生きる場〉においてそこに住む限り逃れることができない共同参加を必要とする行事が多数存在していても、担い手たちはそのようなインボランタリーな参加を単なる〝不本意な〟参加とは受け止めていないからである。そこには個人の自由選択に任されるだけではない共同関係を円満・円滑に行なうためのメカニズムが存在する。

例えば、地域社会において共同行事に参加することは〈参加のインボランタリー性〉によって特別な事情がない限りは必然となる。その意味で個人の自由選択は規制・制限される。しかし、持続的にインボランタリーな参加を繰り返すなかで参加者は地域における共同行事の意味や重要性、必要性に関する理解を深め、自らの分に応じた役割意識を養っていく。このように初めは〝不本意な〟参加であったものが共同の経験を経ることで自発性の度合いを高めていく[41]。以上のようなメカニズムを経て発現する自発性を本稿は〈経験的自発性〉として提起する。経験から生まれる自発性を体得した後の行事への参加はもはや単純に規制・制限された参加ではなく、参加者の間で〈インボランタリー性〉の意味が了解・共有された〈経験的自発性〉による参加であり、初期の〝不本意な〟参加とは〈共同の動機〉の内実が異なる。ここに「規制・制限＝直ちに否定されるべきもの」というこれまでの共同性の議論との根本的相違がある。

このように〈インボランタリー性〉を捉えるとき、これまで批判的に価値づけられてきた「地域社会における「共同態規制」は個人を抑圧するものである」という批判は容易には成り立たない。個々の

「共同態規制」の具体的な中身をみれば、どの次元における何のための規制かで「共同態規制」の内実は位相を異にするからである。[42] つまり、地域社会＝〈共の世界〉の「共同態規制」の中身は多層的なものであり、求められる〈インボランタリー性〉が自分たちの〈自治的共同〉を守るためなのか、それとも、外部の「権力」に対応するためのものなのかで、その質は変わってくる。[43] それをただ一面的に「共同態規制」として論じることは地域社会の営みを正確に捉えることにはならない。

〈経験的自発性〉によって〈インボランタリー性〉は〝不本意さ〟を現すだけでなく、この言葉が持つ〝知らず知らず（思わず知らず）〟というもう一つの意味を発現させる。言い換えれば、持続的に行事に参加するなかでその意味を理解し、行事に対し、知らず知らずのうちに責任感を持つようになる。同様のことは宮本常一によっても言及されている。[44] 共同生活における規約や多くの不文律的な慣習は一見すると生活を窮屈にしているように思われる。しかし、これらが頑なまでに長く守られてきたのは頑迷や固陋ばかりでなく、そこに生きる人間存在が孤独を感じないように「感情的紐帯」を皆で共有し、あたため、維持してきたからである。そこには「不知不識（しらずしらず）」のうちに感得した共同性があったという。先述したようにこれまでの共同性の議論において自発性とは〈内面的自発性〉を意味してきた。しかし、地域社会の共同性には〈内面的自発性〉とは異なる原理の自発性である〈経験的自発性〉が機能していることが明らかとなった。それは共同行事における役割を「不知不識（しらずしらず）」のうちに身につける所作として地域内で共有される共同性の契機であった。この場合、自発のもつ意味も前述した①自ら進んで行うことという意味での〈内面的自発性〉ではなく、〈経験〉を経るなかで、②自然に起こること、つまり、前述の〈インボランタリー性〉の意味と同じく、知らず知らずのうちに「自然」と身についた行事における役割に対する責任とその所作の現れという意味の自発性であると言える。

このようにインボランタリーを〝知らず知らず（思わず知らず）〟、自発を自然に起こること、という意味で捉えれば、〝知らず知らずのうちに〟＝「自然に」という意味においてインボランタリーと自発は反発し合う言葉ではなく、その根底において相通じていると解釈することもできる。「不知不識（しらずしらず）」のうちに自分の役割に責任を持つことを没主体性や「前近代」の残滓と断じるのではなく、そのような所作を自ら進んで行う＝意識的になる自発とは異なるもの、つまり、持続的に行事に参加するなかでいつのまにか知らず知らずのうちに「自然」と身について行われる自発として解釈するとき、それは「無意識な状態」ではなく、かといって「近代的な意識」＝〈内面的自発性〉に依拠するものでもない、いわば地域社会における自然と人間、人間と人間の〈共同〉を基盤とした関わり合いの渦中で生まれてくる自発性である。この自発性こそが〈経験的自発性〉と呼ぶものである。〈経験的自発性〉は、地域社会だけでなく〈人間の共同〉のあり方の根幹をなす倫理の醸成においても重要な視点を提供する。これまで自発性とは近代的人間モデルを前提とする〈内面的自発性〉のみを指し、「市民社会」の担い手に求められる根本原理としてその発現と成熟が自明視されてきた。しかし、自発性には〝縁りて起こる〟ものとして他者との関係や自然環境との関わりを通じて体得される〈経験的自発性〉こそが重要であり、そこにおいて地域社会の担い手は育まれ得る。そしてこの自発性を担保するための核心的契機として〈インボランタリー性〉が不可欠となる。だが、戦後の共同性の議論では〈参加のインボランタリー性〉自体が、没主体性、個人を拘束する「前近代」的なものとして否定され、地域社会の共同性の原理としてほとんど取り上げられてこなかった。けれどもここまで整理してきたように〈インボランタリー性〉は単なる規制・制限ではなく、地域社会の共同性を持続的に維持管理・運営していくために要請されるものであり、それは担い手同士で了解・共有することによって生まれる自主的、自治的な規制・制限のことである。〈自治的共同〉が健全に機能しなければ〈共の世界〉において〈インボランタリー性〉が根づかないことの由縁である。

今の時代に〈インボランタリー性〉を問うことは人間存在の揺らぎに対しても示唆を与える。例えば、〈参加のインボランタリー性〉によって一〇代と七〇代の世代間交流が行われるとき、その関わり合いのなかで「自然と」それぞれの役割は了解されていくことになる。若者が肉体的にハードな仕事を引き受け、老人はこれまでの知恵や経験を活かした働きをする。特に若者は若者らしい働きをすることで老人に感謝されるかもしれない。そのとき若者は自己の存在意義と肯定感を覚えるだろう。それは自分の存在が〈共の世界〉に「帰属」する瞬間でもある。また多様な世代が交流することは関係が円満であるための倫理や規範を生み出す。若者は若者の振る舞いを、老人は老人の度量を示さなければならないことを関わりのなかから学ぶのである。ここに本稿が考える人間存在の倫理の醸成と〈共の世界〉における〈人間の共同〉の原点をみる。〈経験的自発性〉〈インボランタリー性〉を人間存在論として議論するためには〈前近代－近代という二項対立構造〉に乗らない世界観から人間存在を探究する透徹な視野が求められる。

6　人間存在を動揺させない社会を築くこと

生命と倫理の基盤となる場所は〈共の世界〉＝地域社会であると本稿は結論づけた。〈共の世界〉から自分たちの生きる〝環境〟を問うことで〈生命的基盤〉の重要性や〈生命的自然〉のリズムを取り戻すことができると考えるからである。その際に〝自然〟と〝いのち〟に対するまなざしが、何を改変して良く、何を守らなければならないのかを教える。つまり、「サステイナビリティ」に基づく維持管理・運営の方向性を〝自然〟と〝いのち〟は内包しているのである。これらを涵養していくための倫理が求められるが、この倫理を醸成することは同時に人間存在を他者との関係のなかに位置づける。その意味で人間存在の倫理とは、単に〈存在の価値理念〉を称揚するだけでなく、「意のままにならない他者」とどうやってかかわり合っていくのか、その作法を教えるものであり、その意味において倫理とは、共同関係における理（ふるまい方）のことなのである。そしてこの倫理を体得することが〈人間の共同〉を背負うことができる人間存在を育むために必要不可欠であることを指摘した。

本稿は〈人間の共同〉の原理を〈経験的自発性〉とし、〈経験的自発性〉が発現するには〈参加のインボランタリー性〉が核心的契機とならなければならないと述べた。〈人間の共同〉における最大の難関は、当事者たちにいかにして共同関係の場に参加してもらうかである。それは共同性を持続可能な形で維持管理・運営していくための〈共同の動機〉をどうやって担保するのかという問いにつながる。つまり、〈人間の共同〉のためには〈持続可能な共同性〉(45)が求められ、それは〈共同の動機〉に持続可能性が備わっていなければ成立しないものである。先人は様々な〈共同の装置〉を設けることによって〈共同の動機〉に配慮した。〈参加のインボランタリー性〉もその一つである。〈共の世界〉はこの〈参加のインボランタリー性〉から〈経験的自発性〉を導き出し、酸いも甘いもある〈人間の共同〉を担ってきた。

〈共の世界〉における〈人間の共同〉が「復古主義」や「先祖返り」と批判されることなく人間存在

の倫理として議論されるとき私たちは生きる指針を回復させる手掛かりを豊かにするだろう。なぜなら〈共の世界〉という等身大の〈生きる場〉の歴程にこそ先人たちの人生の叡智が刻まれているからである。網野が求めた「壮年時代」を哲学・思想として引き受けるならばこの〈生きる場〉を舞台としなければならない。もし、これまでのように公私二元論的世界観の枠組みからのみで人間存在を議論するのであれば、長い時間、多くの人間の〈生命的基盤〉となってきた〝自然〟と〝いのち〟を涵養する場所をこの国は位置づけることができないことになる。国家主義でもなく、個人主義でもない、〈共の世界〉における〈人間の共同〉の回復が望まれる。

（1）特に生死の終着である葬送儀礼において現れる〈看取りの問題〉は孤独死、無縁死だけでなく、家族があるにも関わらず、家族関係の希薄化によって社会的に孤立し、死に至る孤立死など早晩、社会問題化するだろう。それは戦後日本が歩んできた社会システムの決算の仕方の問題であり、高齢社会時代の社会福祉の問題とともに戦後日本で目指されてきた世界観の結果が問われる。生命の始まりと終わりが定まらない社会の不安定さが現前で可視化されるとき、これまでの価値理念が人間生活にどのような影響を及ぼし、どのような結果を招くのか明らかとなる。現時点はその最終局面であるが、そこにおいても既に人間が存在の次元で心身に支障をきたしている事例が報告されており（岡田 2005）、その根幹には生死の終着がどうなるのか見通せないなかで生きることの存在的不安がある。現代日本の抱える人間存在の問題の根は深く、政策上の容易な解決策やこれまでの価値理念を称揚するだけでは抜本的な解決には至らないと思われる。

(2) 一般的に通時性は diachronic と訳され、対になるのは共時性 synchronic である。これらは言語学方面から定義された言葉だが、さしあたり本稿では〈通時性〉を過去－現在－未来という時間の流れのなかで継承・伝承されていく世界観として、ラテン語で「手渡す」という意味を持つ traditional と訳し、〈現時性〉には「いま、ここ」という現時を表す present という訳を当てて用いる。traditional については「伝統」の意味から批判の対象となることが予想される。しかし、そもそも「伝統」とは何かを問わずして単に慣習・因習の伝承は危険であるという言説を展開するのは、まさに〈現時性の世界観〉から人間生活を断定しているに過ぎない。〈通時性〉から庶民の歴程をみるとき「伝統」は全く違った形で人間存在を位置づけるだろう。本稿は〈現時性〉と〈通時性〉の視点から現代社会を検討することの必要性を提起する。

(3)「世代」に注目しながら人間存在を論じるものとして政治思想史におけるトクヴィル研究を行う高山裕二(2011)の議論がある。本稿と関連するのは高山が「トクヴィルの憂鬱」と現代日本の「何者でもなくなった世代の漠とした不安」には接点があることを指摘し(高山 2011, 2014)、トクヴィルが自己の存在理由を求め思索した成果は現代社会を生きる人間存在にとっても共有できるものがあると述べていることである(高山 2014)。〈存在の価値理念〉を現実に背負って生きていかなければならない〈ゼロベース世代〉の懊悩という「世代」の問題は〈現時的な世界観〉が生み出した人間存在の揺らぎであり、不調和である。このことは「過去と未来、どちらからも自由ではないが、どちらにも自己を位置づけることができずに煩悶を繰り返す」（高山 2011 八六頁）トクヴィルの苦悩とも親和性がある。なぜこのような「世代」が登場したのかは〈現時的な世界観〉からだけでは理解することはできず、〈通時性〉に基づく検討が必須である。その意味でトクヴィルの生きた時代を通時的に整理し、「近代」化していく過程で「世代」が生み出されたのと同時に、人間存在の不安定さが増大したこと。だが、「何者でもない世代」ではそのことが「自律」の問題として回収されてしまい、個々の存在をさらに孤立させていくことになったと分析する高山の議論は示唆に富む。

（4）典型的な事例として成人した娘と母親の間で人生に対する認識の違いから齟齬が生まれ、理想を押しつける母親とその理想に反発しながらも、規定されてしまう娘の苦悩が報告されている（信田 2008）。

（5）現代社会の持続不可能性については上柿崇英（2010）参照のこと。

（6）網野は「発展段階説も、近年の諸学によって明らかにされつつある、太古以来、現代にいたる人類社会のきわめて複雑で豊かな実態をとらえる枠組としては、あまりにも単純・貧困で、とうてい、不十分といわざるをえないことが明確になってきた」（網野 2003 三一頁）と述べる。

（7）庶民の歴程を考える上で網野が「封建制論」そのものの再検討を主張していることは示唆に富む。網野は「とくに敗戦後、否定・克服すべき社会、人間関係のあり方として、現在もなお用いられている〝封建制〟という言葉も、そろそろ使うのをやめたほうがよいのではなかろうか」と提起している（網野 2003 三三頁）。

（8）ハンス・ヨナスは近代科学技術文明の累積性と自己増殖の影響は自然環境破壊に留まらず、人類存続の危機にまで及んでいると述べ、その解決について従来の倫理学では対応できないとし、新しい倫理学の創出を主張した（ヨナス 2010）。

（9）原子力エネルギーに依存する社会をどう捉えるのか、これは環境倫理学における「世代間倫理」の議論と連関する。また遺伝子操作など優生学につながる恐れもある科学技術の問題は生命倫理における「いのち」とは何かを論点とする（ハーバマス 2012）。

（10）人間を取り囲む環境に着目し、その整理から「都市の環境倫理」を提起している吉永明弘（2014）においても「環境」が整理されており、参考になる。

（11）環境倫理学において改めて人間のおかれる環境を問題としたのは「環境正義」の議論である。フレチェット（1993）、丸山（2004）参照のこと。

（12）『公害の政治学』（1968）『水俣病闘争　我が死民（復刻版）』（2005）参照のこと。

（13）現代のような情報社会のなかで顕著に問題性が現れているのは「子どもと睡眠」についてである。情報機器の発達により大量の情報に晒されることになった子どもの〈生命的自然〉のリズムが乱れ、睡眠障害などが問題となっている。子どもの睡眠障害について警鐘を鳴らす三池輝久（2014）の「小児慢性疲労症候群」の研究を本稿に引き寄せれば、問題の背景に子どものおかれる社会環境が深く関わっていることが分かる（三池 2014 一二五頁など参照）。このような問題に対し、中川光弘（2010）が整理する食と農、保健医療、教育を「生命の全一性」から捉え直そうとする視点は参考になる。

(14) 岡田（2011）参照のこと。

(15) これまで「家族の崩壊」とは「近代」化を要因として家族がばらばらに解体してしまうことを問題としてきたが、今後、深刻となるのはそれだけに留まらず、山田昌弘（2014）の指摘にあるように家族そのものが途絶えていくこと、つまり、生命の循環が継続しないことの問題である。

(16) I・イリイチの『生きる思想』（1999）参照のこと。

(17) 公私二元論については佐々木毅・金泰昌編の公共哲学シリーズが参考になる。

(18) 国家と個人の関係を「公」と「私」から論じる稲垣久和（2007）参照のこと。

(19) 南方熊楠が奔走した自然保護運動は生態学的なものとしても先進性があったが、〈共の世界〉を維持管理・運営する社会環境＝〈人間の共同〉は自然環境を喪失すると同時に瓦解してしまうことをも指摘し、その観点から自然保護運動を行った点で地域社会の再生を論じる際に参照できる。

(20) 大石嘉一郎（2007）参照のこと。

(21) 『民族という虚構（増補）』（2011）で小坂井敏晶はハンナ・アーレントやルイ・デュモンの議論から「教会・職業組合・村組織などの集団を解体し、一方に国家という中央機構、そして他方に孤立した個人群を生み出す両極分解を経て、近代社会は成立した。（略）この変遷はまさしく他者とのつながりを減らし、国家機構を媒介に間接的にしか共同体構成員が関係を結ばない傾向の増大を意味する」（小坂井 2011 二〇九頁）と述べる。このことが「伝統的共同体から解放された個人がなければ、全体主義は起こらなかった」という小坂井の言説を根拠づける。日本においても同様に小坂井の指摘するような個人主義と国家主義が近代帝国主義として結びついたとき強力な力となって総力戦体制を築き上げていったと言える。
(22) 例えば、丸山真男『日本の思想』(1961) 参照のこと。
(23) 多辺田政弘 (1986) は地域社会の衰退について国家大の経済システムによって地域の資源・人材が流出したことを上げる。
(24) 農村社会学の高橋明善 (2014) によると「国家的公共性」の肥大と村落の関係は戦前に二つの段階があるという。一つは、明治大正期の「旧町村の自治能力収奪とその地方制度上の地位の否定による市町村強化」であり、もう一つは、昭和初期の「部落会町内会等の機能増大を背景とした「旧慣」の積極的再構成と地方制度における部落会町内会の行政補助機関化による市町村強化を一般的傾向とする」段階である (高橋 2014)。例えば地方改良運動による村落の統一性を図る動きを参照 (工藤 2009)。戦後の〈共の世界〉に対する認識の歪みは「公」による「共」の圧殺と「公」のために都合良く改編される「共」の歴史的事実を踏まえず〈共の世界〉=悪しき封建制の残滓の色濃い場所としてきた価値判断にある。しかし、内実は中央主権的国民国家の「国家的公共性」を優先させる政策のために〈共の世界〉は切り捨てられ、その結果、生存のために市町村行政の欠陥を埋める役割を担ったのが農村部落（本稿でいうところの〈共の世界〉）であった。高橋はこのことを「「公」的な市町村と「私的」な村−部落」の双方が担う「地方行政の「二重構造」」と指摘し、これは戦後日本の地方自治行政の特質ともなっていったという (高橋 2014 二〇九頁)。
(25)『資本主義と農業』(2009) において工藤昭彦は「農業問題」の処理過程を政治・経済から整理し、国家官僚組織による総力戦体制樹立のために農村は食料供給基地として再編、整備され、農民は総動員された側面があると述べる。その内実の複雑な変遷過程と関係については工藤（2009）参照のこと。

(26) 例えば筆者が調査した熊本県球磨郡高沢地区の歴史をたどると近代明治以降に同地区が政治・経済・文化などにおいて中央集権的国民国家の政策の影響を受け、漸次、〈自治的共同〉を瓦解させていったことが分かる。行政単位としての村は国家に回収され、そこにおいて個人は全体性に登録され、管理されるようになった。

(27) まずこの列島に生きてきた多様な民の存在を看過するわけにはいかない。網野善彦（2000）が近世の列島の歴史から強調するように、日本は「瑞穂国日本」＝「農業社会」とするだけでは捉えきれない商工業者や海民、山民という移動する民と平場の民の交流によっても成り立っていたからである。このことをとっても封建制のなかで土地に縛り付けられ閉じた農民の住む世界＝〈共の世界〉である、という見方は一面的なものに過ぎない。また一八三〇―一八八〇年代までの幕末維新期の百姓たちを「庶民目線」から検討する渡辺尚志（2012）は、「百姓たちは、本当に時代に翻弄されるだけの存在だったのでしょうか。（略）百姓たちは、彼ら彼女らなりに時代を懸命に生き、一人一人の小さな営為が集まり積み重なって、実は奥深いところで歴史を動かしていた」（渡辺2012 四頁）と述べ、全面的な「反権力」でなくとも、自分たちの生活を守るために「内部に利害対立をはらみつつも一致点を求めて共同し結束」してきた歴史があることを指摘する。

(28) 「アジア的」という価値づけの背景に横たわる世界観については、（西川2001）（植村2006）参照のこと。

(29) この延長上に政府－市場－市民社会（≒公共）の協働を論じる「新しい市民社会論」があるが、そこではコミュニティの重要性が指摘されることはあっても、それは〈共の世界〉を意味するものではなく、アソシエーションに基づくコミュニティを想定した議論となっている（山口 2004）。

(30) 若者の自殺のなかでも「就活自殺」に注目する橋口昌治（2013）は、近年の就職の議論を追うなかで「就職の厳しさ」と「就職活動の厳しさ」は分けて考える必要があると指摘する。「就職活動の厳しさ」は求人倍率や内定率の高低に左右される「就職の厳しさ」とは質が異なるからである。自らセーフティーネットを獲得していかなければならない時代にあって就職できないことはそのまま生存の危機を思い起こさせる。そのことが若者たちに生命（生きるということ）の次元でプレッシャーを与え、不安を煽る。「就職活動の厳しさ」とはこの不安の増大である。今や就活にまつわる不安は「就活ビジネス」という財とサービスに取り込まれ、先行き不透明な競争それ自体が商品として受容されている（橋口 2013）。「就活自殺」はこのように生きるための目的と手段が転倒した世界で起きる生命破壊の最たる例だと言える。同様に就活について「自由」の観点から若者たちのメンタルヘルスの悪化を論じる数土（2013）も参照のこと。

(31) 貧困により餓死した三〇代男性を取材するなかで現代日本における自己責任論が生命に関わる次元にまで及んでいることが明らかとなった。現行のシステムから脱落した者は自分を責め、自己の存在を否定している。働き盛りの三〇代がなぜ病気でもないのに餓死するのか？「甘え」や「怠惰」ではなく、この時代に立つ瀬がなかったがゆえの餓死であるならば、それは格差の時代における生命と死と、何より存在とは何かの問題を突きつける。

(32) (増田 2009) (増田 2011) において広井のコミュニティ論を検討し、〈両面的乗り越え論〉を提起した。

(33) 「人間は社会的存在である」という言説から「市民社会」の想定する個人は自己完結した存在ではないという意見もあるが、アソシエーションに代表されるように「市民社会」論では人間存在を〝環境〟に規定されることのない自由で平等な存在として捉えており、そのとき前提とされるのは時空に囚われない〈現時的な存在〉である。その意味で本稿がいうところの自己完結した存在に該当する。

(34) 環境倫理学においてローカルな場所に注目し議論を展開するのは亀山純生 (2005) である。亀山は共生概念の整理において生物的共生 (symbiosis) と環境倫理の共生 (kyosei) を区別し、後者の共生の重要性を主張する。また和辻哲郎の風土論を批判的に検討し、環境倫理に求められる合意形成について「風土的環境倫理」という新たな理論的枠組みを提起している。

(35) 和辻哲郎『人間の学としての倫理学』(1934) 参照のこと。

(36) 『広辞苑』第四版。

(37) ここで用いる〈内面的自発性〉は、大塚久雄が概念化した近代的人間モデルの「内面的統一」と親和性が高い。それは自由や平等を保障された個人が自分の内面性を高めることで判断主体として自発性を発現させていくものである。

(38) 〈インボランタリー性〉については (増田 2009)、〈経験的自発性〉については (増田 2011) において提起し、議論を展開しているので参照のこと。

(39)『*KENKYUSHA'S NEW ENGLISH-JAPANESE DICTIONARY* 新英和大辞典』第六版。

(40)筆者の調査した熊本県の高沢地区、長野県の上町・下栗地区のいずれにおいても共同性は文化的歴史的な変化のなかで時代に応じて革新されてきたものであり、個人の自由か、地区の全体か、という二項対立では捉えられない複雑な関係性のなかに人間生活は営まれていた。

(41)〈経験的自発性〉の着想を得たのは長野県飯田市上町・下栗地区の霜月祭りを祭りの準備段階から調査(2007)したことによる。自由選択参加に任されるだけでない祭りへの参加がどのようにして地区内で了解・共有され、円満・円滑に行われるのか、この祭りを体験することで〈経験的自発性〉〈インボランタリー性〉として概念化した。

(42)現在でも影響力をもつ大塚久雄の日本の「共同態規制」への一面的な否定に対し、田代洋一(2008)や庄司俊作(2012)は、そもそも「共同体」の単位や規模をどこに設定するのかで「共同体」の捉え方は、多様で重層的なものとなり、規制の中身もそれぞれ異なる要件をもつという。このような「大字と農業集落の不一致問題」と呼ばれる議論はこれからの地域社会の再生に求められる共同性の議論において重要な視点となるだろう。

(43)例えば、高橋明善は行政組織としての藩政村と内生的活動の積み重ねである自然村的な生活共同体の違いを強調し、後者の生活共同体を重視する視点の重要性を述べる(高橋2014二〇〇頁)。

(44)宮本常一の『家郷の訓』参照のこと。

(45)持続可能性と共同性はそれぞれが別個に重要性を指摘されている。本稿では共同性が根づくためにはそこに持続可能性が担保されていなければならないとし、〈持続可能な共同性〉を提起する。一般の共同性の議論と異なり、〈持続可能な共同性〉においては〈共同の動機〉をいかにして確保し、当事者の間で円満・円滑に持続させていくかが論点となる。そのために共同性の原理は各人の自由選択参加に任されるだけでなく、〈参加のインボランタリー性〉のように他者との関わりのなかで醸成される原理を必要とし、そのことを共通認識として了解・共有するためには倫理や規範が重要となる。つまり、〈人間の共同〉における持続可能性とは倫理や規範をいかに醸成するのかを同時に問うており、それが〈共同の動機〉とは何かという論点を生む。本稿では〈共同の動機〉のメカニズムを〈経験的自発性〉を提起することで論述した。

【参考文献】

網野善彦（2000）『日本の歴史00　「日本」とは何か』講談社
網野善彦（2003）『日本の中世六　都市と職能民の活動』網野善彦・横井清著、中央公論社
稲垣久和（2007）『国家・個人・宗教』講談社
石田光規（2011）『孤立の社会学』勁草書房
石牟礼道子編（2005）『水俣病闘争　我が死民（復刻版）』創土社
イバン・イリイチ著、桜井直文監訳（1999）『生きる思想』藤原書店
イバン・イリイチ著、玉野井芳郎・栗原彬訳（2006）『シャドーワーク』岩波書店

上柿崇史（2010）「三つの〝持続不可能性〟――「サステイナビリティ学」の検討と「持続可能性」概念を掘り下げるための不可欠な契機について」竹村牧男・中川光弘編『サステイナビリティとエコ・フィロソフィ―西洋と東洋の対話から』ノンブル社
宇井純（1968）『公害の政治学』三省堂
植村邦彦（2006）『アジアは〈アジア的〉か』ナカニシヤ出版
NHKクローズアップ現代取材班（2010）『助けてと言えない―いま三〇代に何が』文藝春秋
大石嘉一郎（2007）『近代日本地方自治の歩み』大月書店
大塚久雄（1969）『大塚久雄著作集』第七巻、岩波書店
大塚久雄（1969）『大塚久雄著作集』第八巻、岩波書店
岡田尊司（2005）『自己愛型社会』平凡社
岡田尊司（2011）『シック・マザー』筑摩書房
尾関周二・亀山純生・武田一博・穴見慎一編（2011）『〈農〉と共生の思想』農林統計出版
亀山純生（2005）『環境倫理と風土』大月書店
工藤昭彦（2009）『資本主義と農業』批評社
球磨村誌編纂委員会（1987, 1994, 1999）『球磨村誌（上・中・下）』ぎょうせい
小坂井敏晶（2011）『民族という虚構（増補）』筑摩書房
佐々木毅・金 泰昌編（2001）『公共哲学〈一〉公と私の思想史』東京大学出版会

シュレーダー・フレチェット編、京都生命倫理研究会訳（1993）『環境の倫理　上』晃洋書房
庄司俊作（2012）『日本の村落と主体形成』日本経済評論社
数土直紀（2013）『信頼にいたらない世界』勁草書房
竹村牧男（2009）『入門　哲学としての仏教』講談社
高橋明善（2014）「村落の展開と自治的公共性の形成」日本村落研究学会編『年報　村落社会研究五〇　市町村合併と村の再編』農山漁村文化協会
高山裕二（2011）『トクヴィルの憂鬱』白水社
高山裕二（2014）「『トクヴィルの憂鬱』再説」『思想』№一〇七九、岩波書店
田代洋一（2008）『農業・協同・公共性』筑波書房
多辺田政弘・桝潟俊子・藤森昭・久保田裕子（1986）『地域自給と農の論理』学陽書房
鶴見和子（1998）『コレクション　鶴見和子曼荼羅〈五〉水の巻―南方熊楠のコスモロジー』藤原書店
中川光弘（2010）「生命の全一性とサステイナビリティ」竹村牧男・中川光弘編『サステイナビリティとエコ・フィロソフィ』ノンブル社
中川光弘（2013.3.16）「食と健康といのち」『TIEPh&ICAS共催国際セミナー　いのちと自然の尊さについて考える』レジュメ
西川長夫（2001）『増補　国境の超え方』平凡社
信田さよ子（2008）『母が重くてたまらない』春秋社

橋口昌治（2013）「「就活自殺」とジェンダー構造」『現代思想』第四一巻第七号、青土社
ハンス・ヨナス著、加藤尚武監訳（2010）『責任という原理』東信堂
平田清明（1969）『市民社会と社会主義』岩波書店
広井良典（2006）『持続可能な福祉社会』筑摩書房
増田敬祐（2009）「ペルソナ的人格モデルにみる人間存在の在り方」共生社会システム学会編『共生社会システム研究』vol. 3－No. 1、農林統計出版
増田敬祐（2011）「地域と市民社会」唯物論研究協会編『唯物論研究年誌　第一六号　市場原理の呪縛を解く』大月書店
丸山徳次（2004）「講義の七日間　水俣病の哲学に向けて」越智貢・金井淑子・川本隆史・高橋久一郎・中岡成文・丸山徳次・水谷雅彦編『岩波　応用倫理学講義2　環境』岩波書店
丸山真男（1961）『日本の思想』岩波書店
三池輝久（2014）『子どもの夜更かし　脳への脅威』集英社
宮本常一（1984）『家郷の訓』岩波書店
宮本常一（1987）『庶民の発見』講談社
山口定（2004）『市民社会論』有斐閣
山田昌弘（2014）『「家族」難民』朝日新聞出版
ユルゲン・ハーバマス著、三島憲一訳（2012）『人間の将来とバイオエシックス（新装版）』法政大学出版局

吉永明弘（2014）『都市の環境倫理』勁草書房
渡辺尚志（2012）『百姓たちの幕末維新』草思社
和辻哲郎（1934）『人間の学としての倫理学』岩波書店（2007 岩波文庫版）

【辞書】
『広辞苑』第四版
『*KENKYUSHA'S NEW ENGLISH-JAPANESE DICTIONARY* 新英和大辞典』第六版

【Ｗｅｂ】
東京新聞ｗｅｂ：http://www.tokyo-np.co.jp/article/seikatuzukan/2014/CK2014020502000184.html

菅沼憲治

アルバート・エリス博士から学ぶ──寛容について考える

1　カウンセラーの経歴

筆者には約四十年間のカウンセリングの経歴がある。最初は千葉市にある重度重複障害児の中でも主として脳性まひの子どもたちがいる施設へ毎週一度、心理判定員として勤務した。しかし、心理判定と言ってもテストを行うのではなく、主に観察をしながら報告書を書いていた。現在は、聖徳大学心理教育相談所での相談員活動および産業界のストレス予防や東京消防庁にて消防官たちの惨事ストレス対策についてカウンセリングを行っている。

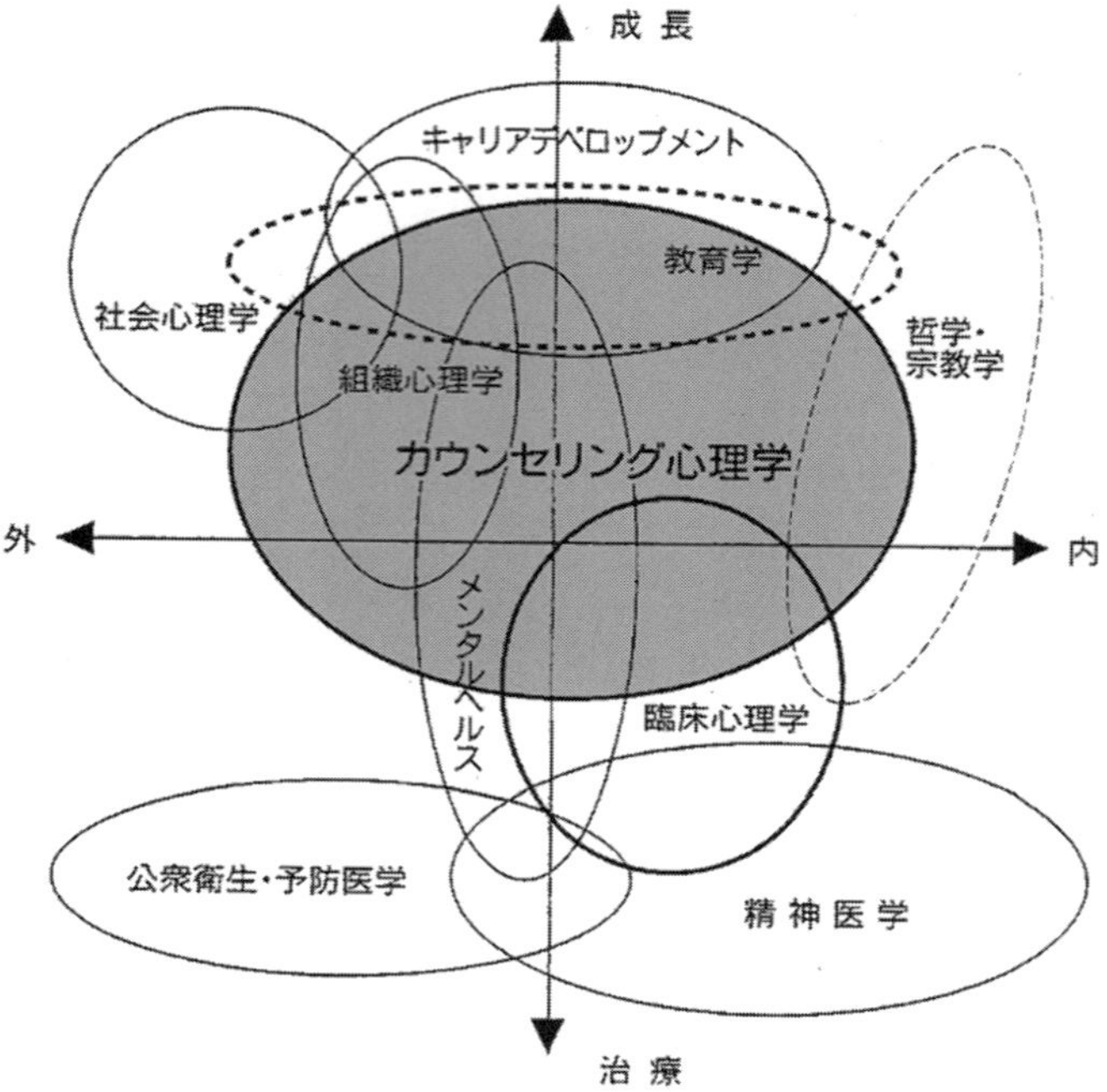

図1　カウンセリング心理学と隣接領域の関係
（日本カウンセリング学会会報、2005）

約四十年のカウンセリング実践の中でクライエントとの出会い、そして多くの事例を担当することができた。その数の分だけ学びがあった。筆者のアイデンティティはカウンセリング心理学であり、仕事はカウンセリング心理学の分野の研究と臨床実践である。

改めてカウンセリング心理学とは何かということを述べる。図1として、二〇〇五年に日本カウンセリング学会が公表したカウンセリング心理学と隣接領域の関係を示す（田上・茨木・上地・小澤・沢崎 2005)。図1の図式はカウンセリング心理学を明確に表している。縦軸が成長と治療、そして横軸が外界と内界になっている。カウンセリング心理学は学際的である。カウンセリングのみならず、教育学、組織心理学、社会心理学、キャリアディベロップメント、メンタルヘルスなどの勉強が必要である。一方、遠い位置には精神医学、公衆衛生、予防医学がある。そのため、明らかにカウンセリング心理学は成長モデルに基づいており、医療モデルではないということが言える。この点を押さえたうえで論を展開する。

2　基本的懸念

基本的懸念は「根源的関心」と言い表すこともできる。しかし、「根源的関心」では非常に仰々しいため、本論では基本的懸念(Basic concern)と呼ぶ。はじめに、基本的懸念という言葉の整理を行う。心配事や悩みの種という言葉がある。心配事や悩みの種というのは英語では concern ではなく worry という言葉を使う。つまり、悩みに巻き込まれて我を忘れている状態は worry であって concern ではない。この concern というのは、いわゆる心配事や悩みの種とは異なるため、本論では基本的懸念という言葉で識別する。例えば、大学院でイニシャルケースを担当する大学院生が「本当にクライエントのニーズに合う支援が自分には出来るだろうか」、あるいは「自分は事例を担当する能力があるのだろうか」というような発言をするが、これらの発言はconcernではない。これはworryであり、心配事や悩みの種に分類される。

では、基本的懸念とは一体何かというと、筆者は今話題になっている三本の矢に喩えることができるのではないかと思っている。一本目は「私は誰なのか」、二本目は「自分にとって他者は一体何者なのか」、そして三本目は「私は他者にどう思われているのか」である。これらの矢は一本だけ来る場合もあるが、大抵は三本同時に来ることが多い。実際には、これらが自分に向かって来るというよりも、自分自身の頭の中で作り上げている。この問いに対して、筆者は約四十年間にわたって答えようとしてきたが、現在も答えが出ていない。そのため、問いには正しい言葉が見つかることもあるが、問うこと自体に意味がある、価値があるという問いもあるのではないかと思うようになった。筆者はこの問いを自分自身に自問自答しながら成長してきた。だから、この発問がなければ筆者の成長はあり得なかったと思う。しかし、現在この三つの問いに対する答えを持っていない。無いというわけで引き下がるわけにはいかないため、このことについて少し掘り下げようというのが本論の骨子である。この回答を得るための努力の一つに、スーパーヴィジョンを受けることがあった。

3　スーパーヴィジョン

筆者は十二年間にわたって六角浩三先生のスーパーヴィジョンを受けた。六角（1999）は「各自が抱いている基本的懸念への回答を得るための行動をとることにより、自分自身に気づくようになり、自分がどのように時間を活用し何がしたいかを発見する」と述べている。筆者は六角先生からの十二年間のスーパーヴィジョンで、常にこの基本的懸念の話を聞き、その都度、自分とは何か、自分は今何をしているのか、さらに自分以外の人達は何者なのかということを頭の中で反芻していた。このスーパーヴィジョンを通して様々なことを学んだ。多様なスーパーヴィジョン体験の成果をスーパーヴィジョン論として五つにまとめた（菅沼，2004）。スーパーヴァイザーに求められる条件として、

(a)スーパーヴィジョンを通じて人間は自己矛盾そのものであるということを受容する
(b)自分の問題解決にコミットし、真剣に取り組む
(c)契約のある人間関係である
(d)人生を楽しむ生き方をする
(e)複数のカウンセリングの理論や技法を習得している

がある。

筆者のスーパーヴァイジー体験は大きく五期に渡っている。最初は国分康孝先生の折衷的立場から、一つの理論に固執しないということを教わった。それ以前の筆者はカール・ロジャーズ博士のクライエント中心療法こそがそれがカウンセリングだという固定観念を持っていた。その固定観念が違うということを習った貴重なスーパーヴィジョンであった。交流分析の再決断療法派の六角浩三先生からは、契約の大事さや、自己矛盾を許容することの大事さを学んだ。六角浩三先生の恩師であり再決断派の創始者であるグールディング夫妻からはカウンセリングを楽しむことを学んだ。平木典子先生や茨木俊夫先生からアサーティブネス・トレーニングのスーパーヴィジョンを受け、自己表現の大事さを学んだ。アルバート・エリス博士のREBT研究所では、REBTのスーパーヴィジョンを受けながらラショナリティに根差した人生観、つまり極端にぶれない、いつも調和というものを大事にする生き方が必要だということを学んだ。これらの体験はカウンセラーとしての成長に大いに刺激になった。筆者は、基本的懸念へ向き合い回答を求めるうえで、学習者としてのスーパーヴァイジー体験が非常に貴重だと考えている。

4　REBTカウンセリングの事例

事例理解の事前準備として、本事例の背景について説明する。本事例は二〇一〇年六月六日に東京フォーラムにて行われたライブカウンセリングによるものである。このカウンセリングは日本産業カウンセラー協会創立五十周年の企画として行われ、当日の会場には一、三八九名の参加者が集まった。企画の趣旨は、来談者中心療法とREBTの事例を比較するため、同じクライエントに対して来談者中心療法とREBTを行うというものであった。初めに末武康弘先生が来談者中心療法を実施した。そして、次に筆者が同じクライエントに対してREBTを実施した。本事例ではREBTのセッションについて論じる。

このREBTによるライブカウンセリングがどのように行われたかを理解するための助けとなるのが図2（次頁）である。図2はセルフヘルプフォームと呼ばれ、アルバート・エリス研究所の知的生産物としても最も評価の高いものである。REBTの理論を視覚的に落とし込むことができ、カウンセラーが記入したり、クライエントが自分の体験を整理できたりする。

このクライエントの主訴は「不妊治療をしているが子供ができない。四十歳になり、子供が欲しいが、さらに今後の人生をどうやって生きていったらいいか」というものであった。アルバート・エリス博士は健康には二つのゴールがあり、一つはenjoy、もう一つはsurvivalであると述べている。つまり、人生を楽しむ姿勢と生き抜く姿勢を達成することが一般的なREBTの目標である。本事例では、セッシ

REBT SELF HELP FORM　　REBT セルフヘルプ

Activating event 悩みのきっかけになっている出来事

A

あなたが最も惑乱した状況を簡潔に要約する
(あたかもカメラから覗くいているかのように)
□内界　□外界　□現実　□想像
□過去　□現在　□未来　のいずれかの出来事

Consequences 結果

C
主な不健康でネガティブな感情

主な自滅的な行動

主な不健康でネガティブな感情を探す
□不安　□鬱　□激怒　□罪悪感　□雪辱
□嫉妬　□羞恥 / 当惑　□低い欲求不満耐性

Irrational Beliefs
イラショナル・ビリーフス

IB

イラショナルな考え=IB
を査定する

□独断的要求
(ねばならない:絶対に
〜べきである!)
□おびえる
(ひどい! おそろしい!
嫌だ!)
□低い欲求不満耐性
(それに耐えられない!)
□自己・他者評価
(私/彼/彼女は馬鹿者で
価値がない!)

Disputing IB
IBへの介入

D

自問自答し、イラショナルな
考えを論駁する

□どこでこのBを身につけた
のか? それは援助的動的Bか
自己破壊的Bか?
□自分のIBは証拠がどこに
あるのか?
現実的か?
□自分のBは論理的か?
自分に役立つBか?
□それは自分が考えるほど
ひどい事なのか?
□自分は本当にそれに耐え
られないのか?

Effective New Philosophies
効果的な新しい哲学

E

ラショナルな考えに変える
ように努力する

□独断的でない選択
(願望、要求、希望)
□悪い事態へのほどよい評価
(それは悪いことだが自分
にとって不運なだけだ)
□高い欲求不満耐性
(自分はそれが嫌いだ、し
かしなんとか耐えられる)
□自己/他者を一括で評価し
ない
(私も他人も過ちを犯しや
すい人間である)

New Effect
効果

E
新たな健康的でネガティブ
な感情

新たな建設的行動

健康でネガティブな感情
を確認する

□懸念
□悲しみ
□苛立ち
□自責
□失望
□羨ましさ
□残念
□欲求不満

図2　セルフヘルプフォーム(Ellis & Tafrate, 1998 を日本語に翻訳した)

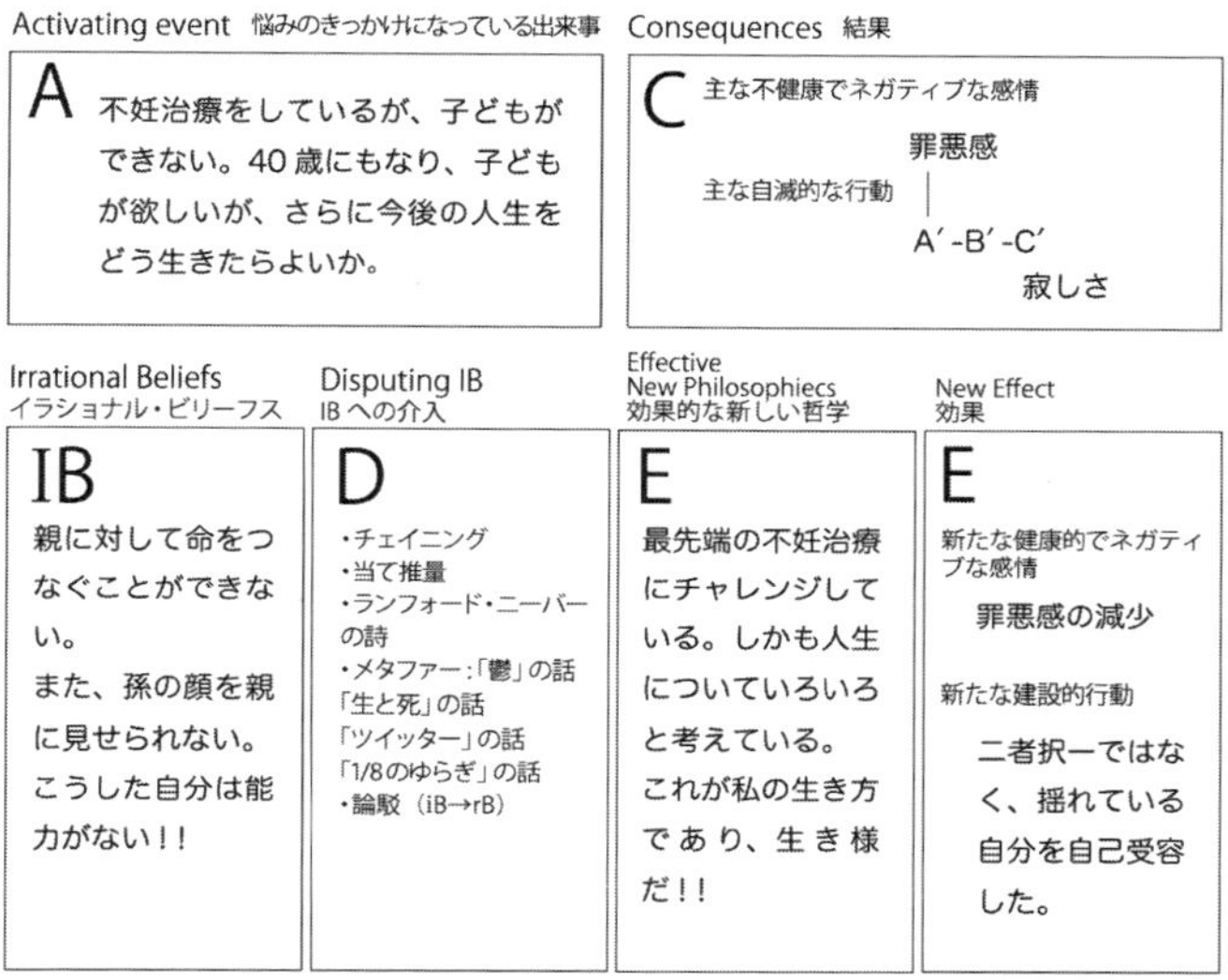
Activating event　悩みのきっかけになっている出来事
A
不妊治療をしているが、子どもができない。40歳にもなり、子どもが欲しいが、さらに今後の人生をどう生きたらよいか。
Consequences　結果
C
主な不健康でネガティブな感情
罪悪感
主な自滅的な行動
A′-B′-C′
寂しさ
Irrational Beliefs
イラショナル・ビリーフス
IB
親に対して命をつなぐことができない。
また、孫の顔を親に見せられない。
こうした自分は能力がない！！
Disputing IB
IBへの介入
D
・チェイニング
・当て推量
・ランフォード・ニーバーの詩
・メタファー：「鬱」の話
「生と死」の話
「ツイッター」の話
「1/8のゆらぎ」の話
・論駁（iB→rB）
Effective
New Philosophiecs
効果的な新しい哲学
E
最先端の不妊治療にチャレンジしている。しかも人生についていろいろと考えている。
これが私の生き方であり、生き様だ！！
New Effect
効果
E
新たな健康的でネガティブな感情
罪悪感の減少
新たな建設的行動
二者択一ではなく、揺れている自分を自己受容した。

図3　セルフヘルプフォームに記入したカウンセリングの結果

ヨン中にクライエントが気づいた罪悪感を減少させることが目標となった。図3にカウンセリングの結果を示す。クライエントはカウンセリングを受ける前まで、不健康でネガティブな感情があることに気づいていなかった。REBT理論では、罪悪感が新たなAとなり、Aから生まれるメタ感情を想定するが、本事例のクライエントのメタ感情は寂しさであった。

セッションでは、始めに査定を行ってクライエントのイラショナル・ビリーフを明らかにした。本事例のクライエントのイラショナル・ビリーフは「親に対して命をつなぐ事が出来ない」。また、「孫の顔を見せられない。こうした自分は能がない」であった。このイラショナル・ビリーフを改良していく。これを論駁と呼

ステップ1　目標を尋ねる
ステップ2　目標問題の定義づけおよび合意
ステップ3　Cを査定する
ステップ4　Aを査定する
ステップ5　二次的感情問題を確認し査定する
ステップ6　B－Cの関連を教える
ステップ7　ビリーフを査定する
ステップ8　イラショナル・ビリーフとCを関連づける
ステップ9　イラショナル・ビリーフを論駁する
ステップ10　クライエントがラショナル・ビリーフへの確信を深めるための用意をする
ステップ11　クライエントが新しい知識で実践するよう勇気づける
ステップ12　宿題をチェックする
ステップ13　徹底操作過程を促す

A＝生じる出来事 (activating event)
B＝ビリーフ (belief)
C＝感情的、行動的結果 (emotional and behavioral consequences)

REBTの13ステップモデル

W・ドライデン、R・デジサッピ著『実践論理療法入門―カウンセリングを学ぶ人のために』(菅沼憲治訳、岩崎学術出版社、1997年) 14頁より引用ぶ。その際、カウンセラーは様々な方法を用いるが、本事例ではチェイニングという技法や当て推量を用いたり、ラインホールド・ニーバーの詩のメタファーを伝えたり、ツイッターを喩えに出したり、認知の歪みを話題にしたりした。その結果、ラショナルなビリーフにたどり着いた。本事例では「最先端の不妊治療にチャレンジしている。しかも人生について色々考えている。これが私の生き方であり、生き様だ」という健康的な考え方に辿り着いた結果、クライエントの罪悪感が減少した。さらに、揺れている自分の自己受容に至った。

1、事例

ステップ1——問題を尋ねる——

(カウンセラーをCo、クライエント(S)をClと略す。また、逐語録のため、音声が聞き取れない個所は□□とした)

Co：どうぞ。初めてお目にかかります。菅沼です。

Cl：初めましてSです。よろしくお願いします。

Co：どうぞお坐りください。

Cl：はい。よろしくお願いします。

Co：で、Sさんとお呼びすればよろしいですか?

Cl：はい。

Co：そうですか。今からあなたがこの東京フォーラムのこの会場で、あなたがどんなふうに変わりたいかということを端的に話をしてください。

Cl：変わりたいか。

Co：うん。変化したいかということです。

Cl：うーん、そうですね。すごく今、あのう、子供を持とうかどうしようかということですごく悩んでいるので。

Co：うん。

Cl：そこはこう、すっきりさせたいというか、うん、その、こう、揺れ動く気持ちに、私はこう、それはけりをつけるのか、自分の中でその、未整理のまま、それはそれでいくのか、その辺こうすっきりさせたいというか。私はこう、この三十分の中で、自分なりの方向性が見いだせればいいかなということですかね。

Co：うん。もし、仮にSさんがその方向性を見いだした時に、どんなふうに変化してると思います？

Cl：それは自分の気持ちが？

Co：気持ちが、そう、感情が。

Cl：そうですね。うーん、あ、なんか、□□というか、これでいいかなって思えてくるとうれしいです。
Co：で、二人でちょっとまた話の□□、そうするとお子さんを持とうか、それからお子さんについて、懸念する、そういう部分もおありだということですよね？

ステップ2——目標問題の定義づけおよび合意——

Cl：はい、そうですね。だからあのう、まあ何年か不妊治療とか続けてきて、まあ四十歳というところに入った時に、まあ少しお医者さんの方からは高度治療に移ったほうが、そのほうが確実に持てるからいいんではないか、そのほうが確率が高くなるからいいんではないかと言われているんですけれども、なかなかそこまでして子供を持つという選択をしていいのかどうか。そこですごくこう揺れ動いているんですね。
Co：なるほど。これ仮の、想定の話ですけれども、治療を続けていても、Sさんとしてお子さんを持てないということがもし明らかに科学的なデータ上、医学的なそういうさまざまな情報で明らかになったと仮にしますよ。その次に何が起こりそうですか。Sさんの人生に。
Cl：持てないってはっきりすれば、それでもう自分で次の、次のというか、今やろうとしてることとかにたぶん全力で取り組んでいくでしょうし、あのう、持たないという前提、持たないということとがはっきりすれば、そのう、あのう……、自分のやっていくところにまい進していくだろうなという思いがあります。はい。

Co：で、それがあったとしましょう。で、持てないということでSさんが腹をくくって、自分の目指す方向に邁進したとします。その次に何が起こりそうですか？

Cl：その次ですか？

Co：うん。これはイメージの世界の話です。

Cl：ああ、自分の中、気持ちの中でということですかね？

Co：そうです。

Cl：うーん、どうですかね。やっぱりそのう、仕事とか、その、自分だけのやっぱりミッションを見つけて、充実感を持っていたいって。やりがいとか、充実感とか、使命感だとか、そういうのを持っていたいなと思いますね。

Co：それも得たとしましょう。Sさん、ミッションを得たとしましょう。そのとき、どんなことが起こりそうですか？

Cl：うーんと、それは気持ちの中で？

Co：気持ちの中で。

ステップ3――Cを査定する――

Cl：うーん、どうですかね……。充実感、ということですかね。
Co：今の話をずーっとこうしてて、
Cl：はい。
Co：Sさんの気持ちの中で、トライする□□を、感情というところに焦点を当てたいと思います。
Cl：はい。
Co：今、私とお話をしながら、イメージの中の話でしたけれど、
Cl：はい。
Co：どんな感情が生まれたんでしょうか？
Cl：感情ですか。こう、先生がこう「腹をくくる」という言葉を使われてたと思うんですけど、本当にその、腹をくくれたらいいなって思います。先生、「今日の到達の目標なあに？」って先生、さっきおっしゃいましたけど、こういうふうに、これって腹をくくれたら、すごく楽になれるというか、すっきりするだろうなっていうか。はい。こういうふうにトントントンと決められたら。だから、どうするってこっちで決められたら、その次とか、目指す方向っていうのがある程度見

いだせるので、そういうふうに腹をくくれたらいいなと思います。はい。

Co：そうすると今のSさんの腹をくくるうえで足を引っ張ってる、その気持ちの部分ってなんでしょう？

Cl：あのう、本当にそこが決めきれないというところですかね。くくりきれないというか。じゃあ果たして、持たない、あ、持たない、もう持たないってことは、データ上もわかってて、持てないということがもうはっきりしてるんであれば、それにポンっていけるけど、片側で、でもまだ可能性がゼロではないと。まったく私も「いらない」と思いきれてないというところで、その、引っ張られてしまうというか。すごく。ということですよね。

Co：それを感情の言葉に翻訳すると、どんな言葉がぴったりでしょうかね？　感情って表す、ラベルとして□□□。

Cl：はい。

Co：例えば、うつとか、怒りとか、悲しみとか、不安とか、罪悪感とか。

Cl：あー。

Co：そんなに多くはない言葉なんですけど、その「産みたいなあ」、あるいは「もしかしたら産めないかもしれない」。こう、行きつ戻りつする、その気持ちというのをどんな感情の言葉で？

Cl：揺れ動く気持ち……。

Co：そうです。

Cl：迷い、ですか。迷いですかね。

Co：迷いっていうのを私がこういくつか挙げた感情の中で翻訳すると、どんな言葉がぴったりでしょうか。

Cl：□□□、いくつか挙げてもらっていいでしょうか。

Co：例えば、怒り。恐怖。うつ。不安。罪悪感。あるいは悲しみ。

Cl：どれも違う……。しいて言うなら……、不安。不安とも違いますね。なんだろう……。

Co：孤独？

Cl：違いますね。

Co：Sさんの言葉で表現すると？

Cl：行きつ戻りつ、行きつ戻りつですね。

Co：行きつ戻りつは説明の言葉でしょ？

Cl：はい。

Co：それを感情の言葉で翻訳すると？

Cl：うーん……。

Co：今、今のポーズ。

Cl：ええ。

Co：こう、ほほに手を当て、こういうふうに首を右のほうに傾け、左のほうに傾けますよね。

Cl：はい。

Co：で、その時に頭の中でどんなことが起こってますか？

Cl：うーん。戸惑いですかね。

Co：どんなつぶやきの言葉が起こってるわけ？

Cl：この感情はなんだろう、っていうことですかね。とにかくこの、今のその行きつ戻りつというのに沿うこと、感情とか、うまくそれを沿うことが、思い浮かばないというか。うん。ピタッと。その、先生がいくつか挙げていた不安ともちょっと違うし、恐れとかでもないし。自然にこう、うまく口の中でフィットする言葉はなんだろうなあっていうことですかね、はい。

Co：そういう「行きつ戻りつ」っていう、例えば今、感情をラベルで翻訳するのに多少行きつ戻りつのやり取りがありますよね。で、頭の中でも「あれかな、これかな」ってこう、揺れてましたよね。そういう傾向って、Sさんの人生のスタイルの中で、特徴としてありそう？

Cl：ああ。ええと、自分の感情を？
Co：ううん。腹をくくるのに、何かものすごく行きつ戻りつしながら。
Cl：ああ、はい。そうですね。あのう、割とこう、なんですかね、頭でも考える方なので、その頭で考えたことと、その気持ちをフィットさせるのに結構時間……。頭ではわかってるけど気持ちがついていかなかったりだとか、ということは往々にしてありますね。頭ではもう整理して、答えが出てるんだけど、それに気持ちが沿わないということは、往々にしてあります。
Co：そうだと思うよ。だって、これだけの人数の中に、今日クライエントとして登場して、腹をくくってここに出てきてるわけですから。
Cl：はい。そうですか。うーん。でもやっぱり、ここは自分の中で、何かしらここで、方向性がやっぱり見いだせればいいなという思いがありますね。
Co：そうすると、このカウンセリングの目標。少なくとも最初ここで、一三時五〇分に始まった段階でのSさんが爽快感とかスカッとした気持ちを持てるように退場できたらいいということを目標にしながら、あとの時間を使ってもいい？
Cl：はい、お願いします。
Co：で、そのSさんが不健康、自分が不健康だなと思って、しかも自分を痛めつけてる、その感情のほうに焦点を当ててみたいんですよ。

Cl：はい。

Co：なんでしょうね？

Cl：痛めつけてるということ、自分がこう、何ですかね、引っ張られてるだけじゃないんですけど、そのう……。

Co：「けど」がつくからね。

Cl：けど、その、なんかこう、いつもこう、この辺につっかかってるというか。さっき先生が、「選択肢が、可能性がゼロになって、子供を持たないということがゼロになって、まい進できるとしたら、どういう目標を置く？」という話をしたときに、あそこにずーっと行くと思いますって言えたと思うんですけど、でも、その中で、どこかこう、そのもう一つの可能性、「持つ」という可能性とか「持つ」という選択肢に、が、常にこっちで引っ張られていて、なんかこう、どっちつかずな感じということですかね。ここが自分の中ですっきりしてないというか。揺れ動くという表現をしたんですけど、なんか、□□□□。

Co：男性という立場で、医者の立場ではないし。で、その、受精とか出産ということについてはずぶの素人なんですよ。僕なりにSさんに、こう、お伝えすることができるのは、気持ちの面でSさんが前向きに歩むことができるような、そういう時間にここでできたらいいなということなんです。で、ちょっと喩えで言うと、今の話って、コウノトリの話になりますよね。

Cl：はい。

Co：で、Sさんがこう、行きつ戻りつしてるというのは、Sさんがすべてのものを、コントロールの力を持ってて起こる現象なんでしょうか？　あるいはそれとも、自然の摂理のなかで起こってる現象なんでしょうか？

Cl：ああ、あのう、□□□かね、こう、ええと、自然に、あのう、授かれば、それに一番越したことはないんですね。で、ただ、□□□、ええと、自然にすぐに子供が授かったら、もう本当にそれで一番自分のなかでベストなことだと思ってますし。それで子供を持つということで、育てて□□□わからないことがあると思ってるんです。ただ、やっぱり何年かやってきたときに、その可能性がちょっともう難しいんではないかと言われるなかで、今、その医学的にね、いろんな手法が増える、選択ができるとなったときに、果たしてそれを選んで、それを選んでいいのかどうかとか、選ん……、そういうことを選んでいいのかどうか。もしくはその、本当に自然の摂理のままで□□□いくのがいいのかというところですね。その本来だったら、その先生のおっしゃってるコウノトリで、自然の摂理でいくところに、それのせん……、ここでなんか自分が選択を差し迫られているみたいなところがたぶん一番こう、なんていうかね、結局なんかこう、もやもやしてるというか。

Co：今の話をずっと聞いてくると、僕の中で一つの仮説が生まれるわけですよ。どうもSさんが、コウノトリをご自分のカゴの鳥、これもイメージの話ですけど、カゴの鳥に入れて、自分の思い通りに、そのコウノトリをしつけて、いい結果、つまり出産という、その一つの目標にコウノトリを調教していこうと思っていらっしゃる。その仮説が生まれるんですけど、これってどう？

Cl：ああ、どうですかね。コウノトリを調教するというのは、ちょっとなんかこう、自分の中にフィットしないんですけども、ただなんて言うんですかね、本来だったら自然に授かるものって本当は思ってる。それがベストと思ってるんですけれども。でも、それがままならないとなった時に、もっと高度な、要するに医学、人工的な治療で、変な話、無理くりでも授かる道を選択するのか、そこまでしないで、選択をしないで、本当にコウノトリが、授けてくれるのを、授けてくれなければ、コウノトリが来なければ、自分にはそれが能力がないというふうに思って、ええと、あきらめるというふうにいくのか。もともとはそうしようと思ってたんです。四十くらいまでにできなかったら、自然にできなければ、もうそれが、自分にそういう能力とかご縁がなかったと思って、やめようねという話を、もともと主人ともしていて、自分でも納得してたつもりだったんです。でも実際それが差し迫った時に、なんかそこにこう、本当だったら手を伸ばして、お金を出して、高度治療を受ければ、もしかしたら可能性が生まれるということを、何か自分でそこも選択しちゃっていいのかなっていうような迷いが出てきてしまって、なんかこう、なんか進めなくなって……。

Co：ちょっと話をストップさせますけれども。Sさんがずっと語ってる語らいながらの、また気持ちの部分に焦点を当てたいんですけれども、ずっとこう語ってみて、もう一度僕がいくつかの感情、提案しましたよね。話のストーリーを感情の言葉で翻訳するとなんですか。この話って、どんな感情のストーリーなんでしょう？

Cl：感情のストーリーですか。

Co：うん。例えば、怒りのストーリーなのか、うつのストーリーなのか、不安のストーリーなのか。あるいは、悲しみのストーリーなのか、罪悪感のストーリーなのか。

Cl：ああ。戸惑いのストーリーでもあるし、その、こうなんて言うんですかね、この、この今、宙ぶらりんな状態から抜け出す、こう、なんて言うんですかね、例えばこう、ストーリーもあると思います。なんかすいません。ちょっと感情って、うまく言えないんですけど。

Co：なんかそうみたいですね。だから宙ぶらりんっていうのは、感情の言葉で表現していただくと、

Cl：ああ。どういう表現がぴったりなのかなって、ちょっと知りたいんです。

Co：消去法でいきましょうよ。

Cl：はい。

Co：怒り。

Cl：違いますね。

Co：不安。

Cl：うーん……。ピタッとはこないですね。

Co：怒り。

Cl：は、違いますね。

Co：うつ。

Cl：違いますね。

ステップ5——二次的感情問題を確認し査定する——

Co：罪悪感。

Cl：は、うーん、罪悪感……。□□□は罪悪感かもしれないですね。あのう、その、こう、なんて言うんですか、持たないって決めちゃってごめんね、お父さん、お母さんみたいな。そういうところではちょっと罪悪感というのも少し……。

Co：取りあえず罪悪感にしておきましょう。今のストーリー。

Cl：はい。

Co：罪悪感を感じているSさん自身を見つめていて、何を感じます？ 罪悪感を感じている自分に対して。

Cl：うーん……。なんですかね……。

Co：□□□□してて、ご自身がご両親にすまないなっていう、そういうことも含めた罪悪の感じというのは、自分自身に対して何を感じるでしょう？

Cl：うーん……。□□□□、しょうがないかなって思いますかね。

Co：それは説明の言葉だよね。言ってるのは、罪悪感を感じているSさん自身に対して何を感じるかということ。例えば怒りなのか、不安なのか、恐怖なのか、寂しさなのか、悲しみなのか。

Cl：うーん。寂しさですかね。うん。

Co：最初に寂しさにアプローチしようと思うんですよ。で、人間って寂しい存在なんですよ。

Cl：うん、はい。

Co：つまり、オギャーって生まれてくるあの言葉って、私はこう理解してます。寂しいとか、つらいとかっていう、そういう意味合いを含んでいると思うんです。つまり、だれもお手伝いしてくれないでしょう？　自力で生まれてくるんだから。で、亡くなるときに、だれもお手伝いしてくれないです。自力で死ぬ。で、最初と最後、自分で決めて、自分で去っていくわけですよ。寂しい存在ですよ。但しなぜ人間がこんなに元気で生きられるかっていうと、生きてる最中、呼吸をしている最中、いろんな人の支えがあって、命をつないでいくでしょう？　で、私とSさん、ここでこうやって会っている、この出会いだって、見えないところに様々な人の支えがあって出来上がっているわけですよ。だから、本来人間って、寂しい存在なんだ。これを実存的な孤独と言います。しかし私たちはなぜ実存的な孤独に耐えられるのかというと、周りの人たちの支えがあるから。ひょっとしたら、自分自身も支えてるかもしれないですよ。

Cl：はい。

Co：それで、僕はいつも気に入ってるのは、ラインホールド・ニーバーっていう神学者の言う言葉ですよ。「変えられないことを変えられないこととして受け入れる平静さと、変えられることを変えられる勇気と、この二つを識別する知恵を与えたまえ」という、この言葉です。これ、どう思います？

Cl：うん。あのう、まさに、あのう、私の今、せん、そのどちらか揺れ動いているというところを、本当にその、私自身が見極めたいというか、どちらかに選択をしたいと思ってるんですよね。だけど、うーん、ただ、どっちを選択するにも、自分なりの、メリット・デメリットという言葉はちょっとそぐわないかもしれないけど、どちら、どっちを選択しても、それなりのこう、それを前向きにとらえて人生をやっていこうという思いは、例えば、持たないという選択をした場合と、持つという選択をした場合と、どちらを取ったとしても、そこに対して、こう、持った場合はこうやっていこう、持たなかった場合はこうやっていこうという□□□ところはあるんですね、頭の中では。ただ、そこに今、それをどっちかの、こう、さっきこう、□□□すっきりしたいとか、言ったのは、その一歩前段階のなかで、じゃあそれを決めきれない、この、みしょ、みしゅ、なんていうんですかね、未整理な気持ちが、今こう、うん、その気持ちが未整理なままというか、揺れ動いているという気持ちという言葉に対して、こう、選択できる自分になりたいというか。うん。

Co：参考になるかどうかわからないんですが、ひとつの話をします。エピソードですけどね。私がここでカウンセリングしている背中を押してくれる□□、REBTを作った、二〇〇七年に亡くなったアルバート・エリス博士という人がいます。彼は、子供を持たなかったんですよ。なぜかと言うと、明確な理由があったんです。自分は、育児にふさわしくない人間だから、子育てがきっと下手だろうということで、パートナーが四人いたんだけれども、結局四人とも作らなかった。彼はその代わり何をやったかというと、世界中に多くの弟子を作ったんです。育成したわけですよ。

Cl：そうですね。なので、先生が「持たなかったらどう?」って一番最初におっしゃってたと思うんですけども、やっぱりあのう、その、持たないって決めたなりの自分の方向性、持つって決めたなりのそこでの方向性、それぞれのメリット・デメリットみたいなところは今も考えているので、そこにこう至る、こうなんていうんですかね、そこの気持ちが、そこについてないというか。「じゃあこれでいこう」というところにまだ思いきれてないのが、一番今、こう、なんていうんですかね、はっきりしないというか。そこが一番、今、自分の中で、こう足かせ、何か引っ張られているというか、足かせになっているという感じがします。

ステップ7――ビリーフを査定する――

Co：僕は、もう一つの、さっき言った、感情として「罪悪感」ってSさんがおっしゃったでしょう?そこにちょっと触れたいと思います。で、罪悪感をどんな感情に変えたらいいでしょう?

Cl：うーん。自分の中で納得感を持ちたいですね。はい。これで行くって、これで……。

Co：これで行くっていう……。
Cl：納得感を持ちたいです。はい。
Co：罪悪感を感じる時に、最近ツイッターとか流行ってるんですけど、
Cl：はい。
Co：たぶんね、Sさんの頭の中にもつぶやきの言葉が飛び交ってます。どんな言葉が飛び交ってる？
Cl：うーん。そうですね。親に対しては、何か、申し訳ないっていう気持ちですかね。子供を持たないという選択をしたときに申し訳ないっていう気持ちで。で、無理に、まあ子供を……、持ったとしたら、ちょっと罪悪感として□□□、ちょっと罪悪感からちょっと外れますけど、子供を持ったとして、持って、まあ高度治療に進むってなったときに、うーん、次は不安、大丈夫かなっていう不安が出てくると思うんです。
Co：で、今、不安と罪悪感と二つの感情が語られているとき、どっちがピンときます？ 罪悪感と不安。で、ここでの時間の中では二つの感情ってアプローチできないんです。
Cl：はい。
Co：どっちの方が優先的にピンときます？
Cl：うーん。

Co：ご両親に対する罪悪感と、それと高度治療にチャレンジしようとするときの不安と、どっちをここで取り上げます？

Cl：ああ、難しいですね。

Co：□□□っていう、優先順一位っていうのはどっち？

Cl：うーん、罪悪感ですかね。はい。

Co：そうすると、そこのところにもう一度戻します。罪悪感を感じる時に、ご両親に対して「すまないな」というツイッター？

Cl：はい。

Co：の、言葉が飛び交っているわけね。文章を続けてよ。

Cl：あのう、まあ、なんていうんですかね、こう、命のつながりを途絶えさせちゃってごめんね、とか、まあ顔を見せてあげられなくて申し訳ないなということですかね。

Co：で、そういう私の存在は。あと文章続けて。

Cl：そういう私の存在は……。

ステップ6――B－Cの関係を教える――

Co：そういう私は？

Cl：うーん……。

Co：今、ツイッター見えてます？

Cl：はい。ふふふ（笑）。

Co：□□□□するよ。

Cl：そうですねえ。どうだろう、そういう私でごめんねっていう……。

Co：ああ、ごめんということね。

Cl：うーん。ですね。

Co：この文章、要するに両親に、綿々と続いてきた命の継承を途絶えさせちゃっていること、それから孫の顔を見せられないこと、こんな私はごめんね、ということね。この文章が罪悪感を作ってるわけなんですよ。

Cl：うん。

Co：このツイッターのつぶやきが罪悪感を作ってるわけです。だから罪悪感を減らすためには、このツイッターの言葉を変えないとまずいね。

Cl：ああ。

Co：だから今も揺れ動いている状態がSさんの罪悪感を作ってるわけじゃないですよ。だからこれを検討しようと思います。アルバート・エリス博士、子供を作らなかったんです、ついぞ。彼は罪悪感を感じてたでしょうか。

Cl：うーん。どうなんですかね。私の中ではある局面では感じていて、ある局面では、うーん、納得をしてたいなと思いますね。

Co：どうして？

Cl：うーん。それがなんか自分の生き方だからというところですかね。

Co：ということは、Sさんが今おっしゃったことは、人間って、完璧に白とか黒とかっていうふうに意見を決められないで、常にグレーゾーンのところで、ファジーに揺れてるっていうこと？

Cl：はい、そうですね。

Co：で、もう一つだけちょっと、喩え話。八分の一のリズムって知ってる？

Cl：ああ、知らないです。

Co：揺らぎ、揺らぎリズムです。

Cl：ああ、はあ。

Co：私たちの心地いいっていう揺らぎってだいたい八分の一なんですよ。例えばこずえを揺らすような、爽やかな風のリズムとか、それから波の、海の、海岸に寄せる波の、さざ波の音とか、全部八分の一なんです。揺らぎ。それは生命の揺らぎなんですよ。

Cl：ああ。

Co：だからSさんが揺らぎを感じるというのは、とても前向きだし、あなたがここに存在しているということを証明しているわけです。だから決めなくていいんじゃないでしょうかね。

Cl：うーん。□□□□。

Co：だから問題は、罪悪感に□□□ではなくて、揺らぎをもう少しこう、なんていうんですかね、受け止める。揺らぎとともに歩むというのか。

Cl：揺らいでいる状態を受け入れる。

Co：そういうことです。

Cl：そうですかねえ。うーん。

ステップ9――イラショナル・ビリーフを論駁する――

Co：だって文章になったときどう？「ご両親に命の継承を途絶えさせてごめんね。孫の顔を見せられなくて、申し訳ありません。そんな私は」という文章。これをどう変えたら、もう少し罪悪感が薄らぐでしょう？

Cl：うーん。まあいろんな方法ってありますけども、できなかったからごめんねというのもあるし、できなかったということもあるし、でもこれは自分の生き方で、自分で納得をして、これで選んだので、うん。申し訳ないけど、これが私です、ということですね。

Co：今そう言ってみて、そう言ってみて、罪悪感ってどう変わってます？

Cl：うーん。

Co：あるいは罪悪感ってどうなってます？

ステップ10――クライエントがラショナル・ビリーフへの確信を深めるための用意をする――

Cl：なくなってはないですよ。

Co：そりゃそうですよ。

Cl：なくなってはないですけど、まあ少し自分の中で、こう、うーん、少し、和らいだというか、まあこういった言葉にすることによって、少し、なんて言うんですかね、もっともやもや感が、持ってたものが、うーんこう、言葉にすることによって、自分の中で納得させたというか、これでいい、ああ、いいのかなって思える感じですね。

Co：それが□□□。だから、Sさんの産むか産まないかっていう揺れてる状況が罪悪感を作ってるんではなくて、ツイッターのところのPCの中の、SさんのPCの中のそのつぶやきが罪悪感を作ってるんです。でもね、そのツイッターの内容を変えれば、

Cl：ああ。

Co：罪悪感が減るんです。

Cl：その、今自分が思い悩んでるとか、そういう現象に対して、その、どう言葉を使えるかということですかね。

Co：そうです。

Cl：その出来事の、どの側面にスポットライトを当てて、ということですかね。

Co：だから、新しいツイッターの内容、例えば私は最善の科学を使ってやろうとしたんですよ、と。それから私自身も、いろんな人生の方向性について考えているんですよ、と。でもこれが私の生き方なんですよ、っていうもの。

ステップ11――クライエントを新しい知識で実践するよう勇気づける――

Cl：ああ……。先にそういうふうに原因を観察することによって、

Co：そのとおりです。

Cl：こう、自分の希望の……。なんとなくその、私いつもこう、頭が先行してて、気持ちがついていかないようなところがあって、それはわかってるけど、でも気持ちがついていかないということが結構ありますけど、それとまずは、そのツイッター、表現を変えてみるということなんですかね？

Co：そのとおりです。で、どうでしょうか。確認ですけれども。さっきここに歩いてこられて坐った段階から、今こうやって話を、そろそろ終わりに近づいてるんですけど、

Cl：あ、はい。

Co：坐った段階と今とでは、気分の有り様というのは、どうなってますか。

Cl：あ、どうなんですかね。あ、その、やっぱりまだこう、揺らいでる感じがあるんですけど、揺らいでる自分でもいいんだなという思いがあります。ですね。

Co：で、気分は？

Cl：うーん……。どうだろうな。最初に望んでたすっきり感とはやっぱり違うんですけれども、でもこう、今のこの自分を、受け止め方じゃないけど、まあ受け……、そうですね、この、今の状態を、「あ、受け止めていいんだ」っていうふうに、受け入れていいんだなというふうには思いま

したね。

Co：宿題を出しておきます。

Cl：はい。

Co：さっきあなたがツイッターに、頭の中のPCに新たに吹き込んだ言葉、覚えていらっしゃいます？

Cl：ああ、あの、いろいろやったけど、

Co：そう。

Cl：ダメだったっていう、はい。

Co：うん。で、自分なりにその人生についてもいろいろと検討して考えてもいいんです。で、こういう生き様が私のスタイルなんですよっていう、そのセリフ。それをこの段階で、終わったら、忘れないうちに紙に書いて。

ステップ12――宿題をチェックする――

Cl：はい。

Co：思い出してくれますね。

Cl：はい。そうですね、あの、書き留めておきます。

Co：そうですね。で、罪悪感が感じられるようになったら、それをもう一度見直すようにしてください。

Cl：はい。なんか、こう、歩んでいく中で、絶対そのまあ、揺らいでいく中で、もう一回そこで見直すというか。自分でこう、もう一つの感情をこう、感じ、考え方をそこで引っ張り出すっていうことなんですかね。

ステップ13――徹底操作過程を促す――

Co：そうです。だから考え方が感情に影響をしてるんです。感情って一人歩きはしてないんです。あるいは状況を感情に出してるわけです。感情に出してるのは、Ｓさん自身なんですよ。で、Ｓさんがその思考の内容を検討し、その思考が建設的で健康になればなるほど感情も健康になってくるんですよ。自分を支える感情に変わるんですよ。

Cl：なるほど。なんかこう、二つに分けて、捉えてたところがあったんですけれども、そこをこう、まあどっちが先でもなく、一致化させるというか。

Co：そうです。そのとおりですよ。そしたらこのカウンセリングの目標、まあ坐るときよりも帰るときのほうが、いくぶんたりとも気持ちの面で整えられたという？

Cl：うん、そうですね。なんかこう、コントロールできないようなものだっていうふうになんか思っていたし、逆に言えばコントロールしなきゃいけないというふうに。
Co：ああ。
Cl：なんか、思ってたと思うんですね。ここに来る前。
Co：ああ、なるほど。
Cl：でも、でも、相反するその二つの気持ちだったりとかを、考え方からアプローチすることによって、逆にその気持ちに関してもアプローチができるかもしれないという。はい。そこはなんか覚えた気がします。はい。
Co：じゃあ終わっていい？
Cl：はい。
Co：じゃあ終わる。
Cl：はい、ありがとうございました。ありがとうございました。

2、考察

クライエントは最初に「子供を産みたくて不妊治療を続けている」という狭間の中で、なかなか前向きに一歩踏み出せないということを述べた。しかし、筆者であるカウンセラーは医者ではないし、クライエントが期待するような出産についての情報を持っている者でもない。そのような立場のカウンセラーに何ができるかというと、クライエントが前に踏み出す力をクライエント自身が面接を通して発見し、それを使えるようにすることである。しかし、カウンセラーの一方的な援助では不可能であり、クライエントと協働作業をしながら達成する必要があった。両者の協働作業を支える枠組みがＲＥＢＴである。

ＲＥＢＴでは、カウンセラーはクライエントの揺れる気持ちに共感したり受容したりしながら、クライエントが前向きに一歩踏み出すことを阻止しているものを明らかにする。阻止しているものとしては感情と思考と行動の問題がある。本事例では主として感情の問題と思考の問題に焦点を当てた。

カウンセリングではカウンセラーである筆者が最初に「もし仮にＳさんにお子さんができないとしたら、どんなことが起こるんでしょうか」と尋ねた。クライエントは「これはイメージの中の話として、もし子供ができなかったとき、自分のミッション、あるいは自分の使命を見いだして、それを実現するために自分の人生を使っていく」と述べた。この手法をチェイニングと言う。チェイニングを行った目的は、今の状況を踏まえて「子どもが出来ない」という未来の架空の物語の中で、クライエントがどのような感情を働かせ、どんな思考を働かせるかということを引き出すことであった。

ある程度そのチェイニングが終わった段階で、感情に焦点を当ててクライエントに話を聞いた。しかしクライエントは依然として揺らいでいるという説明に終始した。そういうやり取りがしばらくした後、クライエントの中から出てきたのは罪悪感であった。それまでのやりとりを通して、クライエントが思考優位であると感じたため、筆者はいくつかの感情のサンプルを提示した。しかしクライエントからは明確な表現が得られなかった。その理由として、クライエントの中に生じている揺れが非常に厳しいものであったことが推測される。

セッションを進めると、クライエントから罪悪感という語りがあった。そこで、その罪悪感を感じている自分自身に対して何を感じるかという質問をした。これをＲＥＢＴの言葉では「メタ感情」と呼ぶ。メタ感情というのは罪悪感の背景にある感情のことである。このメタ感情についてクライエントは寂しさであると述べた。この罪悪感と寂しさのどちらか、あるいは両方にアプローチしようと考え、まずは寂しさにアプローチをした。寂しさにアプローチをするため、筆者はクライエントに対して寂しさの種類について説明をした。一つめは、人間として生まれた者ならば誰もが持つ「実存的な寂しさ」である。もう一つは、アルバート・エリス博士の喩えを用いた寂しさの説明を通して、ＲＥＢＴの目標の一つである無条件の自己受容（Unconditional Self-Acceptance: USA）についての理解を求めた。クライエントはＵＳＡについて、腑に落ちた気づきではないかもしれないが思いを馳せている様子がうかがえた。

次に罪悪感にアプローチをした。罪悪感というのは感情の一つだが、それを生み出しているのはクライエントの思考である。そのため、筆者はそれを喩え話としてツイッターという言葉を用いた。クライエントの罪悪感を生み出しているのは、「両親に申し訳ない。あるいはその前に、両親から受け継いだ命が途絶えてしまう。そして孫の顔を見せられないでいる。そういう私は、申し訳ない」という考えであることを指摘した。それを踏まえて、その後のセッションでは罪悪感を生み出している考えをどのように変えるかということに焦点が置かれた。クライエントが新たに生み出した思考は「私は最先端の治療をトライして頑張っている。そして自分の生き方についても様々な考えで工夫を凝らしている。こういう自分が私の生き方、生き様なのだ」というものであった。その結果、罪悪感が変化した。

これはＲＥＢＴの理論であるＡＢＣ、つまりＡＢＣのＡという出来事が罪悪感を起こしているのではなくて、Ｂというイラショナル・ビリーフ、つまり自分を不健康にする否定的な、その考えが罪悪感を起こしていることを示している。そこで、Ｂのイラショナル・ビリーフをラショナル・ビリーフに変化させた。新たな思考に至った後、罪悪感という不健康な感情が和らいで変化が生じた。

本事例の成果は、クライエントがセッション開始時よりも感情の整理ができるようになったことであった。最後に、セッションで学んだことを通して、クライエントが自分を支える力を養えるように宿題を出した。それは、新たな思考に気づいた際にそれを紙に記録して見ておくというものであった。

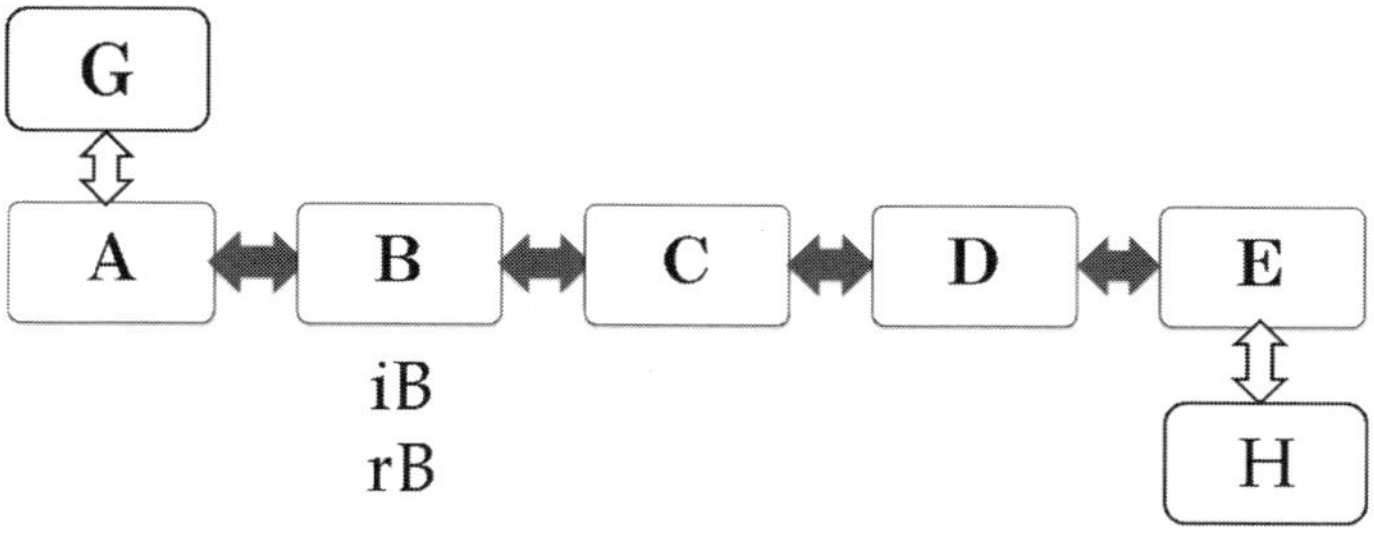

図4　ＲＥＢＴの８つの要素

5　コンテントとプロセス

カウンセリングには、カウンセラーとクライエントとの協働作業の枠組みが必要になる。また逆説的だが、枠組みにカウンセラーがこだわってしまわないような自由さも必要になる。カウンセラーはこの自己矛盾を受け入れ受容することで、基本的懸念への回答に気づき、気持ちの面での平静さが生まれる。

本事例の枠組みであったＲＥＢＴの八つの要素について図４をもとにして説明する。八つの要素とはＧとＡとＩＢとＲＢ、Ｃ、Ｄ、Ｅ、Ｈという、クライエントとカウンセラーの協働作業を支える枠組みである。ＲＥＢＴでは、このような枠組みで協働作業を進めようとしている。Ｇは先述の通り、アルバート・エリス博士は enjoy と survival という、つまり、人生を楽しむ姿勢と生き抜く姿勢、これが一般的な目標であると述べている。このセッションのＧは、クライエント自身が協働作業を通じて前向きに一歩を踏み出す力があることに気づき、その力を使えるようにすることであった。Aという要素は主訴であり、本セッションでは「子どもが授からない」という問題であった。ここで、健康な感情、思考、行動を阻止する問題を掘り下げるためにチェイニングという技法を用いた。「もしクライエントに子どもができないとしたら、どんな状態が起こるのだろうか」という未来に向けた架空の物語作りをさせた。これがAの査定である。Cは不健康でネガティブな感情である。Cの査定では、クライエントの罪悪感と、罪悪感に対して何を感じるかというメタ感情を掘り下げていった。クライエントは頭で考えることは得意だが、感じるということや感じたものを表現するということに対して練習不足であった。筆者は、困難さを感じながらもクライエントとの協働作業を続け、寂しさというメタ感情を明らかにした。そこで罪悪感とメタ感情としての寂しさに介入した。始めに寂しさに介入した。実存的な孤独という話から始まり、無条件の肯定的受容が必要だという気づきを促した。次にツイッターの喩えを用いて罪悪感に介入した。クライエントは、「両親に申し訳ない、両親から受け継いだ命が途絶えてしまう、孫の顔を親に見せられない」という自己のイラショナル・ビリーフに気づき、それが罪悪感につながっていることを学んだ。その結果、新たな思考として、「最先端の治療をトライしている、頑張っている、自分の生き方についてもう様々な工夫を凝らしてきた、これが私の生き様だ」というラショナル・ビリーフが生まれた。クライエントは今までは自分に対して非常に否定的な考え方をしていたが、その考え方を変え始めることによって罪悪感の変化を生み出した。もともと、Aという原因が罪悪感を起こしているのではなく、イラショナル・ビリーフが罪悪感を起こしている。だから、それをラショナル・ビリーフへ変えれば良いということをクライエントが学習することによって「最先端の治療に自分は十分トライしている、そしてこれが私の生き方だ」ということを確信的にした。最後に、宿題を出した。それは、新しい思考に気づいたらメモにして、もし罪悪感が生まれてきたらそれを整え直す、このような練習をするということであった。

先述の基本的懸念から述べると、筆者とクライエントは面識が全くなかった。REBTの枠組みで主訴を聴く中で、クライエントが思考優位であることと、自己の感情に気づいていないことを察した。しかし、セッション中はクライエントの感情の引き出し方に困難を感じた。いくつかの提案を通しながら、罪悪感という感情にいきついた。その罪悪感を通しながら、次に、寂しさというメタ感情に至った。この二つの不健康さを健康に変えていけばいいという方向性が見えた時、筆者はカウンセラーとして安堵した。以降はクライエントと協働作業しながらカウンセリングを進めていった。クライエントにとっても初めて質問されることも多く、セッション中は大いに戸惑ったと推測される。このような状況で忘れてはならないのは、コンテントの情報とプロセスの情報をとらえることである。例えば、本セッションではクライエントの「考える人」のような姿勢を筆者が指摘した。思考優位のクライエントに対して、「どう感じるか」ということを促すことも、プロセスから産出されるデータをどうとらえるかということに関わってくる。そのため、筆者はコンテンツもさることながら、このプロセスに注意を向けた。これはよく注意していると捉えられるものであり、コミュニケーション様式、その人の役割分担様式、リーダーシップ様式などがある。加えて、本当の感情、欲求、あるいは期待や価値観、信念や目標様式などがある。それに対して、コンテントには話の内容や話題、課題や目的などがある。プロセスは行間を読む必要があり、事例を読むだけでは分からないため、文章だけでなく映像としても知る必要がある。カウンセラーのトレーニング、つまり基本的懸念に対する回答を得るということは、この二つの情報をどうとらえるかという訓練でもある。

6　耐性の受容

最後に、アルバート・エリス博士の二つの文献を紹介する。六十歳の時に書かれた「My Philosophy of Psychotherapy」と、九十歳の時に書かれた「The Road to TOLERANCE」である。この二つが基本的懸念という課題に答えているのではないだろうか。それは、自分は何者なのか、自分にとって他者は一体何者なのか、私は他者にどう思われているかということに関する智慧について述べているからである。アルバート・エリス博士は健康になる指標として耐性（tolerance）を示している。耐性とは我慢することではなく、寛容さと説明されている。人間はだれでも失敗をするということを認めて受け入れることが、健康に必要な条件であると述べている。基本的懸念に回答を出すためには、このような課題をクリアしていく必要があるのではないだろうか。

【引用文献】

Ellis, A. & Tafrate, R.C. (1998). How to Control Your Anger Before It Controls You. NY: Citadel Press. pp. 154-155

六角浩三（1999）『自分のボスは自分だ』組織行動研究所、一四一頁

菅沼憲治（2004）「私のスーパーヴィジョン論」『茨城大学大学院 教育学研究科 学校臨床心理専攻 心理臨床研究』1号、一七―二二頁

田上不二夫・茨木俊夫・上地安昭・小澤康司・沢崎達夫（2005）「カウンセリングとは何か―日本カウンセリング学会定義委員会の報告―」『日本カウンセリング学会会報』七三巻二号

【参考文献】

Ellis, A. (1973). MY PHILOSOPHY OF PSYCHOTHERAPY, Journal of Contemporary Psychotherapy, 6 (1), 13-18.

Ellis, A. (2004). The Road to TOLERANCE The Philosophy of Rational Emotive Behavior Therapy, New York: Prometheus Books.

岩崎　大

自然観と死生観をつなぐ——終末期患者の視線から

「いのちは尊い」ということを否定する者は少ない。いのちの尊さは自明であり、わざわざそれを問い、確認する必要などないようにも思える。同様に、「人を殺してはいけない」ということも、自明である。だが人々は、これら二つの命題に対して「なぜ？」と問われたときに、満足のいく説明をすることができるだろうか。たとえば殺人の否定を、自分がされたら嫌だからとか、悲しむ人がいるからだとか、共同体の維持のため、といった理由で説明できるが、はたしてこれらの説明が、「人を殺してはいけない」という命題の自明性を、正しく表現したものといえるのか。これらの説明は、自明性を守るために後から築かれた防御壁にすぎないのではないか。

自明なことがらを説明できないという事態は、それだけで問題となるわけではなく、自明性が失われるような事態に直面してはじめて問題となる。たとえば耐え難い肉体の苦痛に対する安楽死の問題は、人を殺してはいけないという自明性のうちに思考停止している我々を揺さぶり、説明を要求する。また、特異な精神状態にある者は、自明なはずの命題を踏み越え、殺人や自殺といった事件を起こす。その予防や更生のためには、彼らにいのちの尊さを教育しなければならない。

だが、こうした局所的な諸事例は、問題の一端にすぎない。多くの人間は、いのちの尊さを漠然と実感し、日常においてこれを破棄することなく受容している。ここに表面的な平安が保たれる。しかしながら、漠然たる実感とその受容の間隙には、様々な価値観と行為が侵入し、間接的で曖昧なかたちで、徐々に矛盾を蓄積させ、やがて我々を包み込むような社会的、文化的問題として顕在化する。今日、環境問題と呼ばれる一連の事態も、そのひとつである。「自然といのちは尊い」という自明性を再考するのは、この自明性が現代において実体を喪失しているためであり、この喪失がもたらした社会問題に処するために、自明性の内実を取り戻す哲学が必要なのである。

1　断絶する自然といのち

西洋近代的な自然観は、自然を文明と対置し、支配の対象と考えてきた。自然の猛威に晒されていた人類は、科学技術に象徴される自らの能力で自然を支配、利用することで発展してきた。しかし、地球温暖化や資源問題等の事実の発覚によって、自然が有限であることや、無秩序な自然支配が文明の危機を招くことが明らかとなり、地球規模の反省がなされるようになった。西洋的文脈でいう自然の尊さとは、支配の対象である自然の「貴重さ」からくるものであり、主従関係のうちに相互依存の構造があるように、文明の発達のために、自然は被支配者として不可欠なのである。支配者同士の利害関係を含め、自然をいかに調整的に、最適なかたちで支配するかということが、「サステイナブル・ディベロップメント（持続可能な開発）」の理念に包含されている。

これに対して、東洋的な自然観では、人間と自然は対立構造をとらない。人間は自然のうちで生きるものであり、文明の外なる環境として自然があるわけではない。それゆえ自然は人間に対し貴重な資源として一方的に利用されるのではなく、同一の生活環境のうちで、自立と連帯をもって相互を尊重する「共生」の関係にある。(1) また、アニミズムのように、万物にいのちの宿りを見る場合には、自然は神聖さというかたちで尊さを帯びることにもなる。日本の宗教的土壌にも根付いている「環境との共生」という感覚からくる自然の尊さの自明性は、反対にいえば世界共通の普遍的なものではないということであり、この自明性を的確に説明することは容易ではない。(2)

環境問題に対する取り組みは、西洋近代的、科学的な世界観、自然観に偏重しがちであり、問題そのものが、西洋の進歩発展的な世界観によって引き起こされたと指摘することもできる。エコ・フィロソフィは、西洋的自然観と東洋的自然観の探究から、環境問題に処する思想的根源を問い直し、新たな自然観を模索することをひとつの目標にしている。ただし問題は、環境問題を解決するために西洋的自然観を見直し、東洋的自然観を取り入れるべきだなどという単純な話ではない。そのような応急処置的な価値観の変換は、実現不可能であるばかりか、生き方の指針となる思想的根源を喪失させる危険をも孕む。

自然観とは本来、自然に対する態度として独立に検討されるべきものではない。例えばキリスト教の教義では、この世界は唯一神によって創造され、被造物のなかで人間は神の似姿として特別な存在であり、地上を支配する権能を有するとされている。すなわち自然観とは、この世界の創造や歴史の展開、人間のもつ精神性や死後の世界、神などの霊的存在のあり方といった、様々な要因によって規定されるものであり、ひとつの「大きな物語」を排除して語ることができないのである。自然観とは、より広範な視点である世界観の一側面なのである。

いのちの尊さについても、同様のことがいえる。ここでは便宜上、いのちの尊さについての考え方を、死生観の問題として扱う。ここでいう死生観とは、たんに死とは何か、死後生はいなるものであるかに対する認識ではなく、それらの認識を踏まえて、現実の生と死をいかに意味づけ、いかに生き、そこにいかなる尊さを見るかという、人生観や生命観を内包するもののことを指す。いのちの尊さは、西洋的伝統においては「人間の尊厳（dignitas hominis）」として語られてきたものであり、そこでは人間以外の生物のいのちとの違い、すなわちいのちの質的差異が問題となっていた。アリストテレスは、人間が有する理性という能力を、動物や植物、その他の地上的存在に優位するものとし、人間を最も天上に近い存在とする。キリスト教では、前述のように、人間は神の似姿としてその恩寵を受け取るものであり、信仰をもって生きた人間は、死後、復活して天国へゆくことができる。いのちとはただそこにあるものではなく、神の意志によって存在するものであり、それゆえに尊いものとなる。このような形而上学的な世界観が、いのちの尊さについての西洋的死生観を支えているのである。(3)

洋の東西に関わらず、あらゆる存在の意味や価値は、ひとつの大きな物語によって形成され、自然観と死生観は同じ世界観の一側面としてつながっていた。しかしながら現代では、このような大きな物語は機能しがたい。宗教的世界観の支配力は後退し、自然科学の合理的世界観や、市場経済の功利的世界観が台頭しているのが現在であるが、それらの世界観は、生きる目的や規範、そしていのちの尊さを意味づけるほどの実感を与えないまま、我々の生活を規定している。冒頭の「なぜ人を殺してはいけないのか」という問いについても、生殺与奪は神の意志によってのみ決定されるという、信仰に基づく実感による説明はもはや通用しない。合理的世界観が前進していくなかで、尊さや、意味が欠落していき、功利的世界観は、絶えざる競争を強いて、反省の機を奪っていく。現代社会は立ち止まって生の意味を問うことを不要にするほど、巧妙に人々の行為を規定している。

ただし我々は、自らの死生観や自然観を問われれば、それを語ることができる。自然の尊さやいのちの尊さを肯定することもできる。人間は死後、生まれかわるのか、天国のような別の世界にいくのか、それとも無に帰するだけなのかということについて、人々は自分なりの考えをもっている。あるいは、生活のなかで、庭園をつくったり、自然豊かな名所や古来の聖地に観光に行ったり、特定の生物を食べることを拒否したりといった行動をとっている。その意味で、現代においても死生観や自然観は喪失していない。しかしそれらは、確たる体験や意志に基づくものといえるのだろうか。少なくとも我々の日常において、死生観や自然観についての語りや態度は、その都度の状況に応じた断片的なものにすぎず、生全体に通底するような一貫性を有してはいないのではないか。たとえば死後は無に帰すると考える者でも、神頼みもすれば、墓前で先祖に語りかけ、幽霊や天罰を恐れもするし、聖地に赴いて霊性を感じ、風水に従って部屋を整理することもある。この矛盾は、大きな物語のような実感をもった内実のある生の意味づけの喪失の証左でありながら、日常生活において問題になることはない。

それゆえ、西洋的自然観と東洋的自然観の二項対立という図式は、現実を正しく描写しているとは言い難い。自然観と死生観、さらにそれらをつなぐものである世界観の選択の是非を問う以前に、現代は生の態度を意味づける世界観＝自然観＝死生観が、意味とつながりを喪失しているという事態にある。それらは、映画やマンガなどのエンターテインメント作品や、種々の占いや流行、そしてせいぜい形骸化した慣習のうちにのみ現れる。そして、漠然かつ断片的な体験に基づく自然観や死生観は、実際の危機に直面したときには、その脆弱さを露呈して、解決をもたないまま崩れ去ることとなる。すなわち現代における自然観や死生観は、見た目は悠然としていても、実感に基づく内実をもたないがゆえに、空洞化しているのである。(4)

そして、脆弱かつ断絶した世界観＝自然観＝死生観で安寧をえていた我々はいま、徐々にではあるが、自然観と死生観を真に問われる危機的状況へと追いやられている。本論でとりあげる危機のひとつは環境問題であり、ひとつは終末期医療の問題である。現状ではそれらは独立した問題であるが、この危機は、世界観＝自然観＝死生観を取り戻す契機になりうるものであり、問題の本質を探究する哲学は、そのつながりの回復に、個々の問題解決以上の可能性を見いだすこととなる。

2　見える問題と見えない問題

環境問題は、無論、未解決である。自然環境への取り組みは地球規模の問題であり、人類全体の利害に関わる。環境問題の原因や現状、そして将来の予測は、自然科学によって説明することが可能であり、それゆえに教育さえできれば、誰もが共有できる問題となる。だが、環境問題の難点は、利害関係者間の利害の差異と、環境問題の優先順位の低さにある。それぞれについて、ここで詳述はしないが、前者は、たとえば工業国による二酸化炭素の大量排出という環境負荷の高い行為の代償は、その主体ではないツバルやバングラデシュのような国の水没として現れるといったように、社会構造によって、主体が不明瞭のまま、一部の人々が損害を被るという、構造的暴力が機能する。環境問題は国境の区別をもたないゆえに、共有地の悲劇やフリーライダーといったジレンマをもたらす地政学的な問題となる。それにも関連する後者の困難は、経済発展や個人の利益が、環境問題によって予想される害への対応よりも優先されてしまうことである。環境問題がもたらす実害が、他人、他国、他地域、他世代の被るものであるならば、環境問題を問題として認知していようと、個人の行為選択における優先順位は低くなるし、自らに実害が生じるとしても、その害の程度、時差、実感のなさを考慮すれば、環境配慮行動が選択されることはない。

一方、死生観の問題として扱う終末期医療の問題は[5]、病を治療することを目的とする西洋医学が、治療不可能な病に罹患している、いわば敗北の象徴である終末期患者に応じる術を持ちえなかったというところからはじまった。そしてこの問題は、一九六〇年代に生じるホスピス・ムーブメントによって、治療中心、延命のための医療ではなく、終末期患者の苦悩と心理に寄り添い、疼痛緩和やケアを中心に行うという、従来の医療とは異なる新たな価値観が普及することで、それを実現するためのケアとはいかなるものかというかたちで、現代に引き継がれている。

ただし、死生観とは本来、死後生という経験不可能な事象を含む非合理性を有するがゆえに、個人的かつ文化的な信念に委ねられるべきものであり、自然科学的な説明によって正しい死生観を解明し、共有するというものではない。また、死は確実なものと認識されているため、地球温暖化という事態そのものの解消を目指す環境問題のように、問題の対象それ自体（死や死にゆくこと）の解消を目指すものでもない。

さらに、医療現場ではいのちの尊さに関わる尊厳死（death with dignity）が語られることもある。尊厳死とは、「人間としての尊厳をもって死ぬこと」を意味する広範な概念であり、必ずしも安楽死や治療中止に結びつくものではない。医療現場では、いかなる態度や状態に尊厳を認めるかということは、主に本人の自律によって判断される。死への態度や尊厳ある生の判断が、答えのない個人的な問題であるにも関わらず、現代人の大半の死に場所が医療現場であり、医療が、死に関わる人々の恐怖や不安、生の意味喪失による絶望や悲嘆といった状況に応じるものである限り、死生観は社会問題となる。そしてこの社会問題は、明らかに医療の範疇を越えている。苦悩の固有な内実も、それに対する態度も、またこの問題が抱える文化的影響も、自然科学や医療では抽出することができない。ここでは、成功と失敗、あるいは利害というかたちでは結果を判断しえない、「よく生きる」ための哲学ないし宗教が求められている。(6)

3　いのちの現場にある風景

ここからは、現代における世界観＝自然観＝死生観の空洞化と、それに伴う自然といのちの尊さについての自明性の喪失という状況に対する哲学の可能性を具体的に考えていきたい。そのフィールドとして、まさにこの状況がうみだした社会問題のひとつである、終末期医療の臨床を扱っていく。筆者は東京都内にあるS病院の院内独立型ホスピスにおいて、二〇〇八年から約二年間、ボランティアとして活動した。(7)ホスピスにおけるボランティアの活動や存在意義は施設によって様々であるが、S病院においては、マッサージ、入浴補助、外出の同伴、室内の清掃、配膳、カフェラウンジでの応対等の、患者と直接的に接触や会話をする活動のほか、庭掃除、病室内の小物の作成、各種イベントの準備や運営補助といった、患者と対面しない間接的な活動も行う。S病院では、医師や看護師などの医療従事者よりもはるかに多人数のボランティアが日常業務を支えており、数ヶ月に及ぶ事前研修を経て、ボランティアコーディネーターや先輩ボランティアの指導の下で、庭掃除等の間接的活動から作業を開始する。ボランティアの教育や統制は比較的厳格である。ボランティア活動は原則週に一度とし、曜日ごとにチームが組まれる。月に一回程度、定期的に全曜日合同ミーティングとして、医師等による講演、ワークショップなども開催している。毎週の活動は、一週間分の情報の共有（死亡報告も含む）からはじまり、その後のミーティングでは、その日の活動報告と反省を行い、どのように対処するべきであったのか、答えのない問題について話し合う。ボランティアは近隣に住む主婦が中心であり、定年で仕事に一区切りをつけた男性も僅かばかりいる。そのなかにはがんに罹患した経験のある者や、同ホスピスで看取りを経験した者もいた。

キューブラー＝ロスの段階説からもわかるように、(8) 終末期患者といっても、その症状や心理状態は様々な変遷を辿るものであり、一様ではない。患者は、朝と夜で別人のような態度をとることもあり、同じ行為に対して感謝することもあれば、憤慨することもある。ただ笑っていたというだけで、患者の抑鬱を招くこともある。それゆえに、患者とのコミュニケーションは、たとえ間接的であっても、鋭敏かつ柔軟な対応が求められる。このようなデリケートな存在である終末期患者に、専門知識のない一般人であるボランティアを関わらせることは、患者の心理面でも、病院の責任問題としても危険なことのように思える。ボランティア研修の際にもその危険性についての様々な教育があった。たとえば、ボランティアは患者と約束をしてはいけない。なぜならボランティアが次に活動に来るときに、患者が生きている保証はなく、その約束は、患者にとってもボランティアにとっても負担になってしまうからである。たしかにホスピスボランティアは直接に治療に関わることはなく[9]、その意味で必要な存在ではない。しかしホスピスに特有の役割を担うためには、ボランティアは必要な存在となる。ここでは、自然といのちの尊さを考えるという本論の趣旨に沿い、庭掃除という間接的活動から、その役割を説明する。

患者が毎日を過ごす部屋からは、いくつかある英国風の庭園のいずれかが必ず見えるようになっている。見えるというのは、ベッドに横たわっていても視野に入るということである。それゆえ、病室にいる患者の視線には、庭の手入れをするボランティアが日常的に目に映ることになる。ボランティアは研修の際に、庭掃除の具体的な作業内容を教わるのだが、その前に、最も重要なことを教わる。それは、庭掃除の目的は庭の掃除ではないということ、庭掃除の一番の目的は、「庭を掃除するという風景になる」こと、という教えである。

患者の多くはホスピスを終の棲家とし、この先の人生を病院という公的空間で過ごす。当然、医療従事者は医療従事者として患者に接する。患者を取り巻く主な人間は、医療従事者という専門家集団と、家族に限定される。これは健康であったときの日常生活とは懸け離れた環境である。患者は病によって、身体機能のみならず、社会的立場や人間関係をも喪失する。

ＷＨＯは緩和ケアを、「痛みや、その他の肉体的、心理社会的、そしてスピリチュアルな問題を迅速に発見し、的確な評価と対応をする」行為と規定している。[10] すなわち緩和ケアとは、病気に対する医学的治療以上の、患者の生そのものに応じる「全人的アプローチ」を主目的とするという特徴をもつ。[11] そして、ホスピスにおけるボランティアの役割は、喪失した関係性への対応にある。Ｓ病院ではこれを「社会の風になる」と表現する。病院という隔離された環境のなかで、壁の向こうにある日常の空気を送る風になるのである。専門家でもない、人生を共に過ごした家族でもない、この社会のなかで生きている他人として患者と関わることが、多様な人間関係の保持と、壁の向こうの社会とのつながりを可能にするのである。

「庭を掃除するという風景になる」という言葉の意味を考えてほしい。ホスピスボランティアにおける庭掃除の目的は、社会の風として、患者の視線に入ることにある。そしてこの風景には、自然といのちのつながりを回復する可能性が潜在している。

庭掃除の風景になるための技術というものがある。庭掃除の活動において、ボランティアは不特定多数の患者からの視線を受けていることを自覚しつつ、風景であることに徹する。哲学的な他者論に基づいて語るならば、風景であることに徹するとは、即自存在（être-en-soi）として客体であり続けるということであり、決してまなざしによって患者を客体として他有化させないということである。[12] 他者、とり

ジャン＝フランソワ＝ミレー『落穂拾い』
厳密にいえば左の二人の女性にはまなざしが予感されうるので、右の女性のような角度での作業が望ましい。

わけ健康な他者のまなざしは、見られている自分を意識させ、患者の自己否定的な反省を促し、悲惨な現実を固定化させる。まなざしに対する反応は、苦悩、羞恥、怒りなど、患者によって様々であるが、不意に視界に入る人間が、外からこちらにまなざしを向けることは、的確なケアとは程遠い暴力的な態度となるのである。それゆえボランティアは、常に病棟に背を向けて、それもあからさまにならないように、完全に背を向けるのではなく、やや斜めの姿勢をとって掃除をする。決してまなざしを向けないこと、またその可能性すら疑わせないこと、これが庭掃除におけるケアのかたちであり、このとき、掃除をする人間は、同じく即自存在たる自然との境界を融解させ、次第に一体化し、ひとつの風景となる。その風景はちょうど、ミレーの『落穂拾い』のような風景である。患者は、部屋で横たわりながらも、こうした自然と人間が一体化した風景を、日々の体験として蓄積していくのである。

庭掃除に限っても、風景となる工夫は無数に存在する。まなざしを向けないことの他にも、素早い動きは避けるとか、力任せや危険な体勢での作業は、どんなに自信があってもしないとか、複数人が集まって話をしないとか、そうした、風景から切り離されて意識されるような人間的な行動はしてはならない。

風景になるという目的ひとつで、ボランティアにも意識のモードの変化が生じ、認識や行為についての様々な選択肢が現れてくる。たとえば竹箒で落ち葉を掃いていれば、その擦れる音に意識が向かう。音もまた風景である。この擦れる音も、ある程度規則性のあるリズムにすれば、心地良く聞こえるのではないか。一定のリズムを保ちつつ、違和感のない所作を行うためには、落ち葉の集め方をどのようにすればよいか。このとき掃除の効率性は全く考慮する必要はない。極端にいえば掃除をしたフリでも構わないのである。このようにして、ひとつの気付きから行為可能性が拡散してゆく。日常生活とは異なる価値観や態度への気付きは、個々の能力によるところもあるが、気付きや疑問に思ったことは、ミーティングの際に共有する。そこでまた多様性が確保され、自らの行為の誤りに気付くこともある。

筆者は、庭や病棟にある蜘蛛の巣をどう扱うべきか、ミーティングで問うた。その答えは様々であり、実際にボランティアそれぞれが異なる対応をしていた。ある者は、自分が日常そうするように、蜘蛛の巣は清潔を保つためや、蜘蛛を追い払うために除去すると語り、ある者は、生命の営みを妨げることで患者が自らの生と重ねてしまうかもしれないので、そのままにすると語り、またある者は蜘蛛の巣は美しいものであると語る。この問いに最終的な答えがあるわけではない。患者の性格やそのときの状態によって、より良い結果というものは変わってくるし、何が最も正しい行為であったかは確かめようもない。ボランティアは、蜘蛛の巣を見るであろう患者の情報を頭に入れつつ、各々の異なる意見を踏まえたうえで、その都度自分で判断するしかない。このときの患者への気遣いには、「自分だったら」ではなく、また「普通だったら」でもなく、「死を間近に感じている○○さんだったら」という意識が働いている。自分の考えやとるべき態度は、常に個人やミーティングのなかで模索され続け、その過程が脈々とボランティアに受け継がれていく。ボランティアは、患者の知らないところで最適な環境構築のための努力をしているのである。

終末期医療において、庭園などの自然環境は重要なケアの要素とされる。患者の心理面に配慮するとき、自然を見て、ときに自然の中に入ることは有効な方法と考えられている[13]。それは鬱病患者が自然豊かな施設で療養する場合にもいえることである。終末期患者と鬱病患者では病態が異なるが、緑に囲まれたときに感じる美しい光景と空気感、動植物たちのゆっくりとした時間の流れ、そうした体験は、精神的苦悩に対して、なんらかの癒し、気付き、反省を促進する機能をもつということは、病者によらず、誰しもが体験するところである。科学技術の結実たる医療現場での生活において、自然環境がもたらす心理的効用に疑う余地はない。自然環境もまた、非日常的空間である病院に持ち込まれた日常である。

健康な人間である筆者も、庭掃除という作業を行うことで、四季の移り変わりや、動植物たちの機微にふれるという新鮮な体験をえた。この体験は、通勤で駅に向かうまでに肌で感じる空気や、目に映る街路樹でも感じることができたはずのものである。しかしながら多忙な日常生活のなかでは、そこにあるはずの自然に気付き、立ち止まって意識するという可能性が欠如している。意識のモードが変化したとき、環境は意味を変え、その環境がまた新たな意識のモードをつくりだす。こうした作用が、ホスピスにおける庭園で生じているのである。

4　臨床でつながる自然といのち

では、終末期患者にとっての自然環境とは、健康な人間が日々の生活から少しでも抜け出すことで得られる心理的効用と同様の役割を担うにすぎないのだろうか。また、ホスピスにおける庭園は、代替可能な心理療法の一手段にすぎないのであろうか。

終末期患者に特有の状況とは、自らの死が差し迫っているということにある。このとき患者は、死そのもの（Death）に対する苦悩と、それへと徐々に向かっていくなかで体験する様々な喪失過程としての、死にゆくこと（Dying）に対する苦悩を感じることになる。[14] たしかに、やがて死が訪れるということ、そして死に向かって徐々に老いていくことは、誰しもにあてはまる状況ではある。しかし問題は、死が差し迫っているという意識にあり、ハイデガーの言葉を使えば、死を我がものとして本来的に（eigentlich）意識しているか、ということである。[15] がんとの長年に渡る戦いを経験した岸本は、差し迫った死を意識した人間を「生命飢餓状態」にあると表現しているが、差し迫りの有無は、空腹な人間が激しく食物を欲することと、満腹な人間が食物について論じることほどに決定的な差異があると述べる。[16] この生命飢餓状態にある終末期患者にとって、自然環境というものは特別な意味をもちうるのだろうか。自らの間近な死を意識した作家、高見順は以下のような詩を残している。[17]

電車の窓の外は／光りにみち／喜びにみち／いきいきといきづいている／この世ともうお別れかと思うと／見なれた景色が／急に新鮮に見えてきた／この世が／人間も自然も／幸福にみちみちている／だのに私は死なねばならぬ／だのにこの世は実にしあわせそうだ／それが私の心を悲しませないで／かえって私の悲しみを慰めてくれる／私の胸に感動があふれ／胸がつまって涙が出そうになる／団地のアパートのひとつひとつの窓に／ふりそそぐ暖かい日ざし／楽しくさえずりながら／飛

び交うスズメの群／光る風／喜ぶ川面／微笑のようなそのさざなみ／かなたの京浜工業地帯の／高い煙突から勢いよく立ちのぼるけむり／電車の窓から見えるこれらすべては／生命あるもののごとくに／生きている／力にみち／生命にかがやいて見える／線路脇の道を／足ばやに行く出勤の人たちよ／おはよう諸君／みんな元気で働いている（引用文中のスラッシュ「／」は原文では改行）

この詩は、視線に映る電車の窓の外の風景が、作家自らの死の本来的自覚によって変容していくその体験を綴ったものである。日常の風景は生と死という意識のモードにおいて非日常化し、美しく輝きだす。そしてこの風景のなかにある植物も、動物も、無機物や自然現象でさえもが、幸福に満ち、また作家を幸福にさせる尊いものとなる。作家の視線の最後に映った通勤する人々は、ホスピスの窓の外に映るボランティアに重なる。決してこちらを向くことのない、日常を生きる他者。風景のなかで人間と自然は融解するが、目に映る他者は、患者と同じ人間でもある。自然のいのち、他者のいのち、それは死にゆく自身のいのちともつながっていく。窓の外で繰り返し目に映る風景は、自らの死の自覚を契機に発現した生と死という意識のモードによって、自然と人間のいのちのつながりと尊さを実感させ、自らのいのちに対する意識と態度を変容させる可能性をもつ。

ただし、衰弱していく身体のなかで病や死に対する激しい感情と戦う患者にとって、目に映る自然の美しさ、力強さ、普遍性、ゆっくりとした時の流れは、ときに暴力的ですらある。それゆえ患者は、風景としての自然を憎悪することもあれば、自らの無力さを感じて抑鬱状態に陥ることもある。しかしながらS病院では、患者の自己否定的態度や攻撃的態度、そして抑鬱状態は、緩和医療における適切なケアよって、次第に変容し、患者はやがて自らの死を受け入れ、他者に感謝して最期を迎えることができる、という信念をもって活動している[18]。適切なケアとは、医師や看護師に限らず、ソーシャルワーカーや法律家などの様々な専門家に、家族や友人も含めたチームによって実現する[19]。このチームケアには、可能な限り苦悩の原因となっている諸事象を解消ないし緩和するというかたちのケアに加えて、より根源的な苦悩、すなわち生と死を意識して苦悩するという、死生観に関わる問題に応じるケアも含まれる。風景となるボランティアは、いのちに対する意識の変容を促し、固有の死生観を形成させる契機となるケアを行っている。

ホスピスの風景は、特定の死生観を喚起するためのものではない。そこで生じる意識の変容は、いのちのつながりから輪廻転生を自覚する仏教的な死生観にも、約束された天国に希望を抱くキリスト教的死生観にもなれば、自らは虚無と化しても、その先になんらかの希望や安心を見いだす死生観にもなる。終末期患者には、いわゆる「お迎え体験」といわれる、死後生に関する神秘体験をする者が少なくない[20]。この体験が真実であるか、それともせん妄、幻覚の類であるかということは問題ではない。問題はその体験によって、患者の世界観＝自然観＝死生観が、自らの生を意味づけるものとして内実をもつか否かであり、求められるのは、キルケゴールが客観的真理と対置するところの、「私がそれのために生き、そして死にたいと思うようなイデー」たる主体的真理である[21]。生と死のモードで見た世界は、自然といのちの尊さという自明性を実感し、自らの生と死、そして自然に対する態度を変容させる。それは単なる苦痛苦悩の解消という医学的な意味を超えた、「よく生きること」を実現する哲学的意義をもつものでもある。

5 結 語

終末期患者の世界観＝自然観＝死生観の結合と内実化は、医療現場という非日常の局所での出来事であり、日常を生きる人々には関わりが薄く、実感を有し難い。一方、地球温暖化などの環境問題は、地球規模の問題ではあるが、そのスケールの大きさゆえに、同じく実感を有し難いものである。自然観と死生観に関する二つの問題は、現代の危機的状況として間違いなく存在しており、この危機が実感をもって意識されたとき、我々の世界観＝自然観＝死生観の問い直しを迫る。そして、ホスピスの臨床は、危機の自覚とそれへの対応が、問題解決とは別に、我々の「よりよい生」への気づきをもたらす契機にもなりうるということを示している。

だが自然も死も、日常における意識可能性として、優先順位は極めて低い。実感し難い危機を危機として意識し、生の態度に結びつけることは、簡単なことではない。大事なことだとわかっていても、目の前に他の問題があれば無視される。だからこそ、いたずらに危機をあおり、解決のための協力を求めるという直接的な訴えは、あまり有効な手段とはいえない。むしろ問題解決という目的は一旦保留し、自己肯定的で可能性に開かれた「よりよい生」への変容を誘発させることで、その結果として問題を解決させるという手順の方が、より現実的である。体系的な思想と実践を教え伝えるのではなく、ある環境を用意することで、人々が自発的に意識を変容、拡張させていくことを目指すのが、エコ・フィロソフィの手法である。それは哲学といっても、極めて実践的な環境構築の作業である。環境問題の科学的実証性は、政策や市場を動かす力をもっている。終末期医療のケアは、自然といのちの尊さを実感させる現場をもっている。二つの危機が有する長所を生かし、短所を補い合うことで、ホスピスの風景が可能にしたような「よりよい生」への変容を、日常の体験へと拡張すること。そのための環境をデザインすることは、終末期の問題と環境問題の解決を帰結させるような、現代社会に対する哲学的なケアとなる。

（1）竹村牧男「持続可能性を実現する共生社会をめざして」松尾友矩、竹村牧男、稲垣諭編『エコ・フィロソフィ入門』ノンブル社、二〇一〇年、二二頁。

（2）松尾友矩「「環境との共生」の実現に向けて」竹村牧男、松尾友矩編著『共生のかたち―「共生学」の構築をめざして―』所収、誠信書房、二〇〇六年、二三九頁。

（3）ただし人間の尊厳に関わる言説は、人間の存在それ自体に尊厳を認めるのではなく、能力を発揮することによってはじめて尊厳を認めるものであった。それはつまり、能力を発揮できない弱者、病者に尊厳を認めないということでもある。この問題は現在でも、尊厳死や人工妊娠中絶等の生死の決定に関わるパーソン論として議論されている。また、能力としての尊厳の確保は、人種、教育、階級、性別等の差別にもつながっている。

（4）死生観の空洞化については、広井良典『死生観を問い直す』（筑摩書房、二〇〇一年）を参照。

（5）死生観の問題としては、自殺や殺人などを挙げることもできる。現代的な自殺の特徴は、固有の世界観による生の挫折というよりも、空洞化した薄弱な死生観が、現実の危機による視野狭窄と相俟って生じている、意志を欠いたものと考えられる点である。

（6）医療を越えた哲学的なコミュニケーションについては拙著『死生学―死の隠蔽から自己確信へ―』（春風社、二〇一五年）を参照。

（7）以下、本論では、在宅医療を含むケア体制としてのホスピスプログラムのうち、特定の施設およびそのうちで行われるケアという意味に限定して、ホスピスという語を用いる。ただし欧米でのホスピスケアは、在宅医療が主流であるという点は留意されたい。

（8）cf. Elisabeth Kübler-Ross, *On Death and Dying*, Macmillan Publishing Company New York, 1969.（『死ぬ瞬間』鈴木晶訳、中央公論新社、二〇〇一年）

（9）ただし、例えばボランティアによるマッサージなどは専門的ではない疼痛緩和に関わる行為であり、後述するように、ボランティアは患者の病態に無関係ではない。

（10）緩和ケアにおけるスピリチュアル（spiritual）という語は、日本語でこの語を用いる際の心霊現象といった意味合いとは異なる。たしかに西洋においてもspiritはキリスト教では「聖霊」を意味する語であり、伝統的には宗教概念として用いられている。しかしながらスピリチュアルという語は、宗教的意味合いのみならず、より広範な意味で、身体（physical）や心理（mental）とは異なる、人間の本質的な生の領域を示す哲学的要素をもつ。訳語としては、「霊的」というものがあるが、宗教性に限定しないために「魂」や「実存」とする場合もある。本来は「精神」と訳すべきものであるが、日本語においては心理的な病（mental illness）を精神病と呼ぶため、これと区別できないという弊害があり、現状では「スピリチュアル」とカタカナ表記することが通例となっている。

（11）cf. World Health Organization, *WHO Definition of Palliative Care*, 2002.

（12）cf. Jean-Paul Sartre, *L'être et le néant*, Gallimard, 1943.（『存在と無』松浪信三郎訳、人文書院、一九五六年）

（13）患者は自立歩行や車いすのみならず、ベッドのまま外に出ることもある。

（14）キューブラー＝ロスはこの二つの死に対する反応を、反応的抑鬱（reactive depression）と準備的抑鬱

(preparatory depression) と表現している (cf. Kübler-Ross, op. cit., *On Death and Dying*, p. 78)。

(15)「eigentlich」とは真偽の意味での本来性ではなく、独自、固有 (eigen) という意味での本来性を意味するものであり、その否定形である「uneigentlich」とは、偽り、あるいは誤った生としての非本来性を意味するわけではない (vgl. Martin Heidegger, *Sein und Zeit*, Max Niemeyer verlag Tübingen, 2001.〈『存在と時間』原佑、渡辺二郎訳、中央公論社、一九七一年〉)。

(16) 参照：岸本英夫『死を見つめる心　ガンとたたかった十年間』講談社、一九七三年、一一―一二頁。

(17) 参照：高見順「電車の窓の外は」『死の淵より』所収、講談社、二〇一三年、五四―五六頁。

(18) 現状では緩和医療、緩和ケアと名の付く医療施設、医療行為が全てこの信念を有しているとはいいがたく、また、終末期患者が必ずしも死を受容して死ぬことがないということは、段階説を発表したキューブラー＝ロス自身が、怒りに満ちたまま最期を迎えたことからも明らかである。

(19) 家族や友人は、患者をケアするチームであると同時に、彼ら自身も予期悲嘆や死別悲嘆を含めた長期的なグリーフケアの対象として扱う必要がある。

(20) 諸岡らの、死別を経験した遺族に対する調査によれば、三六六件中一五五件が、患者が「他人にはみえない人の存在や風景」について語ったとされている（参照：諸岡了介、桐原健真「〝あの世〟はどこへ行ったか」『どう生き　どう死ぬか　現場から考える死生学』所収、弓箭書院、二〇〇九年、一七〇頁）。

(21) **Søren Kierkegaard**, *Søren Kierkegaard's journals and papers, volume 5 Autobiographical Part One 1829-1848*, Howard V. Hong and Edna H. Hong, ed., Indiana University Press, 1978.（キルケゴール「ギー

レライエの手記」『世界の名著四〇　キルケゴール』所収、桝田啓三郎訳、中央公論社、一九六六年、二〇頁）

第3部　新しい知の創生へ——自然と人間のかかわりのために

岡野守也

自然といのちの尊さの根拠——宇宙的ヒエラルキーとバランス

根拠を問うこと

「自然」という言葉は、もっとも拡大すれば「全宇宙」という意味も持ちうるが、ここではまず、人間とはいちおう区別できる「人間以外の生命と非生命が織りなしている地球生態系」という意味で使っておきたい。

もちろん正確・厳密に言えば人間も地球生態系の一部でありそのなかに含まれているのだが、人類の文明史を振り返ってみると、そういう意味での自然といのちを必ずしも尊んできたとは言えない。それどころか、しばしばあまりにも無残に破壊してきたというのが歴史の事実ではないだろうか。「文明の後に沙漠が残る」ということわざもあるとおり、いわゆる四大文明を含むきわめて多くの文明が、自然を利用というより乱用し収奪し破壊し、その結果自らも滅びている。

また、そのプロセスで多くの生命種が絶滅してきた。というか、人間の営みの直接・間接の影響によって絶滅させられてきた。

さらに文明史は戦争の歴史でもあって、敵のいのちは尊重されるどころか、むしろ憎まれ、否定され、抹殺されてきたし、多くの支配者は兵士やさらには民衆のいのちを軽んじてきたのではないだろうか。

そうした事実を見ることなしに「自然といのちの尊さ」を語ることは、根拠を問うことなく議論の余地のない自明のこととしてそうした価値観を共有しているエコロジストやヒューマニストのグループのなかでは一定の意味を持つように見えるとしても、自然といのちを軽視し破壊する人々に対する本質的な対抗力、抑止力、さらには説得－教育－治癒力を生み出すものにはなりえないのではないだろうか。

私たちにとって、いわば予め合意した仲間内で、「そうだ、そうだ」と合意を確認することではなく、合意していない人々も指摘されて気づけば認めざるを得ないような根拠を明らかにすることによって、そうした人々に対する対抗力、抑止力、さらには説得－教育－治癒力を獲得することこそが課題なのではないか。そうした力を獲得するためには、どのような根拠で、自然といのちを軽視し破壊する人々に対して根源的な「ノー」を言うことができるのかが明らかにされる必要があるのではないだろうか。

今回、「自然といのちの尊さを考える」ことが自明のこととして語られることなく、根拠を問い直すべき議論のテーマとされたことは、そういう意味で非常に意義深いと思う。

普遍的な根拠は見いだしうるか

さて、「自然といのちの尊さを考える」というテーマが本質的に意味あるものになるためには、尊い－尊くないという価値づけにどういう普遍的（universal）な——つまり時代や文化や立場を超え誰にでも通用する——根拠があるのかを明らかにする必要がある。もしそうした根拠がないとすれば、自然といのちを尊いと思うか思わないかは、単なる主観や趣味や性向の違いにすぎないことになってしまうだろう。

ところが、一九七〇年代以降、日本の思想ジャーナリズムの世界には、欧米のいわゆるポストモダン的な思潮の影響下で価値相対主義が圧倒的に流行しており、普遍的な価値づけに絶対的な根拠はなく、語ろうとすること自体無意味なのだ、という雰囲気が広がっている。そしてその雰囲気はメディアによって広範囲に拡散され、特に若い世代に、ニヒリズム－エゴイズム－快楽主義の蔓延をもたらしていると思われる。

そうした状況をはっきり意識したうえで、はたして「自然といのちの尊さを考える」ことが可能なのかということを問うていきたい（以下の考察は、エリッヒ・ヤンツやケン・ウィルバーの仕事に大きなヒントを得つつ、さらに筆者自身の知見・考察を加えたものである）。

価値づけとヒエラルキー

さて、「尊い」ということが語られるためには価値づけが必要であり、価値づけには、もっとシンプルな「価値がある－ない」からより複雑な「価値がより高い－より低い」まで、ともかく階層・ヒエラルキーを想定する必要がある。

階層・ヒエラルキーはどんなものであれ差別・抑圧的なものであり、ヒエラルキーなしの平等こそが正しいのだとする、「すべてのいのちは平等である・等しく尊い」とか「自然（のすべて）は尊ばれるべきだ」といった言い方は、一見非常に美しく見えるが、それを実行しようとすると大変なディレンマに陥ることになる。

典型的には、宮沢賢治の『よだかの星』という童話があるが、よだかは虫を食べることさえいのちを奪うことだと考えて、悩んだあげく、いっさい食べることをやめて天に上っていき、その心を憐れんだ神がよだかを星にする、という結末に到っている。「すべてのいのちは等しく尊い」、だから「食べること＝他のいのちを奪うことは悪である」とすると、悪を否定しようとすれば、食べることを拒否し、その結果、死ぬしかない、ということになるのである。

だが、食べないで死ぬことは自分のいのちを否定すること、すなわち尊ばないことになるのではないだろうか。「すべてのいのち」のなかには自分のいのちだけは含まれないのだろうか。

例えば、細菌もいのちの一種であるが、免疫細胞が体内に入った細菌を殺すことは悪ではないのだろうか。あるいはさらに、薬によって細菌を殺すことは悪ではないのだろうか。

しかし、免疫細胞や薬によって細菌を殺さないと、人間のいのちが失われることになるが、それは悪ではないのだろうか。

単純かつ教条的に「すべてのいのちは等しく尊い」と考えると、必ずそうしたディレンマに陥る。そうしたディレンマのない世界を想像するとすれば、光合成によって自らの生命エネルギーを調達できる光合成微生物と植物だけの世界であろう。

しかし、それは現実の地球生態系つまり自然の姿ではない。生命の進化史の語るところによれば、生命は、きわめて初期に光合成微生物とそれを食べる（つまり殺す）微生物に分化している。さらに、植物とそれを食べる動物、その動物を食べる動物というふうに分化し、いわゆる「食物連鎖」というシステムが出来上がっている。

まだ自然保護－動物愛護の運動が思想的に未熟な時代、北アメリカ・ロッキー山麓であったエピソードだそうだが、クロオジカを保護するつもりでコヨーテやピューマ、オオカミを撃って激減、全滅させたところ、クロオジカは繁殖しすぎ、その地域の食物を食い尽して結局全滅の危機に瀕した。そこで、それらの捕食動物を撃つことをやめたところ、クロオジカの数が調整されるようになり、地域の生態系のバランスが回復した、という。

すなわち捕食－被捕食、つまり食べる＝殺す－食べられる＝殺されるということは、個体のいのちだけを見れば残酷に見えても、全体としては食物連鎖の一環であり、種と種、動物と植物のバランスを保つことで地域の生態系全体を維持していくうえでは必要なことだったのである。

この「食物連鎖」は、誰か人間が自分勝手な営みとして生み出したものではない。生命進化のプロセスで生み出されたシステムである。そういう意味で、食べる－食べられること、つまりいのちを奪う－奪われるということが起こるのは、人間も含むどの生物種もエゴイズムやいのちの尊厳の蹂躙として行なっていることではなく、いわば自然の自然な営みであると言うべきだろう。

生物学では「食物連鎖」はしばしばピラミッド型のヒエラルキーとして表現され、その頂点に人間が置かれている。これは、「すべての生命の平等性」を無視した人間の勝手な価値づけのヒエラルキーなのだろうか、それとも自然そのものが進化のプロセスで生み出してきた、そういう意味で自然なヒエラルキーなのだろうか。それは後述の宇宙進化という視点からしても自然なヒエラルキーだと見るほかない、と筆者は考える。

江戸時代、石門心学を開いた石田梅岩（一六八五―一七四四）が禅僧と、一切の生きとし生けるものへの憐れみと他の生き物を食べることは矛盾するのではないかという論争をした時、

天道は万物を生じて其生じたる者を以て其生じたる物を養。其生じたる物が其生じたるを食う。万物に天の賦し与ふる理は同じといえども、形に貴賤あり。貴きが賤きを食ふは天の道なり。……貴き人間佛が賤き五穀佛果佛より水火佛までを食ふて、世界は立ものなり（『石田梅岩全集』清文堂出版、原文はカタカナ表記）。

と喝破したというエピソードがあるが、みごとに事の本質を言い当てていると思う。

しかもヒエラルキーの上層にある人間や肉食の動物もやがて必ず死に、微生物によって腐敗・分解され、分解された有機物に含まれる窒素、リン酸、カリなどはやがて植物によって吸収される（つまりいわば食べられる）のであり、上層にある生物は下層にある生物さらには物質なしに存在しえない、とい

う意味で、このヒエラルキーは単純に独裁的・閉鎖的・一方向的なものではない。ある種のループ・円環をなしながら、しかし同時にヒエラルキーでもあるといったシステムなのである。

　この円環をなす階層構造は、地球の進化史が生み出したものであって、人為的な差別・抑圧的な階層とは区別されるべきものであり、バランスを保ちながら生態系が維持されていくために不可欠なものだ、と思われる。


自己組織化－自己複雑化－階層構造化する宇宙

　さらに遡れば、こうした階層構造は宇宙一三八億年の進化史が生み出したものだと考えられる。以下、そのプロセスを大まかに見ていきたい。

　現代科学の宇宙論の標準仮説によれば、我々の宇宙は一三八億年前にいわゆるビッグバンによって創発したとされる。ビッグバン直前の宇宙は、現在の宇宙のすべてが一〇のマイナス三四センチメートルという極微のいわば球であり、それは原子や素粒子よりも小さく、物質というかたちではなくエネルギーだったという。その一点に凝縮していた宇宙エネルギーが爆発的に拡大して現在の宇宙の姿になったのである。

そのプロセスで、きわめて大づかみに言えば、宇宙はエネルギーからクォークやレプトンといった極微の物質と空間と時間へと分化し、物質はさらに原子、分子、高分子と複雑化していった。これは宇宙エネルギー自身の複雑化なので、「自己複雑化」と呼ばれる。しかもそれは混沌・無秩序状態に複雑になったのではなく、例えば水素原子のように一つの陽子の周りを一つの電子が回るといったシステムとなったので、「自己組織化」とも言われる。

宇宙の歴史・宇宙進化史は、別の言葉で言えば宇宙（エネルギー）の自己組織化・自己複雑化の歴史なのである。そして、そういう意味で、宇宙進化史は、アトランダムやカオスやでたらめではなく、自己組織化・自己複雑化というはっきりした指向性を持っている。それは、解釈によっては宇宙には「志向性」すなわち意思があると捉えることもできるし、実際、そう解釈する一流の宇宙論科学者も少なくない。

そうした宇宙進化の方向性としての自己複雑化は、単独の陽子だけ、電子だけの状態から水素原子へという例を考えても、ある種のステップアップ、これまでなかった次元が創発すること、つまり階層が上がることと捉えることができる。しかも、階層が上がることによって、それ以前に存在しなかった新しくより複雑な組織が形成されるのだから、「階層構造化」と表現することもできるだろう。

初期の水素が充満した宇宙では、水素原子同士が重力によって引き合い、巨大な水素の球（星の原型）

を形成し、やがて水素原子同士の圧力がその中心部できわめて高くなり、その圧力と熱によって水素の電子軌道が破壊されて、水素原子同士の陽子の核融合が起こったと推測される。その核融合エネルギーが光と熱となって、巨大な水素の球の外側に放出されるようになった時が、光を放ついわゆる「星」の創発である。

星の内部では、核融合により、陽子二つ（中性子が含まれることもある）の周りを二つの電子が回るヘリウム、陽子三つに電子三つのリチウム、四－四のベリリウム、五－五のホウ素、さらに炭素、窒素、酸素……原子番号二六の鉄までが作られていく。

マクロなレベルでは星が集まって星団をなし、星雲となり、銀河となっていく。そうした銀河のなかの一つとして、我々の天の川銀河も創発し、その内部で星の爆発・超新星爆発が起こり、爆発によって吹き飛ばされた物質が重力によって引き合ってやがて太陽系という惑星構造を生み出した。

簡略化のために詳細なプロセスは省略するが、こうした宇宙の自己組織化・階層構造化は、地球において、ミクロ・レベルでは原子－分子－高分子と進み、高分子の複雑度があるレベルを超えると最初のいのちである単細胞微生物に到達したと推測されている。

さらに人間につながる系列だけ述べれば、単細胞から多細胞－ぜん虫－脊椎動物・魚類－両生類－爬虫類－哺乳類－霊長類－人類と複雑化・組織化・階層構造化が進んできた。

脳と心を持つ人間という存在は、現段階の科学の知見の範囲では、宇宙のなかでもっとも複雑度の高い存在であるという。「複雑度という物差しで見れば、人間は宇宙の階層構造のもっとも上位にある」とすることは、根拠不明で身勝手な人間中心主義とは一見似て実はまったく非なるものだと筆者は考えている。

そのように宇宙は、ある部分では高度な階層構造化という意味で進化してきているが、もちろんエネルギー・レベルのままである部分も物質レベルのままである部分もあり、生命のなかにも単細胞に止まっている部分もある。しかも階層が高度になったものほど量的には少なくなっている。

現代科学が明らかにした、このような宇宙(the universe)の進化のシナリオは、多数の科学者が合意する標準仮説だとしても、どこまでいっても仮説であることは免れない。しかし、絶対視された神話的教義《ドグマ》をそのまま受け入れることができない「神の死」以後の時代を生きている現代人としては、そうした標準仮説をほぼ信頼しうるものとして受け入れたうえで倫理や価値といった問題に取り組むほかないのではないか、と筆者は考えている。

さて、科学的宇宙論のシナリオがほぼ信頼しうるものだとして、自然といのちの尊さについてどのような普遍的=宇宙的な(universal)な物差しが見いだしうるだろうか。

まず、エネルギーから脳-心まで、すべては宇宙の一部であって否定しがたい存在性を持っているという意味では平等な「尊さ」があると言えるだろう。しかし、宇宙の階層構造化のレベルの差という意味では、各レベルには「尊さ」の差があるとも言えるのではないだろうか。

そういう物差しで測ると、地球生態系という意味での「自然」には物質だけの他の星に比べてより価値がある・尊いと言えるだろう。また、「いのち」には単なる物質よりも価値がある・尊いと言えるだろう。さらに、さまざまないのちすなわち生命の種の間には複雑化・階層構造化の差という意味で、より価値が多い・少ないという差があるとも考えられる。

こうした「尊さ」の差は、誤解されがちなように恣意的で不当で抑圧的なものではなく、宇宙すなわち大自然がそうあらしめたという意味で普遍的（universal）で自然で正当なものだ、と言うことができるのではないだろうか。

その価値のヒエラルキーがまさにuniversal（普遍的＝宇宙的）なものでなければ、その価値づけは特定の誰かがいつか恣意的に決めたものとして相対視されざるをえない。宇宙（the universe）そのものが生み出したヒエラルキーこそ、価値づけのヒエラルキーの普遍的（universal）な根拠だ、と考えうるだろう。

そして繰り返せば、宇宙にはエネルギーから物質へ、そして生命、脳‐心へという自己組織化・複雑化のヒエラルキーが存在すると同時に、そのすべてのレベルの全体が宇宙である。そして、上位のレベルは下位のレベルより複雑性という点で上位にあるが、下位レベルなしに上位レベルは存在しえないという点で依存している。宇宙に存在するものすべてには、存在としてはまったく平等であると同時に複雑度の差異もはっきりとある、と言って差し支えないだろう。

とすれば、宇宙の階層構造全体と各階層のバランスが維持されることに普遍的（universal）な価値・「尊さ」の物差しを見いだすことができるのではないか、と筆者は考えている。

水文学

榧根 勇

自然と人間のかかわり

1 万物は生成・進化する

生命とは巻物のようなものである。巻いたものを解いていくと、新しいものが現れ、さらに新しい生命体が姿を現す。非常に簡単な初期のものから、現代の生物のあらゆる複雑な種類がでてくる。進化にあたる英語 evolution は、ラテン語の“e—”（外へ）と、“volvere”（巻く）に由来する。つまり進化とは、〝巻かれたものが開くこと〟（ラテン語で“evolutio”）を意味する（アシモフ 1972）。

一方、ケン・ウィルバーは進化に関連して、「スピリット」が物質に降りていく過程を内化

(involution: 折りたたまれていくプロセス）と呼び、物質の目的は進化（evolution: 拡大していくプロセス）によって「スピリット」そのものへ帰還することだと考える。ウィルバーの「拡大していく」が、アシモフの「解いていく」と同じプロセスを意味しているとするならば、進化についての両者の考えにはほとんど違いがないことになる。では、その進化の巻物を巻いたり、折りたたんだりしたのは、誰か。神秘思想家（spiritualist）であるウィルバー（2005）は次のように語る。

永遠の哲学、あるいは世界の叡智の伝承の核心にある教えによれば、「スピリット」は宇宙に対して、自分をからっぽにするまで流し込む、あるいは投げ与える。そして魂を作り、魂が凝縮して心になり、それが凝縮して身体になり、それが凝縮して物質になる。こうして物質はもっとも濃縮されたものである。それぞれのレベルは、「スピリット」のレベルである。そうではあるが、同時にそれは「スピリット」が降下していく段階である。このプロセスが「内化」であるが、それは高次の段階が、潜在的な可能性として低次の物質に折りたたまれたプロセスである。物質の世界が生まれると（例えばビッグ・バンによって）、逆のプロセスが起こる。これが進化であり、物質から生物的な身体、そして象徴を操る心、輝く魂、そして純粋な「スピリット」へと進化していく。それぞれの段階はそれ以前の段階を、ただ振り落としたり、否定したりするのではない。それは先行する段階を包括し、そのなかに抱擁する。原子は分子に、分子は細胞に包括される。細胞はさらに有機体に包括されるだろう。それぞれの段階は後続する段階の部分でありながら、それ自体は一個の全体である。この「部分・全体」の構造を「ホロン」という。言い換えれば、進化の展開においては、常に後続する段階は先行する段階を超越しながら、包括するのである。そして「スピリット」はすべての段階を超越し、包括している。超え、かつ、包み込むのである。

別のところで彼は、「スピリット」を「至高の神」と言い換えてもいる。つまり、彼の考えでは、「スピリット」がビッグ・バンを起こして、物質の世界を生み出し、そして進化が始まり、物質は「スピリット」に帰還するのである。彼はまた、「「スピリット」は自己自身を客観的には「自然」と知り、主観的には「心」と知る。そして絶対的には「スピリット」である、と自己認識する」ともいう。このような言い方をすれば、「山河大地日月星辰、これ心なり」と喝破した道元の思想も、後述するナシ族の思想も、その中に包含されてしまう。ウィルバーの思想が統合的・包括的だといわれる所以である。

「スピリット spirit」は、日本語では、霊とも、精神とも、場合によっては心とも訳されている。池田晶子（1999）は「〈魂〉と〈霊〉というのは、違うものなのらしいが……」と疑っていたが、『広辞苑』『大辞林』『ランダムハウス英和辞典』などを引いてみると、日本語でも英語でも、魂、精神、霊の三者は、これまで明確な定義なしに用いられてきたことがわかる。時には、心（mind）までも含めて、これら四者は混用されてきた。

量子論的な認識に至るまでは、自然科学者は、自然界に存在する実体としてのモノを、客観的に、合理的に、そして決定論的に認識するための努力を続けてきた。研究の対象がモノであり、デカルト的二元論を受け入れて主体と客体を明確に分離した近代（modernity）という時代、つまり唯物論（デカルト―ニュートン―ダーウィン―マルクス・モデル）が主流だった時代では、実体の見えないエネルギーにかかわる精神的な何か、つまり霊・精神・魂などは、いかがわしいものとみなされ、迷信として退けられる傾向にあった。これらの言葉の意味するものが明確でなかったのは、これらの言葉に対応する実体を明確にとらえることが出来ていなかったからである。後述するように、量子力学から相補性の概念を借用し、唯物論と観念論は相補的な関係にあるとする新しい哲学が現れたのは、二十一世紀に入ってからである。それと同じ頃に、ようやく心も、科学の研究対象と見なされるようになった。しかし現在でもなお、霊・精神・魂に関しては、科学者の意見は一致していない。池谷（2007）は、ここ二十年ほど、神の存在に関する脳研究が行われている、と報告しているが、ウィルバーの仕事を既存の科学の範疇に含めることは、まだできないだろう。では、それは、疑似科学として退けられるべきものなのだろうか。しかし、モノがヒトにまで進化したという事実は、進化した理由については諸説があるにしても、すでに科学的に認められている。ガンディーにとっては「真理が神」である（中島・若松 2014）。科学的事実が真理であるとするならば、科学者は超越者の御心を探っていると考えることもできる。

人間の考えることも変化するが、新しい考えが生まれる過程については、普通はそれを進化とは呼ばず、生成と呼んでいるようである。生成に当たる英語を『研究社和英辞典』で調べてみると、“be created; come into being [existence]”とある。茂木健一郎（2003）は、「私たちの認識の要素は、最初からそこに存在する要素を組み合わせたものではなく、刻一刻生成されるものであるという感受性こそが、物理主義／計算主義／機能主義の世界観から抜け落ちていたものである」と述べ、ポストモダン思想と科学主義の間の対立の本質は「生成」ということに対する態度にあるのではないかと疑っている。二十世紀の後半以降、近代の妥当性は疑問視されてきた。深刻な環境問題の出現が、近代への懐疑を助長したことは疑うべくもない。

私たちの認識を含めて、万物は生成・進化する。一九九八年にノーベル物理学賞を受賞したロバート・ラフリン（2006）の言葉にあるように、「還元主義の終焉の時」を経て、私たちは「創発の時代へ突入」した。ここを出発点として、多くの人々が、ポスト近代にふさわしい知について模索してきた。私は本稿で、自然と人間のかかわりについての「新しい知」のあり方について考えてみたい。

2　新しい哲学について

まず「新しい知」の基礎となりうる、ケン・ウィルバー、アーヴィン・ラズロ、清水博、中田力の四人の研究を、新しい哲学の例として取り上げてみることにしたい。ウィルバー以外はいずれも理系の科学者である。

(1)ウィルバーの万物の理論

ウィルバーの統合的な神秘思想の中核は「非二元」であり、彼の思想の核心は先に引用した長い文章に要約されている。この考えは、反証可能性をもたないので、科学的な仮説とはいえない。したがって彼が行ってきた仕事を科学の範疇に含めることはできないが、私は彼の仕事が「新しい知」の生成に必要だと考える。

彼は一九九九年に次のように書いている。

現在、真にグローバルな学問としてあるのは、統合学（integral studies 四つの象限における発達と進

「私」　主観的象限	「それ」　客観的象限
自己と意識 　五感 　情動 　記憶 志向的 「私」にかかわる知	脳と組織 　辺縁系 　ニューロンネットワーク 　グリア細胞の作る構造 行動的 ハード・サイエンス
「私たち」　間主観的象限	**「それら」　間客観的象限**
文化と世界観 　魔術的 　神話的 　合理的 文化的 人文学	社会システム 　家族 　国家 　地球的 社会的 システム・サイエンス

図１　ウィルバーによる『万物の理論』の四象限の構図

化のすべての段階とそのプロセスを探求する）だけである。それは人間の成長と志向のすべてのスペクトルを包括する学問である。来るべき十年に、わたしは、統合学が唯一、真に包括的な研究としてその姿を現すだろうと確信している（ウィルバー2005）。

「新しい知」が統合学でなければならないことについては、現在最も深刻な問題である環境問題への対処が統合的な知を必要とすることから考えて、異論は出ないであろう。

私たちは翻訳書（ウィルバー2002）を通して彼の考えを知り、愛知大学の「21世紀COEプロジェクト　国際中国学研究センター」（略称ＣＯＥ－ＩＣＣＳ、二〇〇二～二〇〇六年度）で、統合学の立場から、中国雲南省の世界文化遺産、麗江古城の環境について、水をつなぎ手とした四象限（それ・それら・私・私たち）の統合的解釈を試みた（榧根ほか 2006）。本稿の最後に示す図2はその結論である。

ウィルバーはまた、次のようにもいう。

ガイアの主たる問題は、工業化でも、オゾンの消失でも、人口過剰でも、資源の枯渇でもない。ガイアの主たる問題は、人間の心圏（ヌースフィア）において、こうした問題にどう対処すべきか、解決に向かって、どのように進むべきか、ということについて、相互理解と相互の合意が欠けていることなのである。

環境問題の発生は、自然の価値を無視した、欲望という名の機関車が駆動する産業経済社会の必然的結果である。この機関車には、モラルというブレーキに欠陥があることも、すでに明白である。モラルが科学の範疇に入らないとすれば、モラルにかかわる彼の仕事もまた科学ではありえない。「新しい知」にとって重要なことは、彼の仕事を疑似科学だと非難することではなく、従来までの科学が、研究対象を四象限のうちの人間の外面にある二つの象限（それ・それら）に限定していたことに気づくことであろう。つまり「新しい知」は、既存の科学の枠からはみだし、人間の内面にある意識（心）や文化までも統合しなければならないことを覚悟して、既存の学問分野から統合学へと、生成・進化しなければならない。

彼の考えでは、進化は、物質→身体→心→魂→「スピリット」の方向に進む。唯物論が主流だった時代では、物質と身体が科学の研究対象であったが、現在の科学は研究対象を心にまで広げている。例えば後述する中田力（2002）は、意識（心）の実体を科学的に解明したと明言している。池谷の報告のように、神の存在に関する脳研究が行われているのならば、将来は、魂や「スピリット」の研究までもが科学の範疇に含められるようになるかもしれない。

(2)ラズロのAフィールド

ラズロ（2005）は、ウィルバー（2002）が二〇〇〇年に著した『万物の理論（*A theory of everything*）』を意識して、二〇〇四年に『包括的な万物の理論（*An integral theory of everything*）』を著した。すでにラズロ（1999）は一九九六年に著したこの本の中で、

既知の世界に対する真に全体論的な世界観には、霊的（spiritual）で形而上学的な要素が含まれ、こうしたもの——神とか魂とか、その他の超越的な実在に対する直観——は、現在においても予見し

うる未来においても、科学的な検証の対象になれない。

と述べている。彼が求めようと目指したものは、神秘主義者のウィルバーとは違って、あくまでも科学的な「準全体論的な世界観（QTV : quasi-total vision）」であった。

彼のQTVの中核を占める仮説は、最初はΨ場（sai field）と命名し、後でアカシック・フィールド（Akashic field）と命名し直した未知の「場」の存在である（Laszlo, 2004）。アカシック場は、既知の四つの場である重力場・電磁気場・弱い核力場・強い核力場と並ぶ、未知の第五の場に対して与えられた名称であり、彼は短縮してそれをAフィールドと呼んでいる。彼は、この第五の場には、過去の全ての情報が記録されており、この場を介して宇宙のすべてのものが「つながりあっている」のではないか、と推測する。彼の考えには、ウィルバーと同様に、東洋思想の強い影響が認められる。アカシック場の語源であるサンスクリット語のアーカーシャは、日本語では虚空または空と訳され、インド哲学においては五大のうち最も根本的なものと考えられていた。

インドのウパニシャッド哲学では、この原始の源にあたるのが、宇宙とともに存在するようになった、エネルギーの詰まった空間である。これがいわゆる虚空である（ラズロ 1999）。

ラズロ（1999）の翻訳書から拾ったいくつかの文章をつなげてみると、彼が経てきた思考の過程を推測することができる。彼の哲学は、「自然のすべては、目標を生成し、自己進化するシステムではないか」という疑問から始まり、「宇宙が時間的にも空間的にも相互結合しているという前提」の確からしさを科学的に探求した結果である。彼の考えでは、既存の科学では解くことのできない宇宙論・量子物理学・生物学・意識研究の多くの謎を解明するためには、「時空内に広がった情報を伝播する場」の存在が必要であり、「もしも相関が空間と時間を超えて広がっているのなら、情報は時空内で共変的に伝播されるはず」であり、「生体と環境とは一つの全体系を構成しており、進化するのはこの全体系」でなければならない。彼がこの本の中で、「普遍的な相互結合という考えは、はるか昔から語られてきた直観と符合するところがある」と書いたとき、彼はウィルバーの直観を意識していたのではないか。

彼の哲学の統合性・包括性は、量子力学から相補性の概念を借りて、唯物論と観念論および物質と心の関係はいずれも相補的である、と喝破したことに最もよく表れている（Laszlo, 2003）。片方だけでは、十全な認識には到達できない。

私たちは、物質と精神の両方を現実存在の基本的な要素だと考えるが、（二元論とは違い）両者をまったく相容れないとは主張しない。私たちの立場は、両者は一つの現実の異なる相だとするのである。私たちが「物質」と呼ぶものは、人間、植物、あるいは分子を、外側から見たときにとらえる相である。「精神」は、これらのものを内側から見たときに読み出す情報である（ラズロ 2005）。

方法論として考えると、彼は、主客分離と主客非分離の関係は相補的である、と主張しているに等しい。彼は、四十年来の研究の総まとめとして二〇〇四年に著したこの本では、あいまいなQTVという言葉はすでに使用しておらず、第一章の題を「現代における意味のある世界観」として、QTVではなく、概念体系としての万物の理論を提示している。それは今のところは寓話であるかもしれないが、「意味のある寓話」であると彼自身は確信している。彼の考える「世界のあらゆる現象をまとめ上げることのできる包括的な概念体系の基盤」は、「情報体としての宇宙（informed universe）」である。そして「情報とエネルギーに満ちた宇宙という概念がどのように生まれたのか」を、言い換えれば「現実の存在の根源には、相互結合し、情報を保存し、伝達する宇宙場が存在するという革命的な発見に焦点を当て」て、彼はこの本の中で「意味のある寓話」を情熱的に説いている。

(3)清水の遍在的生命

近代文明が、科学技術の目覚しい発展により人類に利便をもたらした反面、地球の生命圏に深刻な打撃を与えていることが、二十一世紀になって、ようやく、人類の共通認識となった。清水博（2003）は、一九九七年に「場のアカデミー」を立ちあげ、「二十一世紀には、個の多様性を前提として自己組織的につくられる秩序がもっとも重要なテーマとなる」との確信の下で、従来の科学技術の領域を乗り越える「拡張された科学技術的方法」を模索してきた。彼の目標は、「局在的生命のはたらきと遍在的生命のはたらきの相互誘導合致」を可能にする主客非分離的認識の場を共有し、新しい文明を創造することである。ラズロや私と同じ一九三二年生まれの彼も、「新しい知」を探していたのである。この一致が偶然とは考えられないことについては、別のところで述べた（櫃根 2006）。

彼は「遍在的生命」を「純粋生命・救済者・地球環境」などとも呼び、それを出現させている宇宙的生命を想定する。そして人間の限りない欲望は、人間（局在的生命）が純粋生命（遍在的生命）の場に生きているという現実を認めようとしないことから生じると考える。主客分離の科学的方法では、現象から自分自身のはたらきを排除するから、「どうすれば自分は善く生きることができるか」という実践的な問題には、答えを出すことができない。彼によれば、善く生きるとは、「限りなく遍在的な純粋生命のはたらきを受けて、広がり、そしてつながる」ことであり、「この大きな生命の世界に整合的な関わりをもちながら生きること」である。

限りなく遍在的な生命への関係を失った人間の精神は荒廃し、生命力を失って衰退している。そしてこの精神の荒廃と衰退という人間の内部の状態を反映して、環境の破壊という形で外部の荒廃が進行している。

私は彼の本を読み直して、彼のいう遍在的生命の、ウパニシャッド哲学のブラフマン（梵）、ウィルバーのスピリット（霊）、ラズロのAフィールド（情報場）などとの類似性に、改めて驚いた。遍在的生命も、Aフィールドと同様に、今のところは仮説である。これらの考えは、アジア思想の根源である「不二二元」（中島・若松2014）という概念で統一することができるのであろうか。

近代が軽視してきたものは、目には見えない精神であり、パトスである。「新しい知」は、四象限のすべての事象の生成・進化を対象にして、方法論としては主客分離と主客非分離のあいだを、波間をたゆたうように行き来し、自然と人間のかかわりについての知を統合する場でなくてはならない。

(4)中田の脳理論

遺伝か環境か、氏か育ちか。これは古くて新しい問題である。人間と環境を分離したデカルト的二元論に無理があることは、すでに疑う余地がない。では環境は人間の心の形成にどのような役割を果たしているのだろうか。遺伝と環境の二重性について、脳の機能を研究している中田力（2006）は明確な言葉で、次のように説明する。

脳は与えられた環境との干渉の中で、その機能構築を自動的におこなっている。そして、そこから形成される「情報の塊り」が、こころをつくる。こころとは、個が環境と干渉しあうことからうまれてくるのである。

脳は生体であると同時に情報処理の精密機械でもある。したがって、環境と脳との干渉にも、生体としての脳としてのそれと、情報処理装置としての脳のそれの、二種類が存在する。脳機能をとらえようとするとき、はっきりと理解しておかなければならない二重性である。

コホネン〈Kohonen〉のマップとしての機能素子とそのネットワークを形成するプロセスは、生体としての脳形成のプロセスである。したがって、その過程は遺伝情報に強く左右される。性格とか才能とか、いわゆる先天的要素を決定する要素である。その反面、コホネンのマップに蓄えられてゆく情報の非線形集合体は、情報処理装置としての脳が作り上げるものであり、それぞれの個が置かれた環境に左右される、後天的なプロセスである。

彼は、脳の形がプリューム型の熱対流に従う自己形成からなるという確信をもって、一九九六年に脳の渦理論（vortex theory）を生み、それを二〇〇〇年に英文の学術書の中で、また少し遅れて一般向けの図書として発表した（中田 2001; 2002）。彼は、大脳皮質機能がニューロンネットワークだけに依存すると考える現在の脳科学の主流「ニューロン絶対主義」を否定し、次のように断言する。

大脳皮質機能は、ニューロンネットワークとともに、グリア細胞の作る構造にも依存するのである。……そして、渦理論は、大脳皮質のコラム構造がコホネンのマップと等価の機能素子であることを、保証する理論だったのである（中田 2006）。

彼は、生命をエントロピー収支からみて、次のようにもいう。

生命が保持されるためには、常に、エントロピーの低いエネルギーである食物を獲得し、自分自身のエントロピーを低く維持しなければならない。そして、そのままでは溜まっていってしまうエネルギーを、エントロピーの高い熱として放射するのである。生体がエネルギーを必要とするという一般的な表現は、ある意味正確ではなく、生体は、エントロピーを低く保つために、エントロピーの低いエネルギーを必要とするのである。

彼の考えでは、形態（form）は機能のためにある。

生体における機能とは形態である。脳の形態は熱対流の法則に従って自己形成をし、情報処理により生まれる大量の熱を効率的に逃がすための空冷装置を獲得した。

情報処理装置としての脳は、その機能を発揮できるような形態を獲得するために自己進化したのである。

偉大なる異端の物理学者、ディビッド・ボームは、情報はその受け手に実際に「形を与える」という意味で、「イン・フォォメーション」と呼んだ（ラズロ 2005）。

語源から考えても、情報（in-formation）とは、形態（form）を導入（in）することである（フォンバイヤー 2006)。生物の形態は、機能するために、環境から届いた情報に応じて、自己進化したものである。そのように考えると、突然変異と自然淘汰だけで進化のプロセスを説明するダーウィンの進化論には、生体と環境との干渉という視点が欠けていたことになる。ベイトソンをもじれば（ホフマイヤー 2005)、環境から届く様々な情報は、生物多様性を生成する差異である。

(5) 情報の重要性

これらの新しい哲学に共通する最も重要なキーワードは情報である。ウィルバーの非二元は、東洋の先哲たちが直観でとらえた智慧と宇宙論の組み合わせともいえるが、彼の神秘思想と残りの三人の科学者の考えは、たがいに極めて近いところまで接近している。四者の接近は、科学が直観の後追いをした結果と理解するべきなのかもしれない。ベルクソンによれば（久米 2006)、「実在的なものは流れであり」変化であるが、「知性はその変化に対して固定され」ている。科学はそのようにして発達してきた。「不断に生成し分岐し続けるものが生命」であり、生成を触発するのが生の躍動（élan vital）である。「直観が生命の方向に進むのに対して、知性は生命とは逆の方向に向かう」。だから、直観が知性（科学）の上位にある。直観を働かせるには、自然とのつながりが不可欠である。「新しい知」の中心となるべき課題は、個と環境の間で交わされている大量の情報が果たしている役割とは何かである。

ただし、これら四者の接近を思索の生成・進化の必然と見るか、近代からの一時的な逃避と見るかで意見は分かれる。島薗進は、「スピリチュアリティ（霊性）とは、個々人が聖なるものを経験したり、聖なるものとの関わりを生きたりすること、また人間のそのような働きを指す」と考え、新しいスピリチュアリティの運動や文化を追及してきて、『スピリチュアリティの興隆』（島薗 2007）を、「二元論的近代科学の信頼喪失」と、「近代科学と手を携えて世俗的エリートを支えてきた人文的教養の威信の失墜」という思想配置の情勢を背景として、「新霊性文化による第三の普遍主義的アイデンティティが求められている」ためではないかと疑う。だが、ここに紹介した三人の科学者は、現在は異端と見なされているかもしれないが、あくまで科学を追及しているのであって、決して科学から霊性へと逃避しているわけではない。私は、科学を含む知的営為のすべてを学問と、客観的象限の学問のみを科学と呼びたいと思うので、これらの科学者の考えは、「新しい知」という学問への生成の過程にあると考えたい。しかし、科学の定義は人によって違う。

日本を代表する量子力学の第一人者、佐藤文隆（2013）は、「さまざまな場面で科学がほころび始めている」ので、「一般の人が科学の方法で振る舞う場面を増やさないと現状は不安定だと」考え、「広い科学」を提唱している。四角形のダイアグラムで示される彼の「広い科学」の四隅の左上には「純粋科学」が、左下には「科学技術」が、また右上には「ワールドビュー」が、そして右下には「社会インフラ」がある。

このダイアグラムの左側について見れば、左上から左下にかけては、純粋科学、基礎科学、医学、農学、環境、安全、開発研究、エンジニアリングなどの言葉が並ぶし、右側について見れば、右上から右下に、哲学、宗教、自然観、趣味、学校教育、自己啓発、心身健康、医療、衣食住、通信、エネルギー、交通運輸、金融、行政司法、社会インフラなどという、言葉が並ぶ。

このように純粋科学者である佐藤も知の統合の必要性は認めているが、すべての知の統合は科学の方法でしたいと考える。しかし、ウィルバーも佐藤も、その他の科学者も、今のところは考え方だけの提示であって、統合のための具体的な方法は述べていない。それは「新しい知」が、これから環境問題やエネルギー問題など具体的な問題への対処を積み重ねることによってしか明確にならない実践的な知であるからかもしれない。これは今後に残された課題であり、社会の制度化や政治のからむ難問である。

主客分離と要素還元主義を二本柱とした近代という家は壊れてしまった。私たちは持続可能性・関係性・多様性を重視するポスト近代という家を建てて移らなくてはならなくなった。量子力学を基礎にすると、ポスト近代の世界観は、絶対的偶然・確率的法則・非決定論となる。万物は生成・進化するから、未来の予測はできない。「新しい知」は、自然と人間のかかわりについて、「科学は霊的なものまでも包括できるのか」という問いを抱えて、未知の未来に向かって生成を続ける。

3 情報について

情報とエントロピーは、数式で定義すると同じ形になる。ただし符号は逆である。そのため情報は、負のエントロピー（ネゲントロピー）とも呼ばれる。エントロピーは「秩序のなさ」をあらわす物理的な量である。エントロピーはわかりにくい量であるが、アリー・ベン‐ナイム（2010）の本には、「エントロピーの獲得はいつも情報の損失を意味し、それ以上の何物でもない」というルイスの言葉が引用してある。彼は、エントロピーを「負の情報」、あるいは「正体不明（未知）の情報」、あるいは「不確実性」で置き換えることを提案している。

私の専門は水文学で、研究対象は地球の水循環である。水循環は、物質としての水とともにネゲントロピーを供給している。人間が活動すると、廃熱や廃物が発生して、環境中のエントロピーが増大する。水は増大したエントロピーを「汚れ」と呼ぶならば、水はその「汚れ」を拭う雑巾の役割を果たしてきた。水を使えば、廃熱は水の冷却力によって奪うことができるし、廃物は水の洗浄力によって洗い流すことができる。その結果、環境中のエントロピーは減少する。ただし私たちが水を使っても、水そのものが消費されるわけではない。冷却水の温度が上昇し、洗浄水の汚れが増すだけである。私たちは水そのものをではなく、水のもっている効用すなわちネゲントロピーを利用している。水は、温度が環境の温度より上昇した状態や、汚れが増加した状態が、エントロピーの高い状態である。エントロピーが高くなると水の効用は低下する。水循環がネゲントロピーの持続的な供給システムであるといわれる所以である。

すべての源である太陽エネルギー（グリック 2013）と重力が駆動する水循環によって供給される情報（ネゲントロピー）は、万物が生成・進化する過程で自然環境の中に取り込まれ、環境の多様性を生み出す。地球上に生物の発生を可能にしたのも水である。水は比熱・溶解力・気化熱のいずれもが異常に大きいという極めて特殊な性質を有する物質であるが、地球上には最も多量に存在する。「神が遍在する超越」であるならば、「水は遍在する特殊」である。

情報はエネルギーであり、物理的であり、物理世界を満たし、形態を生成し、物質と精神とのつながりをもたらす（フォンバイヤー 2006）。脳とは、その情報を処理する装置である。

情報はエントロピーの低いエネルギーとして脳に届き、脳はそれを記憶として蓄える。脳に蓄えられた情報が多ければ多いほど、脳全体のエントロピーは低いことになる。それと同時に、脳は、そのままでは溜まってしまうエントロピーの高いエネルギーである熱として放出しなければならない（中田 2006)。

そのために脳は熱放射に適するような形態を自己進化によって獲得した。そして、エントロピーの低い太陽エネルギーを受け取る地球に、熱放射の効率が良い夜が必要なように、脳には、情報の記憶を保つために、睡眠が必要になる。水循環が供給する情報は、自然環境を介して、人の脳にとどき、心をつくるのである。

近代科学は、非合理的との名の下で「神を殺した」が、情報という概念の出現によって、社会における宗教の存在意義を改めて問い直すことが可能になった。道教やキリスト教に限らず、宗教はモラルの基本であるが、宗教にも（後述するように）風土性がある。いわゆる世界宗教とアミニズムを含む民族宗教を区別することは悪しき近代主義である。

「やまい」を例に、知の調和の崩れについて考えてみよう。「やまい」の発生を（病原菌に感染した場合のように）原因→結果の因果関係で理解する近代西洋医学では、専ら肉体に関する知としての医学を発達させた。しかし、この方式では、因果関係の明らかにされていない「やまい」は治せない。中国の医師（漢方医）は精神と肉体を分離せず「やまい」を陰陽の調和の乱れと捉え、より統合的に診断する。

整体師である片山洋次郎（2007）は、「「整体」の場での身体の観察ということは、共鳴（一元化）と観察・客体化（二元化）の往復運動である」という。インドの医学（アーユルヴェーダ医学）は人間をさらに統合的に捉え、「食物」は肉体にとってだけ必要なのではなく、精神には善い行為という「食物」が、魂には瞑想や平和を愛する心や行為などの「食物」が必要であるとする（稲村1996）。これらの「食物」とは、言い換えれば情報である。薬効にプラシーボ効果と呼ばれるものがあるが、これは偽の情報に脳がだまされた結果である。山道を歩いていて、道に落ちている縄を見たとき、それを毒蛇と見間違えると、冷や汗がでるように、脳は偽の情報でも簡単にだまされる。モノとしての肉体について、原因→結果の分析的な知をいくら積み上げても、ある種の精神の「やまい」は治すことができない。

情報の本質が明らかになった今、虚心に過去を振り返ってみると、「イデオロギー」も「解釈」も「学」も、すべて情報であることに気づく。宗教も脳にとっては情報として機能する。「やまい」の中には、宗教という情報で治るものもある。社会で宗教が果たしている（モラルを含む）諸々の役割を、宗教とは別の近代的な「何か」で代行させるとしたら、たぶんその「何か」は、複雑極まりない、巨額の費用を必要とするシステムになると思われる。三歳児の心の生成には「聖なるもの」や「超越的なるもの」と接した経験が大切であり、その経験が大人になってモラルの基礎になる。平たくいえば、「神仏が見ているから悪いことはできない」という感覚の有無は、幼児期の経験の如何による。子育てで最も重要なことは、胎児・乳幼児と母親との関係性（羊水中の浮遊感や母親の心音に始まるあらゆる情報のやりとり）、幼児が育つ自然的環境ならびに社会的環境、家庭教育、そして義務教育などの、子供の心の生成にかかわるシステムの在り方をまともなものにすることである。

フォンバイヤー（2006）は、アメリカ物理学界の大御所ジョン・ウィーラーが、九十歳を迎えた二〇〇一年に示した「真のビッグ・クエスチョン」の中の五つ、すなわち、いかにして存在したか？（なぜ世界は無ではないか）、なぜ量子か？（原子の世界が量子力学に支配されている理由）、参加型の宇宙か？（宇宙の一部は、我々の問いかけへの答えの情報からできている）、何が意味を与えたか？（意味の定義はなにか）、ITはBIT（binary digit: ビット）からなるか？（物質世界はその一部または全部が情報から作られている）、を引き継いで、「さらに二つの真のビッグ・クエスチョン」は、①情報とは何か？②ITはQBIT（quantum bit: 量子ビット）からなるか？の二つだという。そして彼は、「我々の脳だけでなく、あらゆる生物の中でも、同様に大量の情報が処理されている。……物理世界には情報が充満しており、それは宇宙の織物自体に織り込まれているように見える。我々人間は、自分の五感を通して情報を手にするだけではなく、必然的に互いに情報を共有しているとも感じている……情報に対する欲求は、食欲や性欲と同様に人間としての必要条件である」とさえもいう。

生命（いのち）は、環境と情報を交換しながら流れている。脳だけでなく、細胞のひとつひとつに遺伝子として情報が記録されているのであるから、人間の身体は情報処理装置でもある。生成・進化は、生命と環境とのあいだの、絶えざる情報交換の現われなのである。

4　風土という知

風土性は、東洋の知的伝統の中から生まれた、和辻哲郎（1935）が直観でとらえた非二元論である。「断片化がもたらした現代の危機」に警鐘を鳴らし、正統的理論物理学から神秘主義へ傾いていったディヴィッド・ボーム（1985）は、西洋と東洋という二つの社会の発展の差異に触れて、「東洋社会では、どのような基準にも適合しない測定不可能なものに対して究極的な注意を向ける宗教や哲学が主に強調されてきた」と述べている。

和辻哲郎は『風土』の冒頭で、「この書の目ざすところは人間存在の構造契機としての風土性を明らかにすることである」と述べる。「契機とは、単なる寄せ集めでない、独自の全体を構成している要素などをいう」（岩波小辞典　哲学 1958）。風土についての和辻の文章をそのまま引用してみよう。

風土と呼ぶのは或土地の気候気象地質地味地形景観などの総称である。それは古くは水土とも云はれてゐる。人間の環境としての自然を地水火風として把握した古代の自然観がこれらの概念の背後にひそんでゐるのであらう。しかしそれを「自然」として問題とせず「風土」として考察しようとすることには相当の理由がある。

和辻が問題にしたのは、風土そのものではなく、人と自然が相互作用して生みだす「風土性」である。しかし風土という言葉は、現在の日本では和辻の意図とは別に、例えば「企業風土」のように、きわめて便利な言葉として多義的に使われている。言葉を多義的に使うのは、ポストモダンの文学の特徴でもある。本人の意図はともかく「風土性」を提起した和辻には、村上春樹の小説のように、ポストモダンの世界を見る先見性があった。

私の理解では、風土性とは、場所にかかわる自然的ならびに非自然的情報が融合した情報のかたまりである。人間と環境は、情報を介して相互作用し、風土性という地域性を生み出す。風土性は、人間の世界の多様性をあらわす単位である。環境は自然的環境と非自然的環境からなり、非自然的環境（広義の社会的環境）は政治、経済、狭義の社会、文化などからなる。風土性という地域性の成立には、自然的条件も、人文的（非自然的）条件も関与している。ところが環境の世紀を迎えて、多様性や関係性を重視しなければならなくなったというのに、グローバル化が進行して、世界がフラットになりつつある。

地球上から風土性や地域性が薄れつつある。多様性とは、異なるものが存在し複雑につながりあうことである。単純なつながりしかないフラットな世界は面白味に欠ける。

谷川徹三による『風土』の解説によると、和辻の『風土』は、現代日本の代表的哲学書として、ユネスコ国内委員会から『*A Climate — A Philosophical Study*（気候、一つの哲学的研究）』という題で英訳された。風土に強い関心をもち、日本での研究生活も長いオギュスタン・ベルクは、風土に関して数冊の本をフランス語で書き、それらは日本語にも翻訳された。ベルク著・三宅京子訳『風土としての地球』(1994）の仏語原本の直訳は、『風土性（メディアンス）——風土（ミリュー）から風景へ』である。同じくベルク著・中山元訳『風土学序説』(2002）の仏語原本の直訳は、『エクメーネ：人間環境の研究序説』である。風土は気候でも、環境でも、自然でもない。メディアンス、エクメーネ、ミリューといろいろに仏語訳してみても、風土の真意を伝えることは難しい。風土や風土性は、欧米語には訳しきれない日本語なのである。私は風土を横文字で書かなければならないときはFuudoと表記してきた。

風土性について具体的に考えるために、方位の認識を例にして、人間と自然のかかわりが地域によって大きく違うことを示してみたい。

まず、方位を神格とした古代インド人の考えを『ウパニシャッド』(湯田豊訳 2000）で見てみよう。インド人にとっての好ましい方位は北（色は白）で、北方には氷河を戴くヒマラヤがあり、そこから聖河ガンガーが流れだす。したがって北にはソーマ（神酒）、月、水、思考、清めの儀式、真理が当てられる。これに対してアーリヤ人にとって未知の世界だった南にはマヤ（死神）と祭祀が当てられる。太陽が登る東には視覚が当てられ、馬供養祭の馬は背を天頂に、頭を東に、尾を西に向けて、伏せの姿勢で置かれる。海の広がる西は文明が伝わってきた方位であり、ヴァルナ（律法）、水、精液が当てられる。

インドとは反対に中国では、万里の長城が示すように、乾燥地域の広がる北方から騎馬民族の侵入をたびたびうけたため、北は好ましくない方位である。北には色は黒、水と玄武、旱の神・女魃が当てられる。皇帝は南を向いて北側に座る（座北朝南）ので、日の登る東つまり左が尊く、皇帝は左側に皇后は右側に並ぶ（左尊右卑）。東の色は青で木と青龍が当てられ、西の色は白で金と白虎が当てられる。南の色は赤で火と朱雀、雨師・応龍が当てられ、「天地玄黄」で中央には黄、土、龍が当てられる（グラネ 1999）。

チベットの五禅定仏マンダラでは、中央部に大日如来（身色は白）、エーテル、意識がある。好ましい方位は日没の太陽が赤く輝く西方で、無量光如来（身色は赤）、火、知覚、極楽の領域である（西方浄土）。東方からは白い光が輝き、阿閦如来（身色は青）、水、形体、妙喜の領域とされる。北方からは一切を成就する智恵の緑の光が輝き、不空成就如来（身色は緑）、空気（風）、意欲がある。南方からは輝く黄色の光が射し、宝生如来（身色は黄）、地、感覚、福徳の領域とされる（ゴヴィンダ 1991）。このようにチベット仏教では方位と脳の関係が重視されている。

一方、太陽信仰の日本では好ましい方位は東である。飛鳥人にとっては太陽の昇る方位に聖山天香具《あまのかぐ》山《やま》がある。主要な方位軸とされる太陽軸すなわち東西軸が「日の経《たて》」であり、南北軸は「日の緯《よこ》」となる。ヒガシ・ヒムカシはアガル（イ）で、ニシはイリである。東を向いたときの右がミナ（ミ）でそれがミギとなり、左がキタでそれがヒダ（リ）になる（中西進 2001）。

中・高緯度地方では太陽が熱源として重要だが、太陽熱が過剰な熱帯では、太陽が昇る東という方位を中高緯度の人々ほど重視する必要はない。バリ島の主要な方位軸は山海軸《やまうみ》で、山側がカジョ、海側がケェロドである。南向き斜面ではカジョが北を、ケェロドが南を指す。しかし北向き斜面へ行くとカジョは南を、ケェロドは北を指す。バリ島ではこれで日常生活に不自由はしない。稲作中心のこの島では水の流れる山海軸が最も重要である。神々は山に降り、魔物は海にすむ。東西軸は意識しなくてもいいのだ（榧根 2002）。

独立時にインドネシアの指導者が国語に選んだのは、言語人口の多かったジャワ語ではなく、スマトラ島中央部のマラッカ海峡側のリアウ地域の言語で、広く交易に使われていたマレー語だった。リアウ州では、暑さを和らげてくれる海陸風の吹く方向が重要で、海風は海（ラウ）側から、陸風は山（ダヤ）側から吹く。東（チムール）・西（バラッ）・南（スラタン）・北（ウタラ）という言葉はあるが、北東はウタラ・チムールでもチムール・ウタラでもなくチムール・ラウ（東の海側）という。また南西はバラッ・ダヤ（西の山側）である。

このように古代人の方位観は、近代思想の普遍的平面空間の中ではなく、自分が住む土地の三次元空間における人と自然との「つながり」として認識されていた。このように認識することにより、人は自然の中に自己を位置づけることができた。そして自然と密着したことばが生まれた。

一神教のルーツは水の乏しい沙漠にあるが、仏陀は水に恵まれた森の中で瞑想して悟りの境地に到達した。ガンディーや和辻の思想のルーツは森にある。しかし、和辻風土論を批判する日本人は多い。子安宣邦（2010）は、和辻は『風土』を「アングロ・サクソン的近代文明世界への批判」として書き、それを「風土的歴史的形成物としての国民」、さらには「国家論」へと発展させ、戦争に加担した、と批判する。山田洸（1987）の本の帯には、「戦前、「日本回帰」を領導し、いままた「日本学」の思想的主体として偶像のごとく再興されようとしている和辻哲郎」とある。内田芳明（1999）は、「あまりに主観的（和辻のいう人間学的）造語や直観に頼りすぎていて、地理学、歴史学が提供する経験的事実への目くばりがほとんど全く欠けており、その結果意外なほど現実の認識において多くの誤謬と独断が見られる」と指摘する。津田雅夫（2001）は、「現在の和辻評価の根底には、国民国家の形成と国民の創出をめぐる近代日本の国民国家なり国民文化の在り方についての全般的な見直しと関わって、より大きな視野のもとでの捉え直しの作業がある」と述べる。

和辻の『風土』は、解釈学的現象学ともいわれるように、思弁的であり、哲学や倫理学としては独創的な思想と評価されているが（佐藤ほか 1999)、現実の環境改善のための実践の学にはなれなかった。和辻の『風土』についての批判は、上述したもの以外にも、ベルク（1996, 2002）や唯物論の側（戸坂 2001）など多方面からなされた。しかし風土という概念自体が抹殺されることはなく、むしろ、「学」としてではなく環境倫理として甦ってきたかに見える。風土が近代へのアンチテーゼでもあったからであろう。和辻の風土論は、人間と環境とのかかわりを統合的・包括的に捉えて、そのかかわりを「風土性」という言葉で置き換え、「ところ」による人間存在の差異として地理的空間に位置づけたものである。この風土性の問題を、主観的な解釈学としてではなく、亀山純生（2005）が主張するように環境倫理として、あるいは普遍的なコモンズの問題として（家木 2006)、「新しい知」の中にどのように取り入れるかは今後に残された課題である。

しかし、風土は、石田正（2005）の指摘のように、「ところ」によって相違するだけでなく、「とき」によっても変化する。石田は風土と環境の関係を、素材と作品の関係にたとえて、環境破壊が風土自体の破壊をもたらす危険性を指摘する。清水博も述べるように、精神の荒廃・衰退と環境の破壊は、相互に原因でもあり、結果でもある。人間存在の理解には、ハイデガーの時間性と和辻の空間性のいずれもが必要である。両者を二項対立的なものと捉えるのではなく、相補的なものと捉えて、二十一世紀における環境と精神の回復には、風土性と歴史性を統合的・包括的に捉えて再評価し、科学的合理性だけでは不足する部分を補うことが必要であろう。

私は和辻が近代の限界を指摘した先見性を高く評価するものである。先見性は直観なくしては生まれない。直観は個のもつ特性だから、その直観に普遍性があるかどうかは歴史の審判を待つしかない。子安の批判を読んでいると、和辻に対する深い怨念のようなものを感じる。天才は多かれ少なかれ奇人・変人の一面をもっている。たとい破廉恥な人が書いた論文でも（破廉恥な人が優れた論文を書けるかどうかは別問題として）その内容が、その一部であっても客観的評価に値するものならば、それはその人のオリジナリティとして評価されるべきであろう。

5　日本の風土性

一九七〇年代の前半に家族とともにシンガポールで一年間過ごした。現在のように近代化しすぎたシンガポールではなく、まだマレー人のカンポン（村）が残っていたのどかなシンガポールである。寒さと乾燥がからだに合わない私には、まことに好ましい湿潤な熱帯環境だったが、四季がないのには弱った。赤道直下では一年中六時に日が出て六時に日が沈む。シンガポールは北緯一～二度にある。ここには思い出を記録するための季節という目盛りがない。昨日と同じ今日が延々と続く。雨季と乾季という季節はあるにはあるが、たいした違いではなかった。

シンガポールの最大の弱点は独自の文化がないことであろう。英語、中国語、マレー語、タミル語が公用語だが、いまは英語が主要言語である。リー・クアンユーという優れた指導者が率いた人民行動党は、グローバル化の時代の到来を見越して、反共に徹した政策をとり、見事な国づくりをした。経済がグローバル化して、いまシンガポールは絶好調である。だが文化が重要になると思われるポスト近代という時代ではどうであろうか。

日本という国の文化は、山や川や海や四季が生んだ。夏は熱帯よりも暑く、冬には雪が降る。水はすべての源だが、降水量は先進国ではずば抜けて多い。四季それぞれに花があり、祭りがあり、ことばがある。野菜にも、果物にも、魚にも、旬がある。鳥や虫たちも、季節に応じて姿をみせる。日本の風土性は多様性に富む自然と人間のかかわりの中から生まれた。和辻の風土論も生まれるべくして生まれた。芸術や学問の根源は自然である。人間と自然のかかわりから生まれた風土性は結果であるが、風土性の形成には政治も経済も大きくかかわっている。

最近、平川祐弘（2014）、川口マーン恵美（2014）、牛島信（2014）など、日本のよさを語る人が多くなったように思う。アメリカが主導する強欲な金融資本主義も、唯物論の共産党が一党人治支配する中国の国家資本主義も、欧州連合という国家共同体も、ポスト近代にふさわしい新しい家とはいえない現実を知って、日本の風土性のすばらしさを再確認したからではないだろうか。そのすばらしい風土性について、私たちは改めて考えてみる必要がある。明治天皇の玄孫にあたる武田恒泰（2011）は『日本はなぜ世界でいちばん人気があるのか』で、「日本人であれば最低限、天皇、日本神話、建国の経緯、日本の国柄などについて、しっておくべきだろう」と述べている。日本という国の風土性の根もとに（文化のベースでもある）天皇制があるのは間違いない。だから和辻はあれほど批判されたのかもしれない。

二十一世紀の学問としては、風土論も統合学でなければならない。統合的な風土論を哲学として、ポスト近代社会をリードできる日本文明を創りあげ、そのような日本文明で国際社会に知的な貢献をしたい。それがこのすばらしい国に生まれた私たちに課せられた責務ではないだろうか。

6　むすび

ウィルバーの四象限の枠組みでは、人間の内面にかかわることがらは左側の二つの象限に属し、個人

「私」　主観的象限	「それ」　客観的象限
自己と意識 情報 自分 自然≒水 水信仰（水は遍在する特殊）	脳と組織 情報 環境 自然≒水 水循環（情報供給システム）
「私たち」　間主観的象限 文化と世界観 情報 環境 自然≒水 水文化	「それら」　間客観的象限 社会システム 情報 環境 自然≒水 水共同体

図２　私の考える四象限の構図

の信仰は左上の主観的領域に、集団としての宗教は左下象限の間主観的な領域に含まれる。私たちは前述した「麗江古城の水と社会」で、遊牧民だったナシ族が水を求めて南下し、泉と出会ったことから、自然（水）を神とする独自の宗教観が生まれたことについて述べた。ウィルバーの四象限の構図を、私なりに整理したのが前掲の図1である。ウィルバーは、自然と環境を右下の「それら」象限に入れているが、私は図2のように、環境は左上の「私」以外の三つの象限に、また自然と情報は四象限のすべてに入れたい。図2には、自然界で最も重要である水を「自然≒水」と記入し、その具体例として、右上象限の「水循環（情報供給システム)」、右下象限の「水共同体」、左上象限の「水信仰(水は遍在する特殊)」、左下象限の「水文化」を挙げてある。

水(つまり自然、すなわち自然≒水)がなければ、人は生きられない。流れる水の遍在する特殊性が、ナシ族をはじめとする多くの民族神話で「水は神」と崇められてきた理由であろう。結局、私が本稿で考えてきた「新しい知」は、二十一世紀の哲学、情報論、風土論、そして日本の風土性をへて、東洋の先哲が直観でとらえた「不二一元」に近いところまでもどったようである。

【文献】

アシモフ・I、小尾信彌監修(1972):『科学の語源』共立出版
家木成夫(2006):『地域と環境の公共性』梓出版社
池谷裕二(2007):「神の存在に関する脳研究は決して冒涜などではなく健康生活に直結している」VISA, May, No. 415
池田晶子(1999):『魂を考える』法藏館
石田正(2005):『環境美学への途上』晃洋書房
稲村晃江(1996):『寿命の科学』主婦と生活社
ウィルバー・K、岡野守也訳(2002):『万物の理論』トランスビュー

ウィルバー・K、松野太郎訳（2005）：『存在することのシンプルな感覚』春秋社
牛島信（2014）：『現代の正体』幻冬舎
内田芳明（1999）：「和辻哲郎『風土』についての批判的考察」『思想』No. 903, 118-131
亀山純生（2005）：『環境倫理と風土』大月書店
片山洋次郎（2007）：『整体』筑摩書房
榧根勇（2002）：『水と女神の風土』古今書院
榧根勇（2006）：『現代中国環境基礎論』愛知大学国際中国学研究センター
榧根勇・宮沢哲男・朱安新（2006）：「麗江古城の水と社会」『水利科学』No. 291, 41-72
川口マーン恵美（2014）：『住んでみたヨーロッパ　9勝1敗で日本の勝ち』講談社＋α新書
久米博ほか編（2006）：『ベルクソン読本』法政大学出版局
グラネ・M、栗本一男訳（1999）：『中国人の宗教』東洋文庫
グリック・J、楡井浩一訳（2013）：『インフォメーション』新潮社
ゴウィンダ・L・A、山田耕二訳（1991）：『チベット密教の真理』工作舎
子安宣邦（2010）：『和辻倫理学を読む』青土社
佐藤文隆（2013）：『科学と人間』青土社
佐藤康邦・清水正之・田中久文（1999）：『甦る和辻哲郎』ナカニシヤ出版
島薗進（2007）：『スピリチュアリティの興隆』岩波書店

清水博（2003）：『場の思想』東京大学出版会
津田雅夫（2001）：『和辻哲郎研究』青木書店
戸坂潤（2001）：『戸坂潤の哲学』こぶし書房
中田力（2001）：『脳の方程式 いち・たす・いち』紀伊国屋書店
中田力（2002）：『脳の方程式＋α ぷらす・あるふぁ』紀伊国屋書店
中田力（2006）：『脳のなかの水分子』紀伊国屋書店
中島岳志・若松英輔（2014）：『現代の超克』ミシマ社
中西進（2001）：『古代日本人・心の宇宙』日本放送出版協会
平川祐弘（2014）：『日本人に生まれて、まあよかった』新潮新書
フォンバイヤー・H・C、水谷淳訳（2006）：『量子が変える情報の宇宙』日経ＢＰ社
ホフマイヤー・J、松野浩一郎・高原美規訳（2005）：『生命記号論』青土社
ベルク・A、篠田勝英（1996）：『地球と存在の哲学』ちくま新書
ベルク・A、中山元訳（2002）：『風土学序説』筑摩書房
ベン - ナイム・A、中嶋一雄訳（2010）：『エントロピーがわかる』講談社ブルーバックス
茂木健一郎（2003）：『意識とは何か』ちくま新書
山田洸（1987）：『和辻哲郎論』花伝社
豊田豊訳（2000）：『ウパニシャッド』大東出版社

ラズロ・E、野中浩一訳（1999）：『創造する真空』日本教文社

ラズロ・E、吉田三世訳（2005）：『叡智の海・宇宙』日本教文社

ラフリン・R・B、水谷淳訳（2006）：『物理学の未来』日経BP社

和辻哲郎（1935）：『風土』岩波書店

Laszlo, E. (2003)：The connectivity hypothesis: Foundations of an integral science of quantum, cosmos, life, and consciousness. State University of New York Press

Laszlo, E. (2004)：Science and the Akashic field: An integral theory of everything. Inner Traditions

秋山知宏

「存在の大いなる連鎖」のサステイナビリティ

1　はじめに(1)

近現代、科学は主体と客体を明確に分離するデカルト的二元論、ニュートン力学といった機械論的唯物論や要素還元主義が主流となり、学問分野の細分化の一途をたどってきた。榧根（2016）は次のように説明している。「近代科学としての自然科学が対象にする「自然」は「認識する主体である人間の脳」と切り離された「客体としての自然」を指すが、普通の人が「自然」というときは「認識する主体」と相互作用する「環境としての自然」を指す場合が多い。近代科学はデカルト的二元論と要素還元主義を二本柱にして成立した。地球という自然は、それを構成する要素としての気象気候・水文・地形地質・土壌・生態系・海洋などのサブシステムに還元され、各要素はさらにそれらを構成する物質から分子、原子などへと還元される。各要素の時間的変化の研究は、物理的・化学的・生物的な諸過程に分けて行われる。その結果として成立した学問分野（discipline）が大気科学・水文科学・地圏科学・土壌科学・生物科学・海洋科学などである。これらの科学は普遍的・合理的・超時間的な知の体系として近代科学の一部を構成し、近代的社会システム構築の基礎となった。近代科学の超時間性とは例えばニュートン力学が時間について可逆的であることで示されるが、獲得した知の時間的不変性も含意する。しかしこのような形で学問の細分化が進むと、本来は一体であった自然を構成する各要素間のつながりや、自然の全体性への関心が希薄になり、学問分野の内部に閉じこもった研究、言い換えれば「科学のための科学」という弊害が生まれてくる」。

一方、多くの社会科学者や（人文学者ではなく）人文科学者も、自分たちの研究が科学でありたいと、自然科学の方法にならった。榧根（2006; 2013）によれば、「科学・技術の成果を利用して、経済活動が活発になり、生活が「便利」になった。しかし近代化が進むにつれて、人々のココロも変化し、欲望に対するブレーキがはずれた。近代の産業資本主義は、欲望を駆動力にした、ブレーキの壊れた暴走機関車に例えることができよう。環境問題を外部不経済として外部に放置したまま、この暴走機関車は、利潤を求めて走り続け、経済を活性化させた。だが人間がモノやエネルギーを消費しすぎた結果、ついに人間活動が地球というシステムの機能や容量を超過してしまった。そして一九九〇年代に入ると、突然、地球環境問題が世界中の関心を集めるようになった」。島薗（2007）の「近代科学と手を携えて世俗的エリートを支えてきた人文的教養の威信の失墜」という言葉は、「人文学とは何か」という重い問いを人文学者に投げかけている。自然科学は「謎解き」であるから、謎がなくなるまで研究は続けられるであろうが、人文学には「謎解き」の要素は少なく、解釈が中心である。唯物論が主流だった時代には、自然科学はもちろんのこと、社会科学と人文学もマルクス主義の影響を強く受けていた。それらは「学」というよりも「イデオロギー」による「解釈」であった部分が多い（榧根 2006）。

世界の科学界・思想界の潮流は、産業革命以降のモダーニティ（近代性）への懐疑を超えて、ポスト近代にふさわしい新しい知（ポスト近代知）の創成へと向かっている。近代科学の弊害を除くために、学際的アプローチ（interdisciplinary approach）という考えが提唱されるようになった。ニュートン力学に基礎を置く近代科学の世界観は、還元主義・機械論・決定論である（榧根 2006）。しかし二十世紀前半の量子力学による革命によって、ミクロな世界では、決定論は完全に否定された。量子力学に基礎を置くポスト近代科学の世界観は、絶対的偶然・確率的法則・非決定論である（榧根 2006）。ポスト近代では、還元主義と機械論による弊害を除くために、関係性・多様性・持続可能性の重視が求められている。いったん分けられて成立した学問分野を再統合することは容易ではないが、統合学としての理論や方法論を模索している動きがある。例えば、ケン・ウィルバー（Wilber, 1996; 2000; 2005; 2006; ウィルバー 2002; 2008）、アーヴィン・ラズロ（Laszlo, 1993; 2003; 2004; ラズロ 1999; 2005）、エドワード・ウィルソン（Wilson, 1998; ウィルソン 2000）、清水博（清水 2003; 2007）、榧根勇や秋山知宏ら（Akiyama *et al.*, 2012a; 2012b; Akiyama and Li, 2013; Kayane, 2008; 榧根 2006; 榧根ほか 2006）などが代表例である。しかし、「ポスト近代にふさわしい学」の誕生にまでは至っていない（榧根 2016）。

また、「社会のための科学」の必要性が説かれるようになった。近代科学者の頭の中には「価値中立性」や「価値自由」、つまり科学は価値の問題に踏み込んではならないという考えが刷り込まれていた（榧根 2016）。学問の自由を価値中立性で担保していたともいえる。「科学のための科学」から「社会のための科学」へ転換するということは、「価値中立性」にこだわることよりも、価値にも踏み込んでいくことを意味する。近年、国際科学会議の主導するFuture Earthという新しい枠組みが動き始めている。そこで、科学と社会の共創という超学際的アプローチ（transdisciplinary approach）が柱になっている。このような科学者は、社会が真実を知っていると考えているのだろうか。「社会のための科学」を実践することが、実は社会のためにならないことがあるのではないか。「ポスト近代にふさわしい学」は何に価値を見いだすべきなのか。

「ポスト近代にふさわしい学」を既存の学問分野と同じ方法論で研究することは無理である。そもそも統合学の対象であるべきものを、断片化した知である既存の学問分野の延長上で研究しても、その全体像が明らかになるはずがない。いやむしろ、何のために全体像を明らかにしなければならないのか、と問うてみるべきである。本稿は、これまでの人類の叡智を踏まえて、「ポスト近代にふさわしい学」とは何かを明らかにするものである。第二節では、人類の叡智としての「存在の大いなる連鎖」の伝統的な枠組みに近代およびポスト近代の知見を統合することによって、「存在の大いなる連鎖」の統合的な枠組みを構築する。それを以て、第三節では、サステイナビリティを考える学問分野の代表としてのサステイナビリティ学（Sustainability Science）の問題点を取り上げる。第四節および第五節では、統合的な枠組みに基づいて、学術界および思想界が「存在の大いなる連鎖」をそれぞれどのように捉えてきたかを明らかにする。とくに第五節では、近年になって思想界から次々に発表されている新しい哲学に共通してみられる特徴として、「降りてゆく生き方」という統合的な世界観があることを明らかにする。第六節では「存在の大いなる連鎖」の統合的な理解を深めることは個人の幸福（ウェルビーイング）や幸せ（ハピネス）だけでなく人類や地球の存続にも重要であることを明らかにして、さらにサステイナビリティ学の方法論に対して提言をおこなう。

2　メタフィジックスから統合的なメタフィジックスへ(2)

(1)「存在の大いなる連鎖」

「存在の大いなる連鎖」とは、「宇宙はあらゆる階層の存在で充満した連続する鎖の環である」という、プラトンに淵源する観念（宇宙観、コスモロジー）のことをいう（Lovejoy, 1936）。前近代における「存在の大いなる連鎖」の枠組みは、図１に示すように、ほぼ全体的に相似性を示している（Smith, 1976; ウィルバー 2008）。このことを根拠にすれば、前近代における「存在の大いなる連鎖」の一般的な枠組みは、図２のように、物質（matter）、生命（life）または身体（body）、心（mind）、魂（soul）、霊（spirit）と考えることができる（Wilber, 2005）。

「存在の大いなる連鎖」は入れ子構造になっており、上位のレベルは下位のレベルを包含しながら超越すると考えられている（Wilber, 2005; 2006; ウィルバー 2008）。すなわち、上位のレベルは、創発的であって、下位のレベルには還元できない要素あるいは性質を含んでいると考えられている。たとえば、図２において、物質Ａから生命Ａ＋Ｂが創発するときに、一定の特質を包含する（ウィルバー 2008）。つまり、生殖活動、内的感情、自己生成（オートポイエーシス）、生命の躍動（エラン・ヴィタール）な

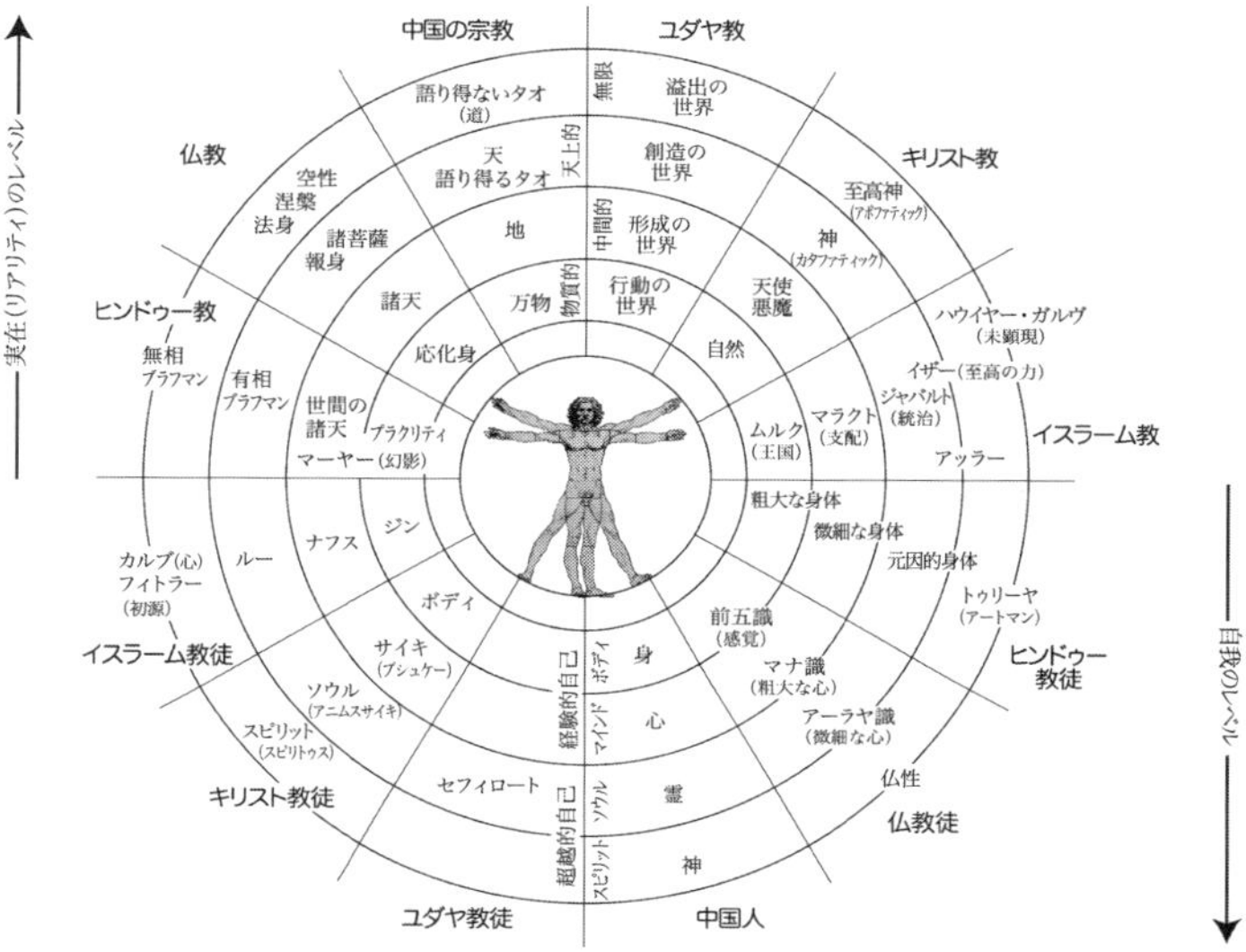

図１　さまざまな叡智の伝統における「存在の大いなる連鎖」の入れ子構造
（ウィルバー 2002; 2008）

どは、Bによって説明されるものであり、厳密には物質Aによって説明され得ないのである。同じように、心のレベルが創発するとき、それは生命や物質の性質や要素からでは説明できない要素を含む。したがって、進化とは、物質から生命（身体）、心、魂、霊へと展開していく過程であると考えられる（Wilber, 2005; 2006）。

一方、下位のレベルへの展開を意味する内化（involution あるいは in-folding）という過程も重要である。下位のレベルから上位のレベルが創発することを進化というが、そればかりでなく上位のレベルから下位のレベルに降下することもあり得る（Wilber, 2005; 2006; ウィルバー 2008）。後者のこと

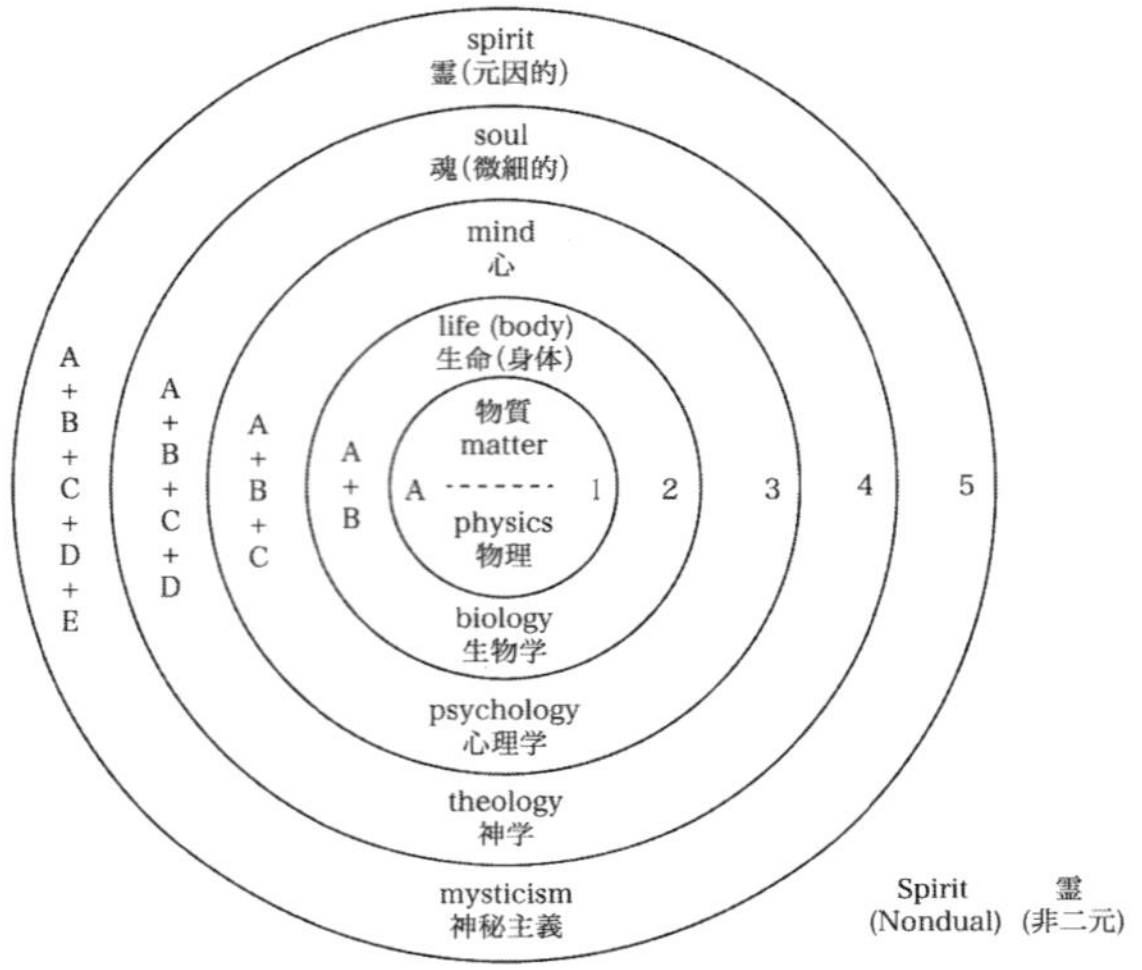

図２　伝統的な「存在の大いなる連鎖」の統合的な枠組み
Wilber (2005)、ウィルバー (2002) およびウィルバー (2008) を元に改変。最高レベル (元因的) とすべてのレベルの非二元的規定の両方に存在していると解釈される。

を内化あるいは溢出 (emanation) という (Wilber, 2005; 2006; ウィルバー 2008)。この内化が起こらなければ、進化は起こり得ない (Wilber, 2005; 2006; ウィルバー 2008)。すなわち、生命 (身体) はあたかも物質から進化したように見えるが、内化過程において、生命があらかじめ物質に降下しているのである。

いったん内化が起これば、AからA＋Bへ、そしてA＋B＋Cなどへと進化が始まる (Wilber, 2005; 2006; ウィルバー 2008)。進化の過程は、内化過程で降下した上位レベルの要素を、展開して創発していく。内化過程で分断されて忘れ去られていた要素が、進化の過程において想起されて具現されていく。すなわち、自分が誰であるのかを忘れることが

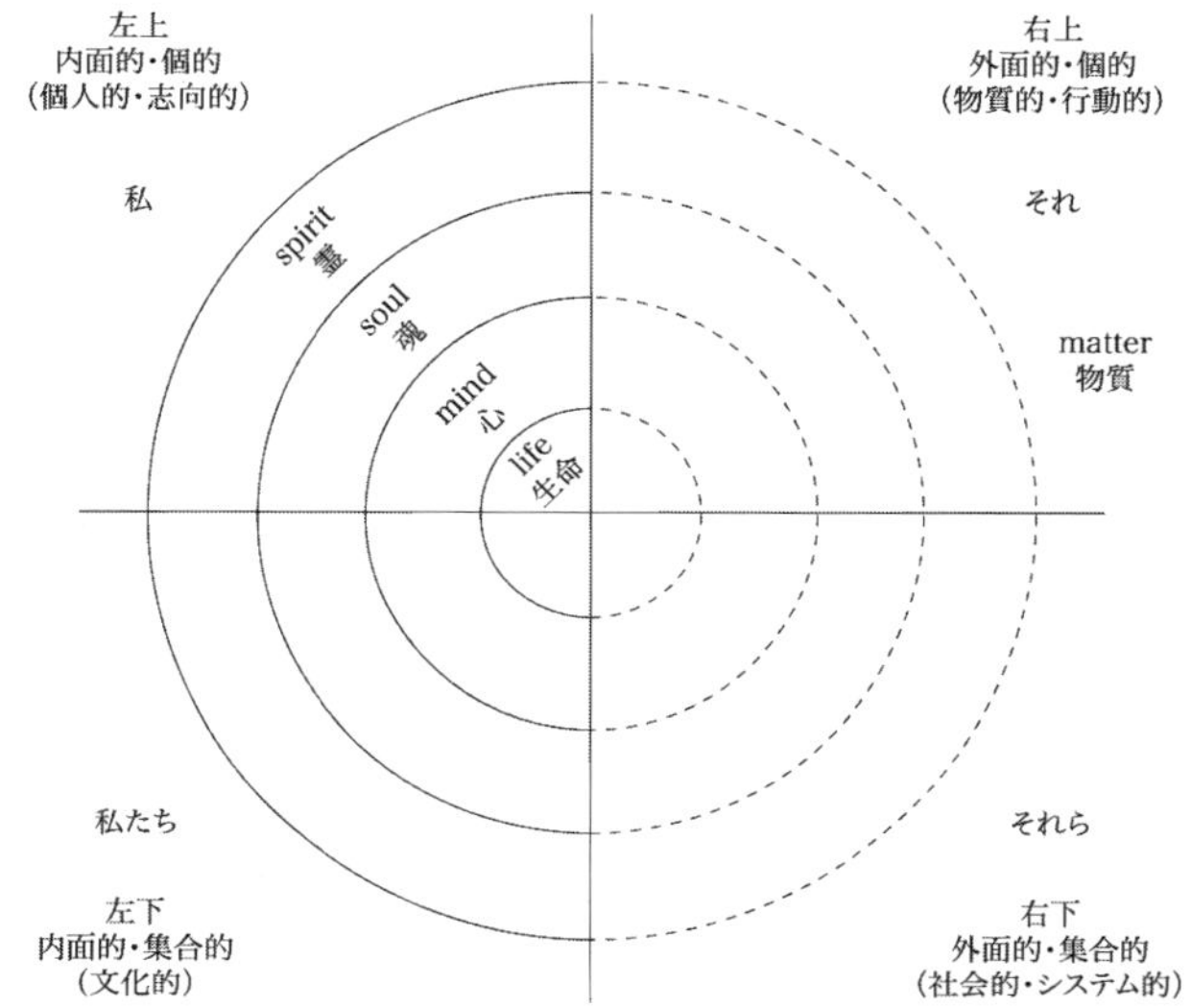

図3　内面（意識）と外面（物質）の状態の関係
ウィルバー（2002）およびウィルバー（2008）を元に著者作成。

内化であるとすれば、進化とは自分が誰であり何者であるかを思い出すことである。「汝はそれなり（tat tuam asi）」「悟り」「回心（metanoia）」「解脱（moksha）」「無（wu）」などは、進化の古典的な名称である（Wilber, 2005; 2006; ウィルバー 2008）。

(2)「存在の大いなる連鎖」からポスト近代へのステップ

存在の大いなる入れ子構造、内化と進化、存在と認識のレベルといった形而上学的体系は、永遠に真実であるというような固定したものではない。これらは、前近代の偉大なる聖人たちのスピリチュアルな体験に基づく解釈的な枠組みである。したがって、近代およ

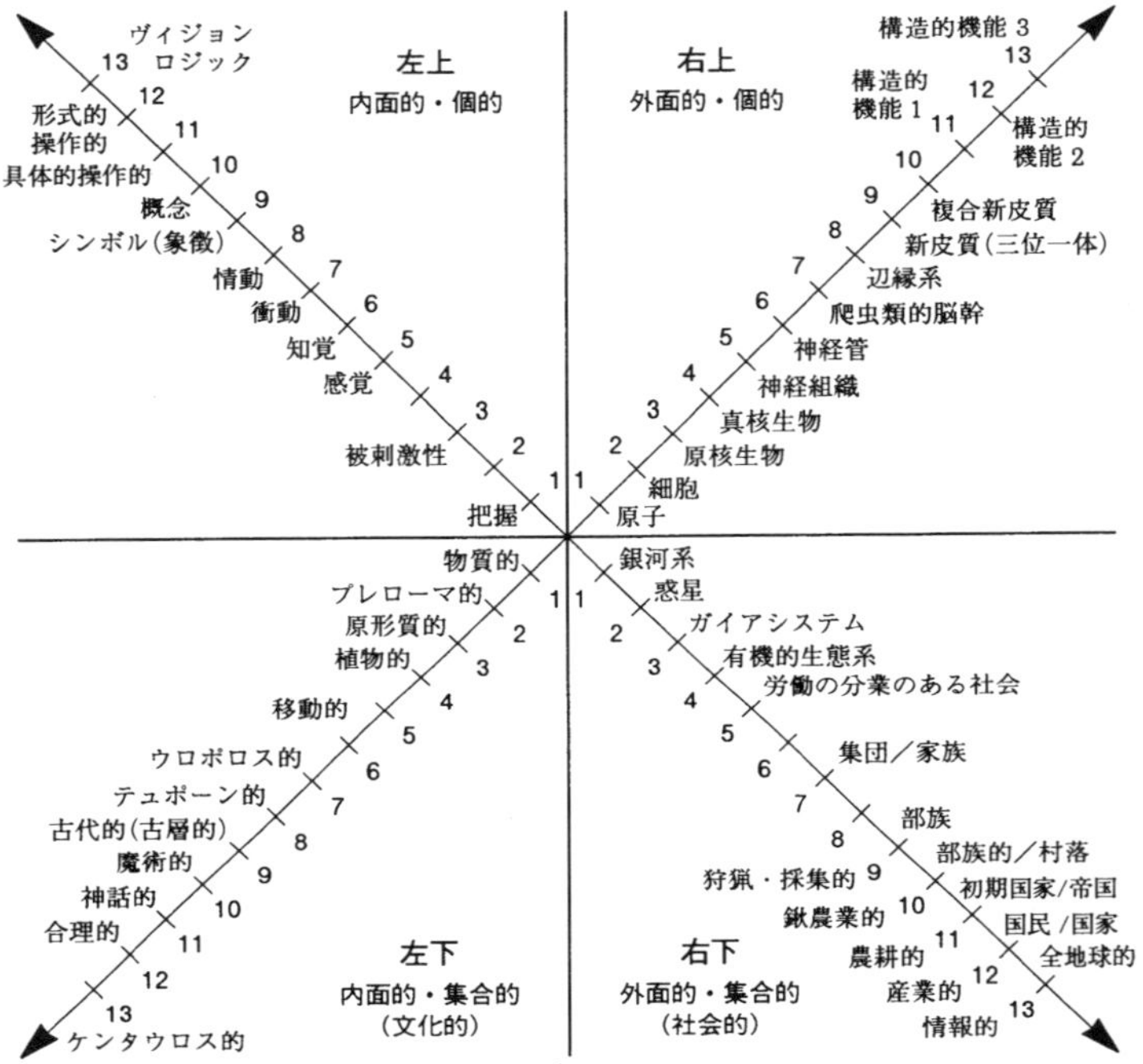

図4　ウィルバー（2002; 2008）の四象限的枠組み

びポスト近代の洞察を統合する必要がある（Wilber, 2005; 2006; ウィルバー2008）。たとえば、脳科学や神経科学の知見を組み込もうとすれば、図3のように、存在の大いなるスペクトルの全レベルの底辺に位置づけられていた「物質」が各レベルの外面に位置づけられる。物質はリアリティの外面であり、意識はリアリティの内面なのである。外面と内面は相関関係にあるために、物質的な形の複雑性の増大は、同時に意識の増大を意味する。Whitehead（1929; 1933）は、物質的実体としての原子でさえも原感覚（proto-feeling）や原意識（proto-consciousness）という内面的把握を持っていると考える。このようなホワイトヘッド哲学は最近になって量子論的にも検討されつつあり（Hameroff, 1998; 2007; Hameroff and Penrose, 1996a; 1996b; Penrose and Hameroff, 1995）、それらの最近の動向は、Hameroff and Penrose（2014）によくまとめられている。前近代の聖人たちがメタ（上位）フィジカル（物質的）なリアリティと呼んでいたものは、物質を超えているのではなく物質の内面にあるのであって、自然を超えているのではなく自然の内面にあるのである。ウィルバーの枠組みの一般的な図式は図4である。上半分の象限すなわち個的な象限についてだけでなく、下半分の象限すなわち集団的な象限についても同様に内面と外面を考えることができる（Wilber, 1996; 2000; 2006; ウィルバー 1996; 2002; 2008）。「いのち」と自然のいずれもがこの四象限に織り込まれており、それらは他の要素と分けがたく存在しているのである。

3　「存在の大いなる連鎖」とサステイナビリティ学

サステイナビリティを考える学問分野の代表に、サステイナビリティ学（Sustainability Science）がある（例えば Clark and Dickson, 2003; Kajikawa, 2008; Kates *et al.*, 2001; Komiyama and Takeuchi, 2006; Swart *et al.*, 2002; Turner *et al.*, 2003）。サステイナビリティ学は、資源と地球の有限性を論じたローマ

クラブの報告（Meadows, 1972）や「持続可能な開発」という概念を示したブルントラント委員会の報告（Brundtland, 1987）をうけて、地球上での持続可能な人類の生存を達成するために提唱された学問分野である。したがって、サステイナビリティ学は、「社会のための科学」を「学際的」に推進する学問分野の典型例と言える。近年の定義では、「地球システム、社会システム、人間システムの三つのシステムおよびその相互関係に破綻をもたらしつつあるメカニズムを解明し、持続可能性という観点から各システムを再構築し、相互関係を修復する方策とビジョンの提示を目指すための基礎となる学術であって、最終的には持続可能な社会の実現を目指すものである」とされている（Kauffman, 2009; Komiyama and Takeuchi, 2006; 植田ほか 2006）。人類の抱える問題の不確実性の高まりをうけて、従来のScience for Sustainabilityというモードに加えて、ポストノーマルサイエンス（Funtowicz and Ravetz, 1993）や超学際性（Transdisciplinarity）などを特徴とするScience of Sustainabilityの必要性も提唱されている（Spangenberg, 2011）。

しかし、サステイナビリティ学の根底には、いまだにデカルト的二元論や要素還元主義がはびこってはいまいか。ウィルバーの枠組み（図3と図4）に基づけば、人類が抱えている様々な問題の多くは、右象限の突出した発達に起因すると捉えられる。現代という世界が、科学技術の突出した発達によって、右象限だけが異常に発達したいびつな世界になっていることからも明らかである。そのいびつな発達の具体的な現れの例が環境問題であると、私たちは理解する（例えばAkiyama, *et al.*, 2012a; 榧根2006; Kayane, 2007; 2008; 榧根ほか2006）。システム思考というサステイナビリティ学の出発点も、サステイナビリティ学の最前線も、ウィルバーの四象限的枠組み（図3と図4）に従えば、集団的・外面的である右下象限に限定されるものばかりではあるまいか。左象限の内面的な発展の重要性が軽視されてきたことは明らかである。森岡（2014a）は、サステイナビリティ学において何がサステイナブルであるべきかが不明確であるという現状を踏まえたうえで、「すべての人間の尊厳が守られ、すべての人間がそれぞれの幸福をめざして生きていくことのできるような地球社会を作り出し、維持していくために要請される総合学である」という再定義を提唱している。この定義は今後もさらに検討され続けなければならない。

そして、これまでのサステイナビリティ学における議論は、Tainter（2003）が示した「何のサステイナビリティか、誰にとってのサステイナビリティか、どのくらいの期間のサステイナビリティか、そのサステイナビリティにはどのくらいのコスト（コンフリクトなども含む）がかかるのか」という点も十分に深められていない。哲学においては、「人類は存続すべきなのか」という問いを正面から考える議論が存在する（例えばBenatar, 2006; 2013; 森岡2011; 2013a; 2013b; 2014b; Smuts, 2014）。そして人類には存続する義務はない、あるいは存続しないほうがよいとする論も存在する（Benatar, 2006; 2013）。森岡（2014a）が言うように、サステイナビリティ学が当然の前提としている人類全体の存続すら哲学では疑われる場合があり、サステイナビリティ学はこのような冷徹な問題提起をも受けて立たないといけない。いやむしろ、このような問いを学際的に検討していくことこそがサステイナビリティ学の役割ではないだろうか。

ウィルバーの枠組み（図3と図4）に基づけば、物質、生命（身体）、心、魂、霊のそれぞれのリアリティあるいはそれらの相互関係について、無限の見方がありえる。「いのち」と自然のいずれもがこの四象限に織り込まれており、それらは他の要素と分けがたく存在しているのである。真実の追究には、全象限的アプローチが不可欠である。例えば、「いのち」の理解を深めたければ、心、魂や霊のレベルまで拡張して検討すべきなのである。したがって、サステイナビリティ学は「存在の大いなる連鎖」のサステイナビリティこそを考えるべき学問分野なのである。そして、人類の直面する問題を超克したいならば、これまでとは全く異なる新しいポスト近代知に基づいて、全象限の調和を目指さなければならない。

4　ポスト近代にふさわしい新しい知の探究

このセクションでは、「存在の大いなる連鎖」のそれぞれの領域すなわち生命（身体）、心、魂、霊のそれぞれについて、近代およびポスト近代の学術界がどのように捉えてきたかを明らかにして、ウィルバーの枠組み（図3と図4）に照らしながら、ポスト近代にふさわしい捉え方ないしは新しい知（ポスト近代知）を探っていく。

(1)「いのち」の深みへ

「いのち」は非常に多義的・抽象的な概念であり、その定義は未だに定まっていない。ここで考えたいのは、二〇一四年に環境思想・教育研究会第二回研究大会で取り上げられた「自然や生命というものに対して、私たちがどのように関わり生きていけば良いのか」という問いである。この問いは、「人間とは何か」「人間として生きるとは何か」「人類は存続すべきなのか」という問いに深く関連する。それを考えるためには、まず、「私たちが「いのち」というものをいかに捉えるべきか」という問いに答えなければならない。ここでは、自然科学、医学、死生学、神智学、人智学などに焦点を当てる。

まずは、自然科学の捉え方からみていこうと思う。生物学では、生命の特徴として、「自己維持」「自己増殖」「自己と外界との明確な隔離」などが挙げられているが、生命ないしは生物の定義は困難であるとされている。生命の最小単位は「細胞」であるとされることが多い。ウイルスは、他の生物の細胞を利用して自己を複製させることのできる微小な構造体で、ＤＮＡやＲＮＡなどの核酸とそれを包むタンパク質の殻からなる。ウイルスは、細胞をもたないので、すなわち増殖はするが代謝を一切しないので、非生命あるいは非生物とされることもある。しかし、この論争はいまだに決着していない（福岡 2007）。このような生物学上の概念を踏まえて、宇宙論（例えば松田 1990）や量子論（例えばSchrödinger, 1944）の立場から生命を位置づける試みもある。一方、カオス、ゆらぎ、非平衡熱力学といった複雑系の物理学の立場から検討した金子（2009）は、「いのち」を生命システムとしてとらえ、その本質を「よくできた機械としてとらえるのでなく、いいかげんで複雑なダイナミクスから現れた増殖しうるシステムのもつ普遍的構造」として捉える見方を提示している。生命に関するシステム（生命プロセスと進化）をコンピュータ上のソフトウェア、ロボット、生化学を使ったシミュレーションに基づいて研究する人工生命（Artificial Life）という分野もある。すべての分野をここで取り上げることはできないが、自然科学における「いのち」は、ウィルバーの枠組み（図3と図4）に照らせば右象限に限定したものであることは自明である。既存の学問分野の延長上で研究しても、「いのち」の全体像を明らかにするのは難しいのではないか。

一方、医学界ではどのように捉えられてきたのだろうか。医学の発展を歴史的に見れば、医学はまず治療医学として発足した。科学技術の発達にともなって、顕微鏡、心電図、最近ではCTやMRIなどの先端技術ができて、診断医学が高度に進歩した。また、ワクチンが開発されて予防医学が発展した。そして、ペースメーカーや臓器移植によって、さらに救急医学の普及によって、延命医学が発達した。

近年では、再生医学、免疫医学（例えば Kershaw *et al.*, 2005; Mellman *et al.*, 2011; Rosenberg *et al.*, 2004）の発達が著しい。その一方で、終末期医療というものがある。終末期医療というとハイテクをつかった延命医療などを想像する者もいるだろうが、実際はそうではなくて、最近はとくに個人の内面的なケアが中心である。例えば、認知症ケアの新しい技法に、ユマニチュード（Humanitude）というものがある。フランス生まれなので、ヒューマニチュードではなくユマニチュードと記される。ユマニチュードとは、知覚・感情・言語による包括的コミュニケーションに基づいたケアの技法である。この技法は、「人とは何か」や「ケアをする人とは何か」を問う哲学と、それに基づく百五十を超える実践技術からなりたっている（本田ほか 2014）。この語源は、一九三〇年代までさかのぼり、パリに結集したフランス領植民地の黒人エリートたちが黒人らしさを取り戻そうと開始したネグリチュード（Negritude）という文学運動にある（Césaire, 1956）。ユマニチュードでは、人間らしさとは、「立つ」「見る」「話す」「触れる」という身体機能に大きく依存しており、他者との関係性の中で保証されるものであると捉えられている。ウィルバー（2002）の「統合的な医療（integral medicine）」の枠組みに照らしてみれば、これらの医療は、生命を超えて心のレベルも含めることを重視しており、ポスト近代の「統合的な医療」の構築に向かっていると言える。このような医療は、統合医療（integrative medicine）(3) やホリスティック医療あるいはホリスティック医学（帯津 2009）という概念に似ている。しかし、厳密に言えば、統合医療はいわば足し算であるが、ホリスティック医療は始めに全体ありきというスタンスをとるところに特徴があり、発想が全く異なる。スピリチュアルな方法も排除せず、医師主導でなく、患者が自ら癒すことを重視するとされる。そして、魂や霊のレベルまで包含する医療を、真の「統合的な医療」と考えることができるかもしれない。

医療告知、緩和医療における終末期セデーション（terminal sedation）[4]、尊厳死、安楽死、延命などをめぐる問題を背景に、一九七〇年代になって死生学というものが提唱された。死生学とは、「死」にまつわる現象にまずもって照準し、その探究や考察をとおして「生」をとらえなおす学問である。したがって、幸福（ウェルビーイング）や生きがいなどにも深く関連する。自殺や犯罪の増加の背景には現代的なライフスタイルにおける「いのち」のリアリティの欠如があると考えられるようになり、脳死の解釈、生殖医療技術や遺伝子診断などを巡る生命倫理に対する関心の高まりも加わって、死生学への関心はますます高まってきている。人々の死生観すなわち死に対する向き合い方は歴史を通してさまざまに変化してきたが（小川 1994）、死生学では臨床の重要性すなわち死の現場を重視すべきことが提唱されている（安藤・高橋 2012）。言い換えれば、そこまでしなければ「生」や「死」を深く理解することはできないのである。

死に直面した人々の心理状態を初めて分析したKübler-Ross（1969）は、死を前にした患者がたどる五段階のプロセスのモデルを提示した。彼女によれば、近い将来に死が訪れるという告知を受けてから実際に亡くなるまでに、自身の死の「否認」、「怒り」、延命の交渉としての「取引」、「憂鬱」、「受容」という五段階の死へのプロセスを多くの患者が経験するという。デーケン（2003）は、死後の生命を信じる患者の場合には、永遠性への「期待と希望」という第六段階に達することが多いという。Kübler-Ross（1969）らの仕事を受けて、人間らしい死を迎えるにはどうすべきかという、デス・エデュケーション（死への準備教育あるいは死生観教育）の必要性が提唱されるようになった。一方、デーケン（2003）は、死を告知された患者の身近な人々への教育がまったくなかったことに鑑みて、グリーフ・エデュケーション（悲嘆教育）の必要性を説いた上で、「十二段階の悲嘆のプロセス」という、遺された人が悲嘆から立ち直るためのモデルを提示した。近年、死生学の対象は、死後の世界にも拡張されるようになってきている（小佐野・木下 2008; 桐原 2009）。死や来世についての理解の仕方は、人間の心のもっとも深い所にある核の部分に影響し、人間の実存構造そのものを形作ると考えられている（Obayashi, 1991）。こうした死生学の発達をウィルバーの枠組み（図3）に照らし合わせれば、生命から心、魂、霊のレベルまでを包含する四象限全体が、死生学の対象とされつつあると言える。

神智学から出発して独自に人智学、心智学、霊智学を樹立したルドルフ・シュタイナーによれば、人間は物質体（肉体あるいは身体）、エーテル体⑸（生命体）、アストラル体（感受体あるいは想念体）、自我

（個我）の担い手によって構成されているという（シュタイナー 2000; 2007）。自我が物質体、エーテル体、アストラル体にいかに働きかけるかによって、人間の進化段階に高低が生じると考えられている。彼による死の定義は「物質体からエーテル体が去ること」であり、逆に言えば物質体にエーテル体が入ったものが生命である。生命のほかに心魂と精神という概念も提示しており、心魂が感情的・主観的なものであるのに対して、精神は思索的・客観的なものであるとしている。このように、物質界、心魂界（欲界）、精神界（神界）の存在を説いている。さらに彼は自然界にも言及しており、人間は物質体、エーテル体、アストラル体を三つの自然界すなわち鉱物界、植物界、動物界と共有しているという。

一方、十八世紀のスウェーデン人学者で、自然科学、数学、物理学、哲学、心理学など二十もの学問分野で多くの業績をあげたエマニュエル・スウェデンボルグは、後半生の約三十年間、科学的研究を一切放棄し、心霊的な生活と霊界の研究に没頭したことで知られている。スウェデンボルグは、精霊界と霊界の実態、それらと人間界との関係、霊の想念などを実体験に基づいて包括的かつ具体的に描写している。その業績の多くが大英博物館に保管されている。彼によれば、「人間の肉体の死は、この世の全ての終わりだということは、物質界、自然界的に見れば確かに正しい。だが、死を霊の立場、霊界の側から見れば、単にその肉体の中に住んでいた霊が、肉体の使用を止め、肉体を支配する力を失ったということにすぎない。死は、霊にとっては霊界への旅立ちにすぎないのである」という（Swedenborg,

1995; スウェデンボルグ 2000）。霊界の立場から見れば、もしかしたら人間界から霊が安定的に供給されることが重要なのかもしれない。

シュタイナーやスウェデンボルグの「いのち」の捉え方は、ウィルバーの統合的な枠組み（図3）と親和性がある。これらの言説は、Popper（1963）による科学の基本原則である反証可能性や反駁可能性に照らせば、科学の範疇に含めることはできない。しかし、学際性や超学際性を特徴とする「ポスト近代にふさわしい学」はすでに価値の問題に踏み込んでおり、既存の科学の範疇からすでに飛び出している。したがって、これらの言説は、疑似科学として退けられるべきものではない。いやむしろ、量子論などの、ポスト近代科学によって検証することが可能ではないか。これらの説を学際的かつ実証的に検討することによって、「いのち」の理解をさらに深められるはずである。

(2)「こころ」の深みへ

「こころ」もきわめて多様に定義される概念であり、その定義は未だに定まっておらず、文脈に応じて多様な意味をもつ。「こころ」を考えるにあたっては、「意識」まで拡張しなければならないし[6]、脳の機能についても考えなければならない。これらに関連する問いのひとつに、「脳は一部の機能しか使っていないのか」というものがある。最近では、リュック・ベッソンの「Lucy」（二〇一四年公開）という映画でも取り上げられている。Lashley（1923a; 1923b）は、大脳の一部を切除したマウスの学習実験に基づいて、大脳に機能分化はほとんどなく（等能性の原理）、むしろ脳の量が重要であるとの説（量作用の原理）を提唱した。しかし、この学説は最近では受け入れられていない（Kalat, 1995; Beyerstein, 1999; Schmitt, 1975）。否定する根拠としては、脳の一部でも損傷すると重大な障害が起きること、神経細胞は（睡眠時も含め）常時すべてが働いていることなどである。ただし、脳には柔軟性があり、損傷部分の機能の残りの部分による代替は、幼少の頃ならばしばしばあるという。「人間は脳の一〇パーセントしか使用していない」とよく言われるので、「一〇パーセント神話」と呼ばれている。

一般的な意味での心を研究する学問分野の代表は心理学である。心理学は、人間を含む動物とそれを取り巻く環境との相互作用としての認知や行動を研究するものである。認知、行動、知能、感情などは、それぞれ独立に機能しているのではなく、心を構成する要素として不可分であると認識されている。にもかかわらず、現在では五十以上の学問分野に細分化されており、「漢字二字に心理学をつければ何でも心理学になる」と揶揄される状況を招いている。このため、それぞれの分野での心の捉え方は多様である。例えば、認知心理学や行動心理学などの実験系の心理学では、心を「脳で行われている情報処理」とみなしている。臨床心理学（精神医学）[7]では、「心は傷を受けるものである」と考えられており、個人の尊厳や「いのち」の概念とも深く関わる。環境心理学では、人間の行動の背景として存在するものとして捉えられることが多かった「環境」というものを重視し、「心と環境は相互作用をする一つの系である」と捉えている。ここで言う環境とは、自然環境や都市環境などの物理的な環境だけでなく人間関係などの内面的な環境も含まれており、ウィルバーの枠組みにおける四象限全体が対象とされている。ただし、四象限は入れ子構造になっており、この場合の統合性は低いレベルでの統合性であると言える。なぜなら、魂や霊のレベルにはまだ目が向けられていないからである。一方、トランスパーソナル心理学では、個人単位の主体性、創造性、自己実現といった「人間性」が重視されており、物質から、生命、心、魂、霊までの同一性（oneness）が論じられている。これは幸福（ウェルビーイング）や幸せ（ハピネス）の概念とも深く関わるものであり、統合失調症のような一般に精神疾患とされるものをどう捉えるかという問題は観察者の人間性を問うているのである。

ポスト近代にふさわしい「こころ」の理解を深めていくにあたって、ここで「尊厳」と「幸福」はいったい何を意味しているかをまず明確にしておきたい。これらについては哲学の分野での詳しい議論があるが（森岡 2014b）[8]、大まかには森岡（2014a）の次の説明がわかりやすい。「尊厳」には二つの意味がある。ひとつは、人間の精神と身体が、他人や社会システムなどによって道具化されておらず、またそれらによって支配もされていないような状態のことである。簡単に言えば、人間の心と体が、他人や社会によって単なる踏み台としてもてあそばれるようなことにはなっていないことである。もうひとつの意味は、人間が、過去世代と将来世代のあいだのつながり、同時代における人と人とのつながり、人間と自然環境のつながりのなかに肯定的に埋め込まれて生を全うしていけることである。この二つの「尊厳」は、私たちが全力でもって守らなければならないものである。「幸福」とは、人間が、「このような生を生きてきて本当によかった」と心から思えるような生き方をしていることである。簡単に言えば、自分が生きていることに対して、「生きていてよかった」と肯定できることである。「幸福」は、私たちが目指すことのできる目標である。「尊厳」は、人間が生きていくうえでかならず守られなくてはならない必要条件であるのに対し、「幸福」は、人間がそれを目指すことが可能な状態であればよいのであって、それを目指すことは義務ではない。これは十分条件である」。

人間は古くから幸福になるための方法に深い関心を寄せてきた。(9) 最近では、「宗教には関心がないが、スピリチュアリティには関心がある」というような人々が増えている。アメリカやヨーロッパでは一九六〇年代の後半から、後に広く「ニューエイジ」とよばれるような現象が若者の間に広がり始め、八〇年代半ばには新たな一大宗教勢力として認知されるようになった(10)(Heelas, 1996; 島薗 2012)。閉ざされたカルト運動のような方向に道を開くことがあるにせよ、全般傾向としては、制度化された教団や強固な組織は好まず、ゆるやかなネットワークの中で、個々人がそれぞれ身の丈に合った自己変容や心の成長を目指すといった性格が目立つ(島薗 2007)。幸福感は自分の心が感じるものであるから、外の状況を変えても効果は一時的なものにすぎず、結局は自分の心の持ちようを変えるのが幸福を感じる確実な方法であるとの認識が背景にある。中には、自らが世界を変革し、人類を進化させていく新しい潮流に参加していると考える者もいる。最近の新しいスピリチュアリティは自らが、伝統的な宗教と近代科学や合理主義との双方の欠点を克服した新しい世界観あるいは新しい運動や文化であると自覚しており（島薗 2012）、それらの実践に幸福を見いだしている。ウィルバーの枠組みを用いて言い換えれば、モノでは幸せになれないという気づきに基づくものであって、近代における右象限の突出した発展に対するアンチテーゼである。そして、左象限の発展の重要性を強く認識しており、アンバランスな状態になっている四象限全体の再構成を自らが実践しようとしている。このことに幸福を見いだすのである。「精神世界」や「スピリチュアリティ」への関心の高まりは持続的な現象なのだが、一九九〇年代以降に顕著になってきたのは、個人の自由を謳歌する消費文化的性格が後退し、生活のベーシックなニーズに即した営みという性格を強めてきたことであると考えられている（島薗 2007）。そして、スピリチュアリティの興隆はグローバルな資本主義やネオリベラリズムと親和性があり（Carette and King, 2005）、メディアの発達による新しいコミュニケーションのあり方とも深い関わりがあるという（島薗 2012）。近代における右象限の突出した発展に対するアンチテーゼであるとすれば、科学技術の発展やそれに基づく産業資本主義や金融資本主義によってもたらされた負の影響のすべてが、スピリチュアリズムを加速させてきたと言ってもよいだろう。[11] その最たるものが、自然環境の人為的な破壊や自然災害ではないかと思われる。なぜなら、スピリチュアリティズムは、自然環境や宇宙とのつながりを重視するからである。このように考えると、サステイナビリティ学の興隆はスピリチュアリティの興隆の一形態なのではないかと思えてくる。

脳科学によれば、「脳は与えられた環境との干渉の中で、その機能構築を自動的におこなっている。そして、そこから形成される「情報の塊」が、「こころ」をつくる。「こころ」とは、個が環境と干渉しあうことからうまれてくる」(Nakada, 2000; 2003; 2004; 中田 2001; 2002; 2006)。さらに、意識と所作と情景を結ぶものは、ことばの本質としての発音体感であり（黒川 2007）、人間と自然は相互作用して風土性という地域性を生み出す（和辻 1935; 樋根 2015)。「こころ」は「情報」を介して「自然環境」とつながっているものと捉えられる。そうすると、「自然環境」が破壊されたときに、どのような影響が「こころ」に及ぶのだろうか。また、「情報」の伝達が不適切になった場合、どのような影響が及ぶのだろうか。社会のニーズがモノから情報へと変化しても情報による脳内汚染が起こる可能性があり、その危険性はすでに指摘されている（岡田 2005)。脳内汚染が進めば、脳内エントロピーが増加する。その結果、ヒトは正常ではなくなる。大気中の二酸化炭素濃度をあるレベルで安定化させることと並んで、脳内エントロピーを低下させるためのシステムの構築も、二十一世紀の最重要課題になるのではないか

（栂根、私信）。したがって、「情報の塊とは何か」「個と環境の間で交わされている情報が果たしている役割とは何か」「環境が破壊されたときに、その影響が心の創発にどのように及ぶか」「情報による脳内汚染が起こったときに環境にどのような影響が及ぶか」といった問いに答えていくことが重要である。そして、これらの問いは、サステイナビリティ学の中心となるべき具体的な課題のひとつである。情報というキーワードに着目すれば、量子論(12)、エントロピー論、脳科学、遺伝学(13)、心理学、言語学等の学際的研究により、現実的なブレイクスルーに挑戦できるのではないか。

近代物理学では意識や心はその対象外であったが、量子論による非局在性の発見により、意識や心が物理学の世界に入ってきている。地球は生命融合体であるとするガイア仮説（Lovelock, 1972; 1979; 1989; 2006）も、量子論の応用によって、お互いのつながりを証明できる可能性がある（Josephson and Pallikari-Viras, 1991; Onori and Visconti, 2012）。そして、生命をふくむ万物はつながっており、そのつながりは宇宙にまで広がっているのではないかと考えられはじめている。言い換えれば、宇宙全体は物質というよりも情報であり、さらに意識的な量子状態ですべてがつながっているのではないかという仮説である（奥 2009）。これが真実であれば、人間は宇宙の進化に関わっており意味を与えていることになる。量子論の発見は、量子神経科学、量子心理物理学、量子存在論など、その広がりを見せている。量子論の非局在性に基づけば、意識の生まれ変わりや死後の世界が明らかになるかもしれないのである。

(3)「魂」と「霊」の深みへ

新しいスピリチュアリズムでは、「魂」と「霊」は区別されている。「魂」はハイヤーセルフ（higher self）と呼ばれており、肉体が輪廻転生を繰り返してもハイヤーセルフそれ自体は決して変わらないと考えられている。ただし、「魂」は成長するものだと考えられることが多く、このことを表すためにアセンション（ascension）という言葉がしばしば用いられる。物質世界から意識世界への昇華という意味で用いられており、複数の宇宙が存在するという多元宇宙論や超弦理論とも関連して、次元上昇あるいは意識上昇などとも言われる。そして、生物から地球までをふくむ万物がアセンションをすると考えられている。完全に悟りを開いた者あるいは最も高い次元に覚醒した魂は、アセンデッドマスター（ascended master）と呼ばれている。一方、スウェデンボルグのいう霊界や精霊界も認められているが、それらは「魂」と区別されている。これらは科学的に検証されているわけではない。

生命から心、魂、霊のレベルまでをつなぐ可能性のある現実的な研究テーマのひとつとして、臨死体験（near-death experiences; NDEs）がある。包括的な収録範囲を誇る世界を代表する学術文献データベース Web of Science（トムソン・ロイター社）で調べると、タイトルに臨死体験という語のある論文が四五七件みつかる。地質学者のアルベルト・ハイムが登山時の事故で自身が臨死体験をしたことにルーツがあるが（Heim, 1892）、本格的な研究がはじまったのは一九六〇年代である（例えばKübler-Ross, 1969）。現代人におこる臨死体験の特徴は様々な研究でまとめられており（例えばMoody, 1975a; 1975b）、スウェデンボルグによる霊界の描写との共通点がきわめて多い（Talbot, 1991）。臨死体験には個人差はあるが、体外離脱、広大なトンネルを抜ける体験や光体験、人生回顧や時空を超えた領域を訪れる体験などが顕著である。従来は心肺停止後に蘇生した患者がおもな研究対象であり、臨死体験とみなすかどうかには一般的にGreyson scale（Greyson, 1983）が用いられてきた。イギリスのサウサンプトン大学において二〇〇八年から開始されたAWAREという過去最大規模のプロジェクトによる成果によれば、心肺停止後に蘇生した三三〇人の患者のうち一四〇人に対して聞き取り調査をおこなった結果、そのうちの約四〇パーセントが心肺停止中に意識があったことを報告した（Parnia *et al.*, 2014）。二段階目の聞き取り調査の被験者一〇一人のうち、一三パーセントが体外離脱を報告し、五十七歳のある男性は治療を受けている間に周囲で起こっていた出来事を正確に述べたという（Parnia *et al.*, 2014）。体外離脱の現実性は、心肺停止状態における自己描写の正確性からだけでなく、精神力学と電気生理学を組み合わせることによって得られたデータからも支持されており、想像上のものではないことが証明されている（Palmieri *et al.*, 2014）。

さらに、多様な臨死体験があること（Greyson, 1993）をうけて、最近では、心肺停止のような重篤な経験はなくとも自らが臨死体験を報告する場合（臨死体験のような経験）も対象にされるようになってきた（Verville *et al.*, 2014）。つまり、死に近づいた者にしばしば起こる超自然的なイベントも含まれるようになってきている（Greyson, 2000）。私は「臨死体験が価値観や世界観を変える」という点に着目している。臨死体験者はその体験後に「他人への同情心が深まり、他人の手助けをしたいという願望が強まった」と回答する傾向があるという（Ring and Valarino, 1998）。体験前は粗暴で暴力的であった人物が、臨死体験後は他者につくす献身的な人格に変わるという例もある。臨死体験後に起きる変化はケネス・リングやレイモンド・ムーディらによって詳細にまとめられており、その中には、死後の世界の確信、生命への尊敬の念の強まり、他者への思いやりの増大、死の恐怖の克服、自己超越、意識の生まれ変わり（輪廻転生）の確信、サイキック能力の開花などが挙げられている（Moody, 1975a; 1975b; Ring and Valarino, 1998）。私は、これらは「汝はそれなり（tat tuam asi）」「悟り」「回心（metanoia）」「解脱（moksha）」「無（wu）」と呼ばれる気づきのことであり、進化のプロセスであると考えている。シュタイナー（2007）は「人間生活の価値と意味は、もうひとつの世界を洞察することによって得られる」と言い、脳科学者の茂木健一郎は「人が命の危機や魂の危機を体験すると、脳は、普段使っていない潜在能力を発揮する」と言っている（木村 2014）。

サイキック能力に関する研究は、絶対数はまだ多くはないが、この十年程度の間に著しく増えてきている。タイトルに「サイキック（psychic）」あるいは「超自然的（supernatural）」という語のある論文をWeb of Scienceで調べると、それぞれ三九八六件と九六七件がみつかる。ただし、それらの多くは心的外傷（psychic trauma）などの心理学的な論文であって、サイキック能力を扱うものではない。「サイキック能力（psychic ability）」あるいは「超自然的な力（supernatural power）」という語を用いると、それぞれ一九件と四〇件がみつかる。サイキック能力は、仏教、ヒンドゥー教、ユダヤ教カバラ、イスラム教スーフィズムなどに由来する神秘主義思想では、心を静める方法を習得すれば身につく経験や知覚であると認識されている。これらの教えに共通する特徴は、同一性（oneness）の探究である（Targ and Katra, 2001）。一方、二〇〇五年から刊行されているJournal of Science and Healing（エルゼビア社）という国際的学術誌がある。サイキック能力は歴史的に見れば軍事への応用が意図されてきたという経緯もあるが（McKelvy, 1988）、この学術誌は「社会のための科学」を明確にしている。その対象は意識、スピリチュアリティ、ヒーリングなどのサイキック能力や超自然的な現象から環境問題まで幅広い。科学的かつ学際的な根拠に基づく議論が志向されている。この雑誌の中でタイトルに「サイキック（psychic）」あるいは「超自然的（supernatural）」という語のある論文を調べると、それぞれ一〇三件と二四件がみつかる。サイキック能力のメカニズムはまだ理論仮説の域を脱していないが、ハイゼンベルグの不確定性原理、非局所的相関（量子もつれ）、ゲーデルの不完全性定理などに基づいて、科学的に確からしいと考えられている（Targ and Katra, 2001）。量子レベルでのテレポーテーションは実験的に確かめられており（例えばBouwmeester *et al.*, 1997; Furusawa *et al.*, 1998; Ma *et al.*, 2012; Pfaff *et al.*, 2014; Ursin *et al.*, 2004; Yin *et al.*, 2012）、この分野の研究論文の数は近年急激に増えてきている。超心理的あるいは超自然的な現象が、量子論、素粒子物理学や高エネルギー物理学などの新しい科学による知見によって解明される日はそう遠くはないかもしれない。

5　統合的な世界観――降りてゆく生き方

本稿の執筆にあたって、科学界だけでなく、思想界から次々に発表されている新しい哲学も徹底的に調べた。そこには、いかがわしいと思えるものも多くあった。文献の質を判断する基準としたのは、もちろん論理性などの従来的な基準は言うまでもないが、著者に臨死体験の経験があるかどうかという点も重視した。先行研究がすでに示している「霊的体験によって世界観が変わる」ことは、私自身の実体験からも裏付けられている。[14] そして、抽出された文献を、ウィルバーの枠組み（図3と図4）に照合した。すなわち、ポスト近代にふさわしい思想であれば、「存在の大いなる連鎖」の四象限的な調和が説かれているはずだと考えたからある。こうすれば、それらの文献の著者の臨死体験の真正性は自ずと明らかになるのである。このような条件をつけても、それに見合う文献の多さに驚いた。代表的なものは、[15]ケン・ウィルバーの「万物の理論」(Wilber, 1996; 2000; 2005; 2006; ウィルバー 2002; 2008)、アーヴィン・ラズロの「アカシックフィールド」(Laszlo, 1993; 2003; 2004; ラズロ 1999; 2005)、清水博の「場の理論」(清水 2003; 2007)、中田力の「脳の渦理論」(Nakada, 2000; 2003; 2004; 中田 2001; 2002; 2006)、ロジャー・ペンローズや治部眞里と保江邦夫の「量子脳理論」と「宇宙論」(治部・保江 1990; Jibu and Yasue, 2004; ペンローズ 2006; Penrose and Hameroff, 1995; 保江 2013; 2014 など)、エドワード・ウィルソンの「コンシリエンス」(Wilson, 1998; ウィルソン 2000)、榧根勇や秋山知宏らの「統合学としての新しい環境学」(Akiyama *et al.*, 2012a; 2012b; Akiyama and Li, 2013; Kayane, 2008; 榧根 2006; 榧根ほか 2006)に加えて、木村秋則の「自然栽培農法」(木村 2007; 2010; 2012)、清水義晴の「まちづくり」(清水 2002)、向谷地生良らの「浦河べてるの家(地域共同体)」(向谷地 2006; 2008; 2009; 向谷地・浦河べてるの家 2006; 斉藤 2010)、矢作直樹の「救急医療」(矢作 2011; 2013; 矢作・坂本 2012; 矢作・保江 2014)、エドガー・ケイシーの「リーディング」(福田 1993)、ブライアン・ワイスの「前世療法」と「未来世療法」(ワイス 1996; 2006; 2007; 2009)、ラマナ・マハルシの「あるがままに(アドヴァイタ・ヴェーダーンタと呼ばれる不二一元論)」(ゴッドマン 2005; バイロン 2009)など、挙げれば切りがない。本稿では、新しい哲学の典型例として木村(2007; 2010; 2012)の自然栽培の中身とその意義をサステイナビリティの観点から概観するとともに、多くの文献の主張に「降りてゆく生き方」という統合的な世界観が共通して認められることを取り上げたい。

木村（2007; 2010; 2012）の自然栽培は、農薬・肥料・除草剤をつかう一般栽培に対して、それらを全く使わないことが特徴である。厳密に定義すれば、「外部からの資材の投入なしに自然の力を利用して栽培を行う農業」となる（木村 2012）。ここでの「自然の力」とは、土壌微生物の栄養塩（窒素・リン酸）供給力、非病原性微生物の病原菌抑制効果、微生物による作物の自然免疫誘導効果、天敵による害虫防除の四つである。木村（2007; 2012）の農法は、農業という人為的営みの中に自然の力を活かすことを基礎にしたものであり、農業と自然を融合させた農法であると捉えられる。彼が自然栽培を志したきっかけは、妻の農薬中毒だった。彼は、九年の試行錯誤を経て、不可能と言われてきたりんごなどの無農薬・無肥料・無除草剤の農法を成功に導いた。彼自身の死の覚悟が、彼に気づきを与えたと考えられている。木村（2013）は、彼の人生において、臨死体験だけでなく、「未知との遭遇」をたびたび経験してきたという（木村 2013; 木村・ムラキ 2014）。木村（2014）の霊界の描写は、スウェデンボルグのそれにきわめて似ている。志は、他人には容易に信じてもらえないような体験の真実から生まれるのである（茂木 2009）。そして、価値イノベーションは、死に向き合うことによって生まれるのである。

木村（2009; 2014）の世界観をウィルバーの枠組み（図3と図4）に照らしてみれば、それには、物質から生命、心、魂、霊までの統合性がみられる。彼は、「作物がうまく育たない時にそのことを土のせいにせずに、ずっと前からそこに存在している土の方が、突然来た作物を嫌がっている」と考える。なぜなら彼は、人にだけ心があるのではなく、植物にもすべての物にも心があると考えているからである（木村・荒 2013）。そして、絶妙なる大自然の仕組みの中で、万物は「生かされている存在」であり「生かしている存在」でもあるという一体感と、巨大な宇宙における万物のつながりを説いている（木村・荒 2013; 河名 2014）。これは、同一性（oneness）の概念に等しい。彼は、「効率ばかりを求める現代農業において、作物が自分たちを支えてくれていることや、作物が自分たちの命をつないでくれていること、ひいては人間が作物の「いのち」から「こころ」を頂いて生きていることを忘れてしまっている」と説く。そして、自身の自然栽培を、「自然の摂理にかなった手伝いをしているに過ぎない」と位置づけている。

自然栽培と一般栽培の作物の違いは複数あるが（木村 2007; 2012; 木村・宇城 2014; 河名 2014）、その生長の仕方に顕著に現れる。自然栽培の作物は、肥料を与えられないため、一般栽培の作物に比して、農業シーズンのはじめの頃は貧弱である。なぜなら、栄養分を地中から吸収するために根を張ろうとする分、地上の部分の発育は遅れる。しかし、次第に一般栽培の作物の生長に追いついてくる。一方、生産性については、一般栽培から自然栽培に転換後、三年目までは生産量が減少していくが、七年目までに一般栽培の生産量に匹敵するようになる。このため、生産量の損失を少なくするには、耕作放棄地が適しているると考えられている。数年間放置された農地は、農薬や肥料で汚染された土壌が、いわゆる雑草によって浄化され自然栽培に適するものへと変化していることが多いからである。このことを根拠に、彼は、日本中にある休耕田を使って就農支援することが、失業者をはじめとする人間ないしは里山の再生モデルになるのではないかと考えている（木村 2012）。

自然栽培による作物の重要な特徴は、「生命力」が強いことと「腐敗」しないことである。生命力の強さは、台風や病気などに襲われたときに現れる。根をしっかりと張り巡らしているので台風でも倒れない。中には倒れてしまうものもあるが、時間がたつと、自力で起き上がってくる。そして、自然栽培の作物には虫がつかないし、病気にもならないという（木村 2014）。従来の病気の原因は与えすぎていた農薬や肥料、刈りすぎていた草にあったという。病気も虫も自然の一部であり、自然に癒やしがはじまるため、それらと闘う必要はないと木村（2014）はいう。また、作物を瓶に詰めて放置したときに腐敗するか発酵するかという実験をすると、一般栽培や有機栽培の作物は「腐敗」して異臭を放つが、自然栽培の作物は「発酵」して漬け物のようになる。これらのほかにも、彼は様々な実験をおこない、独自の理論を展開している。例えば、安全・安心で環境にやさしい農業とされる冬水たんぼなどの問題点を指摘するとともに、有機栽培の危険性も指摘している（木村 2012）。そして、農薬使用量で日本は世界二位であることと（図5）、最近になって口蹄疫や鳥インフルエンザなどの感染症が拡大する傾向にあるという事実を踏まえ、大量の化学物質と汚染食品が人間や家畜の免疫力を低下させているとする仮説や、食べものは「こころ」に影響を与えるとする仮説、さらに異常気象に農薬や肥料が関係しているとする仮説や自然大災害は地球の浄化作用であるとする仮説を示している（木村 2012; 2013; 2014; 木村・荒 2013）。化学物質や農薬で汚染された「不自然な食べものはいらない」のであって（内海ほか 2014）、自然の摂理に適った生き方に導いていくことが彼の目指すところである。すなわち、誰かのために「命」を「使」うという彼の使命は、食の安全の向上や人類と地球の健康に向けて、自然栽培を軸とした第三の農業革命に基づいて、「人間ルネサンス」（木村 2010; 2012）を起こすことである。日本各地における彼の講演活動により、自然栽培による農業は、日本中に広がりを見せている。心身に障害をもつ人々、引きこもりやニー

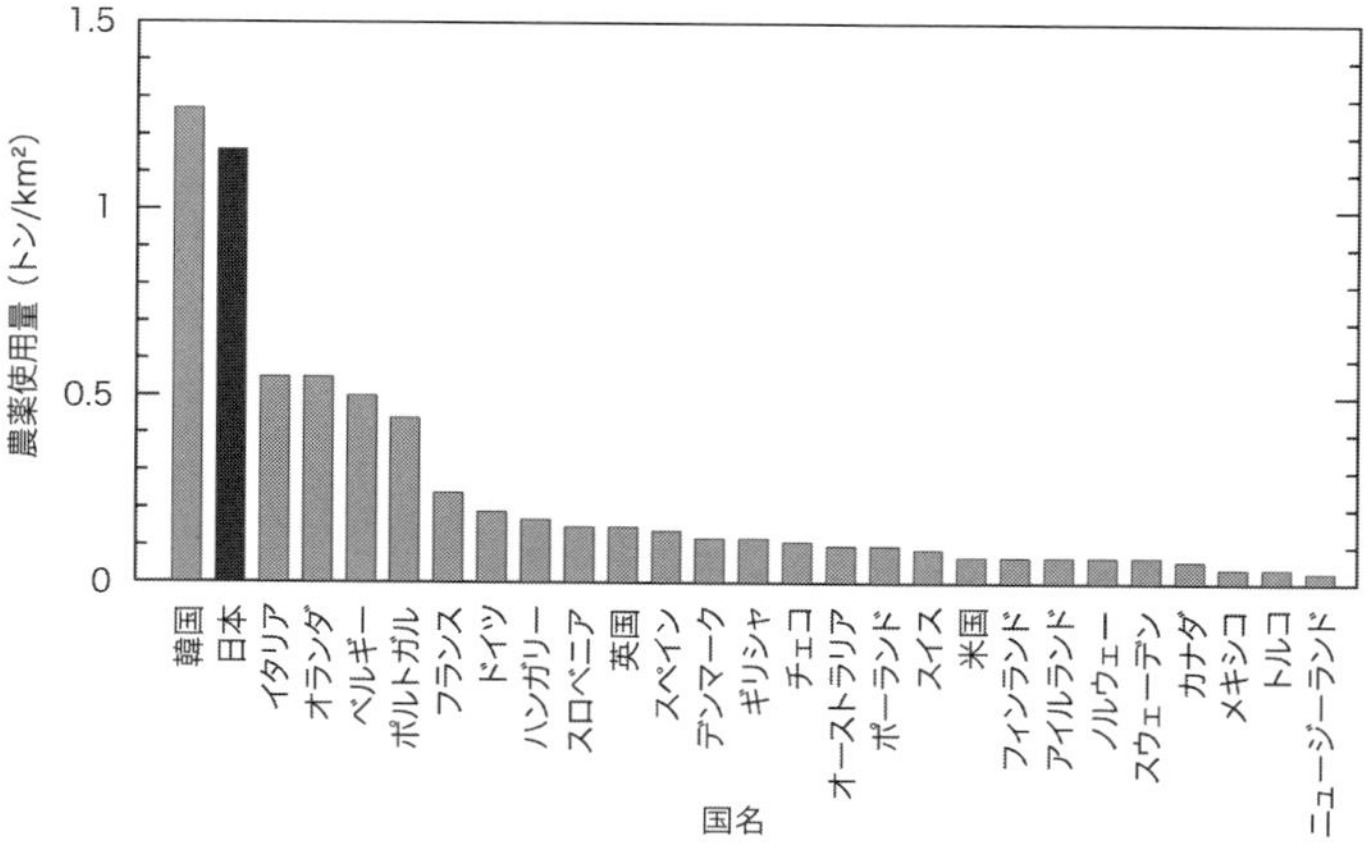

図5　OECD（2010）に基づく世界の農薬使用量

トと呼ばれる人々が自然栽培の農業をおこない、大きな成功を収めるケースも出てきている。自然栽培は、明らかにポスト近代農業の一形態であると考えられる。バイオミミックないしはバイオミミクリーと呼ばれる「自然の叡知を活用した技術」や、建築分野におけるバイオクライマティックデザインなども、ポスト近代化のひとつの流れである。ポスト近代社会は、「自然」に基づくパラダイムシフトに向かっていると言えるかもしれない。

このように、近年になって思想界から次々に発表されている新しい哲学に共通してみられる特徴が、「降りてゆく生き方」という統合的な世界観である。宇宙観の獲得ないしは「存在の大いなる連鎖」の統合的な理解、価値イノベーション、それに基づく実践という流れに共通性がある。「降りてゆく生き方」は、森田（2014）らに着想を得たものである。森田（2014）らは、自国だけではコントロールできない金融・経済の著しいグローバル化の名の下に、個人が激しい競争にさらされて厳しい格差が生み出され自殺者、精神病患者、凶悪犯罪などが飛躍的に増えている現状に鑑み、それらを題材とする映画「降りてゆく生き方」の企画開発を二〇〇五年に開始した。格差社会の問題点を解決する試みとして、最初に注目したのは「まちづくり」だったという。地域主導、個人主導の動きの中にこそ、格差社会やグローバリズムを脱して次の時代を創造していくヒントがあるのではないかと彼らは考えたのである。森田（2014）らは、シナリオ開発のために、三〇〇冊を超える書籍の調査にくわえて、二〇〇人を超えるまちづくりの達人たちに対するインタビュー調査をおこなった。その結果、商店街の活性化に限らず、教育、福祉、医療、観光、商業などを通じて、まちや地域を元気にしている人々が実はたくさんいることを彼らは了解した。

森田（2014）らは、企画開発にはいくつかの転換点があったという。最初の転換点になったのが、清水（2002）との出会いだという。そこから、森田（2014）らは「降りてゆく生き方」にも出会った。「降りてゆく生き方」は、一九八四年に北海道浦河町に設立された「べてる（Bethel）の家」という社会福祉法人がはじめて提唱したものである。べてるの家は、統合失調症などの精神障害をもった人々の地域活動の拠点となっている。べてるの家の理事である向谷地生良は、次のように言う。「私たちは近代化や合理化を通じて、人間として本来持っている基本的に大切なもののうえに、学歴とか経済力とか便利さとか、オプションのようにプラスアルファの価値として身につけてきたわけです。回復するということは、人間が人間であるために、そういう背負わされた余計なものをひとつずつとり去って、本来の自分を取り戻していく作業なんです。何をしたら良いか、何をしてあげなければならないかではなく、何をしないほうがよいか、何をやめるか、つまり足し算ではなく引き算が、べてるの家のキーワードです。それが降りていくということでもあり、そうすることによって、人間が本来もっている力を発揮できるようになっていく、という考え方なんです」（横川 2003）。そして、森田らは、農薬も肥料も除草剤もつかわない木村（2007; 2010; 2012）の自然栽培と出会った。自然栽培による作物の生命力の強さに照らして、人間の子どもの教育においても、「過剰な栄養分」が子どもの生命力を喪失させると考えるに至った。別の考え方をすれば、親や教師は、「自分の育て方」を信じるのではなく、「子ども自身」を信じなければならないということである。これらのことをより一般的に言えば、「植物も動物も人間も生命の本質的な部分では変わらないことに気づき、人間も「肥料」をやめて、自らしっかりと「根を張り」、生命力を発揮するような生き方をすれば、もっといきいきとした生き方ができるのではないか」（森田 2014）。また、森田（2014）らは、作物の腐敗実験が明らかにした「腐敗」と「発酵」の概念を、まちづくりや地域づくり、ひいては一人の人間の心身の健康や生き方にも一般的に適用できることを見いだした。

「何でも右肩上がりの価値観」に基づく生き方は、「昇ってゆく生き方」である。「右肩上がり信仰」と言ってもよいかもしれない。「つねに目標を掲げ、課題を与えられて、それに到達しようと努力する企業社会の論理。そして、課題を達成したときにほめられ評価される学校的な価値観は、社会全体にまで浸透し、家庭や家族は、そうした学校教育の下請け機関になってしまった。つねに上昇していくのが人間として当たりまえの生き方であるとされ、日本社会は、その価値観によって高度経済成長を達成したといってよい。そうした生き方や発想を私たちは、なんの疑問ももたず、当然と受け止めてきた。しかし、だからといって、しあわせであり、満足した生活をしているだろうか。一人ひとりの人間は、競争させられ、管理され、歯車の一部になることで人間性が削ぎおとされ、その結果、生きづらさを感じているのが現実ではないだろうか」（横川 2003）。「昇ってゆく生き方」は、森岡（2003）の言う「無痛文明」の概念と親和性がある。このような「昇ってゆく生き方」は、自分のもの、自分のお金、自分の成功という我欲を生み出し、人間の「腐敗」を招く。木村（2014）は、人はそれぞれが「欲望」という盾を抱えており、「お日様から恵みの光が降り注いでも、欲望の盾が大きければ大きいほど、それによって生じる日陰は大きくなり、その日陰がすなわち「不幸」なのだ」と考えている。社会の中には、人の役に立とうとしている人々が意図せずに「腐敗」に荷担してしまっているケースや、「昇ってゆく生き方」に違和感を感じながら社会に合わせているというケースが少なくないのではないだろうか。つながりには、つなぎ手がいるのだ。しかし、物事は何でもはじめは一人であり、世の中を良くするのも悪くするのもただその一人からである（清水 2002）。「昇ってゆく生き方」に基づく近代的な社会の脆弱性は、環境問題や原発事故などからも、すでに明らかである。

「降りてゆく生き方」は、「昇ってゆく生き方」に対するアンチテーゼである。「格差社会の競争」から降りてゆく、「何でも右肩上がりの価値観」から降りてゆくなど、さまざまな捉え方がある。「降りてゆく生き方」の場合、人間は「発酵」するという。ソウルメイトとのつながりによって、その「発酵」はさらに進むと考えられている。「降りてゆく生き方」を実践することによって、本来の自分が取り戻されるので、幸福（well-being）や幸せ（happiness）がもたらされると考えられている。「降りてゆく生き方」は、ジェレミー・リフキンの提唱する「感情共有文明（The Empathic Civilization）」とも整合性がある。彼によれば、「人間の特徴は他者の立場に自分を置いて感情を共有すること」であり、彼は人間を「ホモエンパシクス（Homo Empathicus）」と言っている（Rifkin, 2009）。そして、彼は、その感情共有の範囲を人類にのみとどめることなく、自然界まで含めることを説いている（Rifkin, 2009）。また、「降りてゆく生き方」は、スコリモフスキー（1999）が提唱するエコ・フィロソフィの概念とも親和性がある。彼のいうエコ・フィロソフィの特徴は、生命中心、関与（コミットメント）、霊性（スピリチュアリティ）、包括性、知恵の追究、環境問題とエコロジカルな意識、生活の質についての経済学、政治的自覚、社会的責任、個人的責任、超物質的なものへの寛容、健康意識である。そして、「降りてゆく生き方」では、これらの特徴のすべてが相互に結びついており、相互に依存しあっている。

映画「降りてゆく生き方」の有名な台詞のひとつに、「間もなく死ぬ自分を意識すれば、個人を出し抜くとか、勝つとか、負けるとか、そんなことは、何の意味もなくなる。間もなく死ぬ自分を意識すれば、自分が生かされていることへの、感謝の気持ちだけになる」というものがある。つまり、自らの命の尊さに目覚めるとき、死への恐怖を乗り越え、どんな境遇であっても、心の底から感謝や恩返しの念が湧き起こってくるのである。これは、ケネス・リングやレイモンド・ムーディらによって詳細にまとめられた臨死体験後に起きる変化のひとつである（Moody, 1975a; 1975b; Ring and Valarino, 1998）。多くの人々が「降りてゆく生き方」を実践するようになってきていることは、臨死体験をせずとも、生命から心、魂、霊のレベルに向かう進化のプロセスに入ることができる可能性を示唆している。つまり、本来の自分を忘れていく「昇ってゆく生き方」を追求することがウィルバー（2008）の言う内化のプロセスであり、「降りてゆく生き方」に気づいていくことこそが進化のプロセスであると私は考えている。「降りてゆく生き方」の実践が広がれば、近代的な社会システムにおいて当然のことと考えられている様々な概念（たとえば金融、情報通信、国家、貨幣、景気、幸福、教育、開発と環境保全などの概念）とそれらを柱とする様々なシステムが、ポスト近代化に向けて見直されていくことになるだろう。

6　統合学としてのサステイナビリティ学

人類は「森羅万象の普遍的大原則」のほんの一部しかわかっていないことがすでに明らかになったと思う。不可能だといわれた無農薬・無肥料・無除草剤のりんごの栽培を成功させた木村（2009）は、「この世界で、人間が理解できること、理解していることなんて、ほんのわずかに過ぎない」という。「世間で理解されているものほど当てにならないことはない」ことを彼は承知している。また、映画

「降りてゆく生き方」の公式ウェブサイトには、「現代を生きる私たちは、かつての神話や民話や昔話を読んでもピンと来ない。それは、人間が生物圏に属していたという前提を理解せずに、現代人の感覚で当時の神話的世界観を論理的に理解しようとしているからなのだ。つまり、前提とする世界観が現代とはまったく違うのだ。そのことを我々は銘記する必要があるであろう」という記述がある。つまり、私たち人類が「神話」の世界を感性として理解できなくなったのは、生物圏から分化して人間圏を生み出したときに遡る。それは、「存在の大いなる連鎖」から離脱した瞬間であったと言える。教育であれ倫理であれ、その時代の世界観を以て何が正しいかが説かれているわけであり、それらが正しいとは限らない。科学の真理も、別の見方をすれば間違っているかもしれない。「社会のための科学」を実践することが、実は社会のためにならないこともある。私たち人類は、謙虚にならなければならないし、常識やタブーとされていることを見直していかなければならないのである。もしかしたら人類が自らを滅亡においこむことは自然の摂理なのかもしれないが、臨死体験などによって霊的な感性を得た多くの人々は、それを否定している。「降りてゆく生き方」に多くの者が気づき始めているという事実は、「存在の大いなる連鎖」が人類を助けようとしていることの傍証ではないだろうか。

「存在の大いなる連鎖」の統合的な理解を深めることは、個人の幸福や幸せにも、人類の存続にも重要なことである。「存在の大いなる連鎖」のサステイナビリティを学際的かつ統合的に明らかにすることこそが、サステイナビリティ学の最も重要な役割である。くどいようだが、物質から生命、心、魂、霊という領域を個別に研究するのではなく、それらの同一性（oneness）を人類のあらゆる叡智をつかって学際的に研究するのである。「「部分」を積み重ねて「全体」を理解しよう」とする近代性の代表格である要素還元主義ではなくて、「「全体」を把握してから「部分」について考える」ことの重要性を多くの研究者が理解しはじめているが、「存在の大いなる連鎖」までを意識している者は多くないのではないだろうか。本当に大切なことは目に見えないのである（木村 2011）。そして、真実は正しいか正しくないかという二元論を超えたところにあるのである。私がここで提唱したいのは、ウィルバー（2008）が言うように、進化それ自体が前進しておりそれによって見えてくる新しい地平を常に再文脈化する必要があることと、それらをポスト近代の新しい知に照らしてより適切な枠組みに組み直す必要があるということである。

そして、このときに重要なのが、条件付きではあるが、「直感」や「感性」をつかうことである。つまり、合理的な判断をする人間脳だけではなくて、生物脳も使うということである。より一般的な言い方をすれば、地球や宇宙を主観的かつ客観的にみる必要があるということである。Kübler-Ross（1969）は、「人間は直感で正しい道が分かるものだ。それに従うと困難な道を行くことになる。だがその苦しみを耐え抜くと多くを学ぶことができる」と言っているし、アリアナ・ハフィントンも「内なる声は黙って聞く」ことの重要性を指摘している（ハフィントン 2014）。世界賢人会議（ブダペストクラブ）の田坂（2014）も「これからの時代には、思想、ビジョン、志、戦略、戦術、技術、人間力という「七つのレベルの思考」を垂直統合した「スーパージェネラリスト」が求められる」と言っており、これは他の多くの新しい思想に共通してみられる考え方である。直感は、サイキック能力のひとつであり、臨死体験や（それを経験しなくとも）死に向き合うことによって身につく。ただし、正しい道かどうかの直感的な判断は、「悟り」をどれほど開いているかによって差が生じるだろう。Beck and Cowan（1996）のスパイラルダイナミクスが示すように、人間の意識レベルの進化の程度には個人差がある。このため、直感や感性が必ずしも正しいとは限らない。アメリカ同時多発テロ事件やオウム真理教による地下鉄サリン事件などが、その証拠である。十九世紀末から二十世紀初頭に活躍したルドルフ・シュタイナー（1998; 2000; 2007）も、「霊媒や降霊術等の理性的な思考から離れて感情に没入する「神秘主義」については、科学的でなく、間違った道である」と警鐘を鳴らしていた。直感の正しさを判断する重要な基準のひとつは、「それが「降りてゆく生き方」に向かうものであるかどうか」であると私は考えている。私たち人類がポスト近代化を果たすためには、こうした統合的な新しい知に基づいて、様々な概念やシステムを再構築していかなければならない。本稿で取り上げたポスト近代知は、世界各地から生み出されているもののうちのほんのわずかに過ぎない。ポスト近代科学は、パラダイムシフトを起こす可能性のある未知のこと、たとえば個と環境の間で交わされている「情報」の役割、魂と霊、輪廻転生、ＥＳ

P（感覚外知覚）とPK（念力）を包含する総称としての「サイ（psi）」、超自然現象、サトルエネルギー（subtle energy）なども明らかにしていくであろう。

このような学問を研究者や学生が遂行しやすくするように、学術をめぐる様々なシステムを再構築することも必要なことである。これは、ポスト近代化のための重要な作業のひとつである。私は研究を二種類に分類している。既存のパラダイムにのった日常的研究（昇ってゆく学問）と既存のパラダイムにはのらない非日常的研究（降りてゆく学問）である。学術研究にも生産性の概念が貫徹する世の中であるから、多くの研究者が日常的研究に追われているのが現状である。論文の質を定量的に判断する指標としてインパクトファクター（impact factor）やサイテーションインデックス（citation index）という指標はあるが、これは日常的研究にしか当てはまらない。なぜなら非日常的研究をする人は相対的にかなり少なく、母集団の数に圧倒的な差があるからである。そして、非日常的研究には随分と時間がかかる。非日常的研究は、時間がかかる割に社会的に評価されないという理由で、研究者に避けられる傾向がある。サステイナビリティ学は非日常的研究として遂行されるべきものなのに、多くの研究者がサステイナビリティ学という枠のなかで日常的研究をしている。二〇一四年十月七日におこなわれた文部科学省の有識者会議での冨山和彦氏による主張すなわち「グローバル人材を生み出すG型大学と、その他のローカル大学（L型大学）に分けて、一部のトップ校以外は職業訓練校にするべきである」という主張は、「昇ってゆく生き方」に基づく考え方の典型例である。また、二〇一四年に総務省によって通称「変な人」公募がおこなわれたが、情報通信分野のみが対象にされた。ウィルバーの枠組み（図３と図４）に基づけば、右象限のみが対象とされたと言える。右象限の科学技術を研究するのはもちろん必要だが、それが四象限全体の中のどういう位置づけかを理解する必要がある。右下象限の突出した発展が近代という時代の誤りであったこと、そして「昇ってゆく生き方」が人間の「腐敗」と「不幸」を招くことは、すでに述べてきた。ポスト近代化に向かっている現代という時代が求めている学問は、「降りてゆく学問」なのである。「降りてゆく学問」の世界に一歩を踏み出すには勇気が必要だが、清水（2002）が言うように、世の中を良くするのも悪くするのもただその一人からなのである。

謝辞

私の人生に、直接的あるいは間接的にかかわってきた万物に感謝する。私は、この哲学は「存在の大いなる連鎖」が世に伝えたい想念であり、その伝達を私が手助けして文字化したものに過ぎないと考えている。

【参考文献】

Akiyama, T., Li, J., Kubota, J., Konagaya, Y., Watanabe, M. 2012a. Perspectives on Sustainability Assessment: An Integral Approach to Historical Changes in Social Systems and Water Environment in the Ili River Basin of Central Eurasia, 1900-2008. World Futures 68: 595-627.

Akiyama, T., Li, J., Onuki, M. 2012b. Integral Leadership Education for Sustainable Development. Journal of Integral Theory and Practice 7: 72-86.

Akiyama, T., Li, J. 2013. Environmental Leadership Education for Tackling Water Environmental Issues in Arid Regions. In: Mino, T., Hanaki, K. (Eds) Environmental Leadership Capacity Building in Higher Education, Springer, Tokyo, pp. 81-92.

安藤泰至／高橋都編 2012『終末期医療』丸善出版，東京，256p.

Beck, D., Cowan, C. 1996. Spiral Dynamics: Mastering Values, Leadership, and Change. Wiley, New York, 331p.

Benatar, D. 2006. Better Never To Have Been: The. Harm of Coming into Existence. University Press, Oxford.

Benatar, D. 2013. Still Better Never to Have Been: A Reply to (More of) My Critics. The Journal of Ethics 17: 121-151.

Beyerstein, B. 1999. Whence cometh the myth that we only use ten percent of our brains? In: Della Sala, S. (Ed.) Mind-myths: Exploring everyday mysteries of the mind and brain. Wiley, New York.

Bouwmeester, D., Pan, J. W., Mattle, K., Eibl, M., Weinfurter, H., Zeilinger, A. 1997. Experimental quantum teleportation. Nature 390: 575-579.

Brown, L. R. 1995. Who Will Feed China? Wake-Up Call for a Small Planet. W. W. Norton & Company, New York, 163p.

Brundtland G. H. 1987. Our Common Future. World Commission on Environment and Development, Brussels.

バイロン、トーマス／福間巖訳 2009『アシュターヴァクラ・ギーター』ナチュラルスピリット、東京、212p.

Carette, J., King, R. 2005. Selling Spirituality: The Silent Takeover of Religion. Routledge, New York, 194p.

Césaire, A. 1956. Cahier d'un retour au pays natal. Présence Africaine, Paris.

Clark, W., Dickson, N. M. 2003. Sustainability Science: The Emerging Research Program. PNAS 100: 8059-8061.

デーケン、アルフォンソ 2003『よく生きよく笑いよき死と出会う』新潮社、東京、235p.

Duane, T. D., Behrendt, T. 1965. Extrasensory electroencephalographic induction between indentical twins. Science 150(3694): 367-367.

Dossey, L. 2012. The Next Decade: How It Might Unfold. The Journal of Science and Healing 8(2): 73-80

福田高規 1993『エドガー・ケイシーの人類を救う治療法』たま出版、東京、406p.

福岡伸一 2007『生物と無生物のあいだ』講談社、東京、286p.

Funtowicz, S. O., Ravetz, J. R. 1993. Science for the post-normal age. Futures 25: 739-55.

Furusawa, A., Sorensen, J. L., Braunstein, S. L., Fuchs, C. A., Kimble, H. J., Polzik, E. S. 1998. Unconditional quantum teleportation. Science 282: 706-709.

ゴッドマン、デーヴィッド／福間巌訳 2005『あるがままに―ラマナ・マハルシの教え』ナチュラルスピリット、東京、429p.

Greyson, B. 1983. The near-death experience scale: Construction, reliability, and validity. Journal of Nervous and Mental Disease 171: 369-375.

Greyson, B. 1993. Varieties of near-death experience. Psychiatry 56: 390-399.

Greyson, B. 2000. Near-deathexperiences. In: Cardena, E. Lynn, S., Krippner, S. (Eds) Varieties of Anomalous Experiences: Examining the Scientific Evidence, American Psychological Association, Washigton, DC, pp. 315-352.

ハフィントン、アリアナ／服部真琴訳 2014『サード・メトリック―しなやかにつかみとる持続可能な成功』CCCメディアハウス、東京、360p.

Hameroff, S. R. 1998. Quantum computation in brain microtubules? The Penrose-Hameroff “Orch OR” model of consciousness. Philosophical Transactions of the Royal Society A 356: 1869-1896.

Hameroff, S. R. 2007. The brain is both neurocomputer and quantum computer. Cognitive Science 31: 1035-1045.

Hameroff, S. R., Penrose, R. 1996a. Orchestrated reduction of quantum coherence in brain microtubules: a model for consciousness. Mathematics and Computers in Simulation 40: 453-80.

Hameroff, S. R., Penrose, R. 1996b. Conscious events as orchestrated space-time selections. Journal of Consciousness Studies 3(1): 36-53.

Hameroff, S. R., Penrose, R. 2014. Consciousness in the universe: A review of the 'Orch OR' theory. Physics of Life Reviews 11: 39-78.

Heelas, P. 1996. The New Age Movement. Blackwell, Oxford.

Heim, A. 1892. Notizenüuber den Tod durch Absturz. Jahrbuch des schweizer. Alpenclub 27: 327-337.

本田美和子／ロゼット・マレスコッティ／イヴ・ジネスト 2014『ユマニチュード入門』医学書院、東京、145p.

伊藤雅之 2003『現代社会とスピリチュアリティ―現代人の宗教意識の社会学的探究』溪水社、広島、203p.

Jibu, M., Yasue, K. 2004. Quantum Brain Dynamics and Quantum Field Theory. In: Globus, G. G., Pribram, K. H., Vitiello, G. (Eds) Brain and Being: At the Boundary Between Science, Philosophy, Language and Arts (Advances in Consciousness Research), John Benjamins Publishing Company, Amsterdam, pp. 267-291.

治部眞里／保江邦夫 1990「頭を使った場の量子論」素粒子論研究 80(6): 242-252.

Josephson, B. D., Pallikari-Viras, F. 1991. Biological utilization of quantum nonlocality. Foundations of Physics 21(2): 197-207.

Kajikawa, Y. 2008. Research core and framework of sustainability science. Sustainability Science 3: 215-239.

Kalat, J. W. 1995. Biological Psychology. Brooks/Cole Publishing, Pacific Grove.

金子邦彦 2009『生命とは何か―複雑系生命科学へ』東京大学出版会，東京，442p.

Kates, R. W., Clark, W. C., Corell, R., Hall, J. M., Jaeger, C. C., Lowe, I., McCarthy, J. J., Schellhuber, H. J., Bolin, B., Dickson, N. M., Faucheux, S., Gallopin, G. C., Grubler, A., Huntley, B., Jäger, J., Jodha, N. S., Kasperson, R. E., Mabogunje, A., Matson, P., Mooney, H., More, B., III, O'riordan, T., Svedin, U. 2001. Sustainability Science. Science 292: 641-642.

Kauffman, J. 2009. Advancing Sustainability Science: Report on the International Conference on Sustainability Science（ICSS）2009. Sustainability Science 4: 233-242.

榧根勇 2006『現代中国環境基礎論―人間と自然の統合―』愛知大学国際中国学研究センター，名古屋

Kayane, I. 2007. On an environmental philosophy. Journal of Geographical Research 47: 1-16.

Kayane, I. 2008. Environmental problems in modern china: Issues and outlook. In: S. Kawai (Ed.), New Challenges and Perspectives of Modern Chinese Studies, Universal Academy Press Inc., Tokyo, pp. 265-285.

榧根勇 2010「地下水の価値について」地下水技術 52(3): 1-12.

榧根勇 2012「統合的な知」地下水学会誌 54(3): 163-168.

榧根勇 2013「歴史を動かしているものは何か」愛知大学経済論集 190: 1-47.

榧根勇 2015「自然と人間のかかわり」竹村牧男／中川光弘監修『自然といのちの尊さについて考える—エコ・フィロソフィとサステイナビリティ学の展開』ノンブル社、東京、pp. 293-332

榧根勇 2016「自然の構成・そのとらえ方」小池一之／山下脩二／岩田修二／漆原和子／小泉武栄／田瀬則雄／松倉公憲／松本淳／山川修治編『自然地理学事典』朝倉書店、東京、pp. 26-27.（出版予定）

榧根勇／宮沢哲男／朱安新 2006「麗江古城の水と社会」水利科学 50(4): 41-72.

河名秀郎 2014『降りてゆく生き方ブックシリーズ：日と水と土』博進堂、新潟、213p.

Kershaw, M.H., Teng, M.W., Smyth, M.J., Darcy, P.K. 2005. Supernatural T cells: genetic modification of T cells for cancer therapy. Nature Reviews Immunology 5: 928-940.

木村秋則 2007『自然栽培ひとすじに』創森社、東京、164p.

木村秋則 2009『すべては宇宙の采配』東邦出版、東京、198p.

木村秋則 2010『「お役に立つ」生き方—一〇の講演会から』東邦出版、東京、112p.

木村秋則 2011『奇跡を起こす—見えないものを見る力』扶桑社、東京、199p.

木村秋則 2012『百姓が地球を救う』東邦出版、東京、219p.

木村秋則 2013『ソウルメイト』扶桑社、東京、199p.

木村秋則 2014『地球に生まれたあなたが今すぐしなくてはならないこと』ロングセラーズ、東京、175p.

木村秋則／荒了寛 2013『リンゴの心』佼成出版社、東京、144p.

木村秋則／ムラキ・テルミ 2014『地球に生きるあなたの使命』ロングセラーズ、東京、214p.

木村秋則／宇城憲治 2014『農業再生 人間再生—大切にしたい目に見えないもの』どう出版、神奈川、160p.

桐原健真 2009「〃あの世〃はどこへ行ったか」岡部健／竹之内裕史編『どう生きどう死ぬか—現場から考える死生学』弓箭書院、神奈川、pp. 163-181.

Komiyama, H., Takeuchi, K. 2006. Sustainability Science: Building a New Discipline. Sustainability Science 1: 1-6.

Kübler-Ross, E. 1969. On Death and Dying. Macmillan, New York.

黒川伊保子 2007『日本語はなぜ美しいか』集英社、東京、198p.

Lashley, K. S. 1923a. The behavioristic interpretation of consciousness. Psychological Review 30: 237-272.

Lashley, K. S. 1923b. The behavioristic interpretation of consciousness II. Psychological Review 30: 329-353.

Laszlo, E. 1993. The Creative Cosmos: A Unified Science of Matter, Life and Mind. Floris Books, Edinburgh, 255p.

Laszlo, E. 2003. The Connectivity Hypothesis: Foundations of an Integral Science of Quantum, Cosmos, Life, and Consciousness. State University of New York Press, New York, 192p.

Laszlo, E. 2004. Science and the Akashic Field: An Integral Theory of Everything. Inner Traditions, Rochester, 205p.

ラズロ、アーヴィン 1999『創造する真空—最先端物理学が明かす〈第五の場〉』日本教文社、東京、309p.

ラズロ、アーヴィン 2005『叡智の海—物質・生命・意識の統合理論をもとめて』日本教文社、東京、260p.

Lovejoy, A.O. 1936. The Great Chain of Being: A Study of the History of an Idea. Harvard University Press, Cambridge, 382p.

Lovelock, J. 1972. Gaia as seen through the atmosphere. Atmospheric Environment 6: 579-580.

Lovelock, J. 1979. Gaia: A New Look at Life on Earth. Oxford University Press, Oxford.

Lovelock, J. 1989. The Ages of Gaia. Oxford University Press, Oxford.

Lovelock, J. 2006. The Revenge of Gaia: Why the Earth Is Fighting Back and How We Can Still Save Humanity. Allen Lane, London.

Ma, X.S., Herbst, T., Scheidl, T., Wang, D.Q., Kropatschek, S., Naylor, W., Wittmann, B., Mech, A., Kofler, J., Anisimova, E. 2012. Quantum teleportation over 143 kilometres using active feed-forward. Nature 489: 269-273.

松田卓也 1990『人間原理の宇宙論—人間は宇宙の中心か』培風館、東京、240p.

McKelvy, D.M. 1988. Psychic Warfare: Exploring the Mind Frontier. Air War College, Air University, United States Air Force, Maxwell Air Force Base, Alabama, 53p.

Meadows, D.H., Meadows, D.L., Randers, J., Behrens, W. 1972. The Limits to Growth. Universe Books, New York.

茂木健一郎 2009「体験の真実」木村秋則『すべては宇宙の采配』東邦出版、東京、pp. 4-5.

Mellman, I., Coukos, G., Dranoff, G. 2011. Cancer immunotherapy comes of age. Nature 480: 480-489.

Moody R. 1975a. Life After Life: The Investigation of a Phenomenon, Survival of Bodily Death. Mockingbird Books, Marietta, Georgia.

Moody, R. 1975b. Life After Death. Mocking Bird Books, Atlanta.

森岡正博 2003『無痛文明論』トランスビュー、東京、451p.

森岡正博 2011「誕生肯定とは何か―生命の哲学の構築に向けて（3）」人間科学：大阪府立大学紀要 6: 173-212.

森岡正博 2013a「「生まれてくること」は望ましいのか―デイヴィッド・ベネターの『生まれてこなければよかった』について」The Review of Life Studies 3: 1-9.

森岡正博 2013b「「生まれてこなければよかった」の意味―生命の哲学の構築に向けて（5）」人間科学：大阪府立大学紀要 8: 87-105.

森岡正博 2014a「サステイナビリティ学において何がサステイナブルであるべきなのか―持続可能性概念の批判的考察序説」人間科学：大阪府立大学紀要 9: 35-61.

森岡正博 2014b「「人間のいのちの尊厳」についての予備的考察」Heidegger-Forum 8: 32-69.

森田貴英 2014「映画「降りてゆく生き方」の転換点―「無肥料自然栽培」と「発酵と腐敗」との出会い」河名秀郎『降りてゆく生き方ブックシリーズ：日と水と土』博進堂、新潟、pp. i-xx.

向谷地生良 2006『「べてるの家」から吹く風』いのちのことば社、東京、192p.

向谷地生良 2008『統合失調症を持つ人への援助論』金剛出版、東京、245p.

向谷地生良 2009『技法以前―べてるの家のつくりかた』医学書院、東京、245p.

向谷地生良／浦河べてるの家 2006『安心して絶望できる人生』ＮＨＫ出版、東京、246p.

Nakada, T. 2000. Vortex model of the brain: the missing link in brain science? In: T. Nakada (Ed.), Integrated Human Brain Science, Elsevier, Amsterdam, pp. 3-22.

Nakada, T. 2003. Free convection schema defines the shape of the human brain: brain and self-organization. Medical Hypotheses 60: 159-164.

Nakada, T. 2004. Brain chip: A hypothesis. Magnetic Resonance in Medical Sciences 3: 51-63.

中田力 2001『脳の方程式 いち・たす・いち』紀伊国屋書店、東京、154p.

中田力 2002『脳の方程式 ぷらす・あるふぁ』紀伊國屋書店、東京、144p.

中田力 2006『脳のなかの水分子―意識が創られるとき』紀伊國屋書店、東京、174p.

Obayashi, H. 1991. Death and Afterlife: Perspectives of World Religions. Praeger, Santa Barbara, 240p.

帯津良一 2009『ホリスティック医学入門―ガン治療に残された無限の可能性』角川グループパブリッシング、東京、185p.

OECD. 2010. Selected Environmental Data. In: Environmental Performance Reviews: Japan 2010, OECD Publishing. http://dx.doi.org/10.1787/9789264087873-9-en.

太田邦史 2011『自己変革するＤＮＡ』みすず書房、東京、250p.

小川眞里子 1994「ヴァイスマンの死の解釈をめぐって」人文論叢：三重大学人文学部文化学科研究紀要 11: 109-123.

岡田尊司 2005『脳内汚染』文藝春秋、東京、313p.

奥健夫 2009『まじめなとんでもない世界―宇宙に広がる意識のさざなみ』海鳴社、東京、134p.

小野泉 2001「人権条約と米合衆国憲法―ブリッカー修正を手掛かりとして」一橋論叢 125(1): 51-68.

Onori, L., Visconti, G. 2012. The GAIA theory: from Lovelock to Margulis. From a homeostatic to a cognitive autopoietic worldview. Rendiconti Lincei 23(4): 375-386.

小佐野重利／木下直之 2008『死と死後をめぐるイメージと文化』東京大学出版会、東京、237p.

Palmieri, A., Calvo, V., Kleinbub, J.R., Meconi, F., Marangoni, M., Barilaro, P., Broggio1, A., Sambin, M., Sessa, P. 2014. "Reality" of near-death-experience memories: Evidence from a psychodynamic and electrophysiological integrated study. Frontiers in Human Neuroscience 8: 429.

Parnia, S., Spearpoint, K., De Vos, G., Fenwick, P., Goldberg, D., Yang, J., Zhu, J., Baker K., Killingback, H., McLean, P., Wood, M., Zafari, A.M., Dickert, N., Beisteiner, R., Sterz, F., Berger, M., Warlow, C., Bullock, S., Lovett, S., McPara, R.M.S., Marti-Navarette, S., Cushing, P., Wills, P., Harris, K., Sutton, J., Walmsley, A., Deakin, C.D., Little, P., Farber, M., Greyson, B., Schoenfeld, E.R. 2014. AWARE-AWAreness during REsuscitation — A prospective study, Resuscitation 85: 1799-1805.

Penrose, R, Hameroff, S. R. 1995. What gaps? Reply to Grush and Churchland. Journal of Consciousness Studies 2: 98-112.

ペンローズ、ロジャー／竹内薫／茂木健一郎訳 2006『ペンローズの〈量子脳〉理論―心と意識の科学的基礎をもとめて』筑摩書房、東京、461p.

Pfaff, W., Hensen, B. J., Bernien, H., van Dam, S. B., Blok, M. S., Taminiau, T. H., Tiggelman, M. J., Schouten, R. N., Markham, M., Twitchen, D., Hanson, R. 2014. Unconditional quantum teleportation between distant solid-state quantum bits. Science 345: 532-535.

Popper, K. R. 1963. Conjectures and Refutations. Routledge, London.

Rifkin, J. 2009. The Empathic Civilization: The Race to Global Consciousness in a World in Crisis. Tarcher, New York, 688p.

Ring, K., Valarino, E. 1998. Lessons from the light: What we can learn from the near-death experience. Persus, Reading.

Rosenberg, S. A., Yang, J. C., Restifo, N. P. 2004. Cancer immunotherapy: moving beyond current vaccines. Nature Medicine 10: 909-915.

斎藤道雄 2010『治りませんように―べてるの家のいま』みすず書房、東京、245p.

櫻井義秀 2009『カルトとスピリチュアリティ―現代日本における「救い」と「癒し」のゆくえ』ミネルヴァ書房、京都、299p.

Schrödinger, E. 1944. What is life?: The Physical Aspect of the Living Cell. Cambridge University Press, Cambridge.

Schmitt, B.D. 1975. The Minimal Brain Dysfunction Myth. American Journal of Diseases of Children 129(11): 1313-1318.

シュタイナー、ルドルフ／高橋巖訳 1998『神秘学概論』筑摩書房、東京、462p.

シュタイナー、ルドルフ／西川隆範訳 2000『精神科学から見た死後の生』風濤社、東京、205p.

シュタイナー、ルドルフ／高橋巖訳 2007『人智学・心智学・霊智学』筑摩書房、東京、388p.

島薗進 2007『スピリチュアリティの興隆—新霊性文化とその周辺』岩波書店、東京、314p.

島薗進 2012『現代宗教とスピリチュアリティ』弘文堂、東京、152p.

清水博 2003『場の思想』東京大学出版会、東京、273p.

清水博 2007「統合による共存性の深化」統合学術国際研究所編『「統合学」へのすすめ—生命と存在の深みから』晃洋書房、京都、pp. 3-131.

清水義晴 2002『変革は、弱いところ、小さいところ、遠いところから』太郎次郎社、東京、238p.

スコリモフスキー、ヘンリック 1999『エコフィロソフィー21世紀文明哲学の創造』法蔵館、京都、359p.

Smith, H. 1976. Forgotten Truth: The Common Vision of the World's Religions. HarperCollins, New York.

Smuts, A. 2014. To Be or Never to Have Been: Anti-Natalism and a Life Worth Living. Ethical Theory and Moral Practice 17: 711-729.

Spangenberg, J. H. 2011. Sustainability science: a review, an analysis and some empirical lessons. Environmental Conservation 38(3): 275-287.

Swart, R., Raskin, P., Robinson, J. 2002. Critical Challenges for Sustainability Science. Science 297: 1994-1995.

Swedenborg, E. 1995. Heaven and Hell. Swedenborg Foundation Publishers, West Chester, 584p.

スウェデンボルグ、エマニュエル 2000『エマニュエル・スウェデンボルグの霊界（1）—死後の世界は実在する』中央アート出版社、東京、254p.

Tainter, J. 2003. A Framework for Sustainability. World Futures 59: 213-223.

Talbot, M. 1991. The Holographic Universe. Grafton Books, London.

Targ, R., Katra, J. 2001. The Scientific and Spiritual Implications of Psychic Abilities. Alternative Therapies 7: 143-149.

Turner, B. L., II, Kasperson, R. E., Matson, P. A., McCarthy, J. J., Corell, R. W., Christensen, L., Eckley, N., Kasperson, J. X., Luers, A., Martello, M. L., Polsky, C., Pulsipher, A., Schiller, A. 2003. A Framework for Vulnerability Analysis in Sustainability Science. PNAS 100: 8074-8089.

田坂広志 2014『知性を磨く—「スーパージェネラリスト」の時代』光文社、東京、229p.

植田和弘／住明正／武内和彦 2006「環境学からサステイナビリティ学へ」サステナ 0: 4-19.

Ursin, R., Jennewein, T., Aspelmeyer, M., Kaltenbaek, R., Lindenthal, M., Walther, P., Zeilinger, A. 2004.

Communications — Quantum teleportation across the Danube. Nature 430: 849-849.

内海聡／野口勲／岡本よりたか 2014『不自然な食べ物はいらない』廣済堂出版、東京、166p.

Verville, V.C., Jourdan, J.P., Thonnard, M., Ledoux, D., Donneau, A.F., Quertemont, E., Laureys, S. 2014. Near-death experiences in non-life-threatening events and coma of different etiologies. Frontiers in Human Neuroscience 8: 1-8.

Wackerman, J., Seiter, C., Keibel, H., Walach, H. 2003. Correlations between brain electrical activities of two spatially separated human subjects. Neuroscience Letters 336: 60-64.

和辻哲郎 1935『風土—人間学的考察』岩波書店、東京、253p.

ワイス、ブライアン／山川紘也／山川亜希子訳 1996『前世療法—米国精神科医が体験した輪廻転生の神秘』ＰＨＰ研究所、東京、269p.

ワイス、ブライアン／山川亜希子／山川紘也訳 2006『ワイス博士の前世療法』ＰＨＰ研究所、東京、101p.

ワイス、ブライアン／山川紘也／山川亜希子訳 2007『ワイス博士の瞑想法』ＰＨＰ研究所、東京、312p.

ワイス、ブライアン／山川亜希子／山川紘也訳 2009『未来世療法』ＰＨＰ研究所、東京、412p.

Whitehead, A.N. 1929. Process and Reality: An Essay in Cosmology. MacMillan, New York.

Whitehead, A.N. 1933. Adventure of ideas. MacMillan, London.

Wilber, K. 1996. A brief history of everything. Shambhala, Boston.

Wilber, K. 2000. A theory of everything: An integral vision for business, politics, science and spirituality.

Shambhala, Boston.

Wilber, K. 2005. Toward a comprehensive theory of subtle energies. The Journal of Science and Healing 1(4): 252-270.

Wilber, K. 2006. Integral Spirituality: A Startling New Role for Religion in the Modern and Postmodern World. Shambhala, Boston, 240p.

ウィルバー、ケン 1996『万物の歴史』春秋社、東京、520p.

ウィルバー、ケン 2002『万物の理論—ビジネス・政治・科学からスピリチュアリティまで』トランスビュー、東京、317p.

ウィルバー、ケン 2008『インテグラル・スピリチュアリティ』春秋社、東京、469p.

Wilson, E.O. 1998. Consilience: The Unity of Knowledge. Knopf, New York, 352p.

ウィルソン、エドワード 2000『知の挑戦—科学的知性と文化的知性の統合』角川書店、東京、372p.

矢作直樹 2011『人は死なない—ある臨床医による摂理と霊性をめぐる思索』バジリコ、東京、222p.

矢作直樹 2013『「あの世」と「この世」をつなぐお別れの作法』徳間書店、東京、247p.

矢作直樹／坂本政道 2012『死ぬことが怖くなくなるたったひとつの方法』ダイヤモンド社、東京、240p.

矢作直樹／保江邦夫 2014『ありのままで生きる—天と人をつなぐ法則』マキノ出版、東京、183p.

保江邦夫 2013『予定調和から連鎖調和へ』風雲舎、東京、253p.

保江邦夫 2014『神様につながった電話』風雲舎、東京、221p.

Yin, J., Ren, J. G., Lu, H., Cao, Y., Yong, H. L., Wu, Y. P., Liu, C., Liao, S. K., Zhou, F., Jiang, Y., Cai, X. D., Xu, P., Pan, G. S., Jia, J. J., Huang, Y. M., Yin, H., Wang, J. Y., Chen, Y. A., Peng, C. Z., Pan, J. W. 2012. Quantum teleportation and entanglement distribution over 100-kilometre free-space channels. Nature 488: 185-188.
横川和夫 2003『降りていく生き方―「べてるの家」が歩む、もうひとつの道』太郎次郎社、新潟、229p.

（1）このセクションの多くは、榧根（2016）の「自然の構成・とらえ方」に基づく。詳しく理解したい人はKayane（2007; 2008）、榧根（2006; 2010; 2012; 2013; 2015）や榧根ほか（2006）を参照するとよい。
（2）このセクションの多くは、ウィルバー（2008）に書かれている。詳しく理解したい人はそれを読むとよい。
（3）統合医療とは、患者の治療のために、西洋医学による医療と東洋医療のような代替医療を組み合わせる医療のことである。
（4）耐えがたい苦痛を鎮静するために意識の喪失にいたるまで麻酔薬を投与する処置のことである。
（5）この場合のエーテルは物理学とは関係のない別の意味の言葉として用いられている（シュタイナー 1998）。
（6）人間を含む生物の意識、人工意識といった非生物の意識、さらには集合意識や宇宙意志なども含めるべきであるが、別の機会に論じることにする。
（7）天災や事故といった生命の安全が脅かすような出来事や、人としての尊厳が損なわれるような犯罪（魂の殺人とも呼ばれる性的暴行、虐待、いじめ、テロ事件など）による強い精神的衝撃（心的外傷）によって、著しい苦痛や生活機能の障害がもたらされる。こうしたストレス障害を、心的外傷後ストレス障害（Post traumatic stress disorder; PTSD）という。

（8）森岡（2014b）では、「尊厳」は、「人生の尊厳」「身体の尊厳」「生命のつながりの尊厳」の三つに分類されている。森岡（2014a）では、「人生の尊厳」と「身体の尊厳」をひとつにまとめ、それに「生命のつながりの尊厳」を加えて、二つの尊厳としている。サステイナビリティ学においては、この二つの尊厳という分類で必要十分であると思われる。また「尊厳」が守られるための指標として、「人権（例えば小野2001）」などの諸権利があると考えられるが、「尊厳」と「権利」の関係については詳細な検討が必要であるとされている（森岡2014a）。

（9）人は何に幸せを感じるのかについては、詳細な検討が必要である。

（10）櫻井（2009）によれば、カルトはその実践においても認識においても、これまでの宗教概念とは異なるものとして捉える必要があるという。他方、スピリチュアリティは、従来の制度や組織、固定化した崇拝対象といった信仰概念ではとらえられない現代人の心的態度を示すと考えられている（櫻井2009）。

（11）現代社会とスピリチュアリティとの関係性については、伊藤（2003）でも詳しく論じられている。

（12）例えば、量子論における数学的な演算にもとづいて予測される、量子のからみあい（エンタングルメント）の理論を応用できる。エンタングルメントとは、複数の部分系からなる量子系において、個々の部分系状態の積では表されないような分離不可能な状態に現れる、距離を越えて瞬時に働く相関（非局所的相関）である。エンタングルメントを持つ状態では、非局所的相関の作用により、一方の部分系の状態を観測などにより変化させると、もう一方の部分系の状態が自動的に他方の観測結果に応じた状態に瞬時に変化する。この作用は、遠く離れた粒子同士だけでなく、脳同士にも生じることが知られている。例えば、脳波測定に基づく初期の実験としてDuane and Behrendt（1965）や、脳波の代わりに核磁気共鳴画像法（MRI）を用いた実験をまとめたWackermann *et al.*（2003）やDossey（2012）がある。この作用は脳と環境との間にも生じるのだろうか。近年になって、ポータブルＭＲＩが市販されるようになってきている。

（13）環境エントロピーや脳内エントロピーに対する心の創発への影響は、個人の履歴によって異なることが予測される。近年になって、ＤＮＡには環境に応じて自らのあり方をしなやかに書き換える内在的自己変革能があることが示された（太田 2011）。このことに着目して、地球環境問題の文脈における心として環境観（環境に関する価値観）に焦点を当てて、それと環境エントロピーや脳内エントロピーとの関係性を、ＤＮＡまで掘り下げて議論することができる。これにより、環境エントロピーや脳内エントロピーの増大に対する人間の脆弱性や、強靱な人々の多い地域の抽出などが可能となるはずである。精神的側面との関係性が報告されているミトコンドリアＤＮＡサンプルを採取するとともに、環境観に関するアンケート調査などを組み合わせれば、ＤＮＡと環境観との関係性、さらに環境エントロピーや脳内エントロピーに対する環境観の創発に与える影響を解析できるのではないか。

（14）私は、近代科学で説明できない霊的体験を二度経験したことがある。一九九八年一月三十日に私が起こしてしまった交通事故の直後の臨死体験が一つめである。私の臨死体験は従来の臨死体験の定義とは異なっており、無意識状態ではあったものの心肺停止にはなっていなかった。そして、私が体外離脱をしたわけではなく、私が無意識状態のときに死者（祖母）から第三者（存命で睡眠中であった母）へのコンタクトがあり、死者が私の身の安全を繰り返し知らせていたのである。このメカニズムを説明できる理論は、現在、量子論以外にない。この事実を知った私は、死者に守られたことを自覚するとともに、世の役に立つために生かされていることを強く意識するようになった。そして、その年にレスター・ブラウンの「誰が中国を養うのか」（Brown, 1995）に出会い、生かされたことに対する恩返しのために、「学際的な」水文学者を志すようになった。もう一つは、二〇〇九年八月に中国甘粛省張掖市でフィールドワークを行った際に、サイキックと出会ったことである。私たちは、水信仰、水文化、水循環、水利用（水共同体）の歴史的変遷を調べるために、仏教や道教の寺院あるいは文化大革命で破壊された廃墟をめぐっていた。ある寺院の若き僧が、いわゆるアカシックレコードにある情報にアクセスできる人物であった。調査隊のそれぞれの個人的なことをその人物は知っていたのであった。彼は、私たちに「拍手健身治百病」という気功の実践法を説いた。

(15) ただし、「存在の大いなる連鎖」の四象限的な調和が説かれている場合には、著者に臨死体験の経験があるかどうかが明言されていない場合にも採用した。

立入 郁

気候変動と自然・いのち、個人・社会

1 はじめに

二〇一三年から二〇一四年にかけて気候変動に関わる政府間パネル(IPCC)の第五次評価報告書(AR5)が出された。これによれば、九五%以上の確率で、人為起源の二酸化炭素(CO2)が地球規模の気候変動(温暖化)を引き起こしている。

このことは、われわれが日々を生きる上で、さまざまなことを考えさせてくれる事実である。それは端的に言えば、われわれ(特にいわゆる「先進国」に生きている者)が電気や交通などに不自由しない便利な日常を暮らし、さらなる経済成長をめざしていこうとする社会が、地球全体の気候に影響を与え、結果として、主に貧困国（あるいは各国の貧困層）の生活にダメージを与えうるということである。

多くの人間にとり、「誰かの生活を脅かしてまで便利さを追求したいのか」という問いへの答えは「ノー」であろう。ではなぜ上記のような問題が進んでいるかといえば、一つには、被害に遭っている人が遠くにいるために眼前に突きつけられることがないことが大きいのではないだろうか。

本稿に目的があるとすれば、それは、日頃眼前に突きつけられない（あるいはあえて直視を避けている）こうした事実を再確認し、これらをふまえて日々を暮すためにどうすればよいのか、を考えることに資することにある。

このため、まず二節では、気候変動の現状を把握するため、ＩＰＣＣの第一・第二作業部会（ＷＧ１、ＷＧ２）のＡＲ５（IPCC, 2013; 2014a）に基づき、自然への影響を概観する。次に三節では、気候変動の人間への影響について、ＩＰＣＣ・ＷＧ２のＡＲ５（IPCC, 2014a）を参考に概観する。四節では、気候変動研究における社会の取扱いと気候変動緩和につながりうる新しい動きについて見ていく。五節では、これらをふまえて個人としてどうあるべきか、を考えてみたい。最後に六節で本稿の内容をまとめる。

2　自然への影響

(1)これまで

二〇一三年九月にＩＰＣＣ・ＷＧ１のＡＲ５（IPCC, 2013）が受諾され、その後出版された。それによれば、産業革命以降全球平均で約〇・八℃の気温上昇が観測されている。一方、今後、今世紀末までに最大五℃程度の温暖化がモデルによって予測されており、台風・高潮などの気象災害の深刻化が予測されている。以下、同報告書の内容についてまとめた近藤（2014）も参考に、重要な点を挙げる。

まず、図１（次頁）に一八五〇年以後の全球平均気温の推移を示す。これにみられるように、一九〇〇年以降に気温の上昇がみられ、その傾向は一九七〇年以降特に顕著になっている。また、これに伴って寒い日の数が減少して暑い日の数が増加しており、多くの地域で熱波の頻度が上昇している。なお、近年（一九九八〜二〇一二年）見られる温暖化傾向の弱まり（ハイエイタスと呼ばれている）は、内部変動や海洋中の熱の再分配などから説明がなされつつある。また、気温が上がると大気中に含まれる水蒸気量が増え、降水量が増える関係があることから予測されるように、陸域では強雨現象が増加した地域の方が減少した地域よりも多い。

また、海洋の温暖化と南極・グリーンランドの氷床融解により、海面水位の上昇が観測されている。

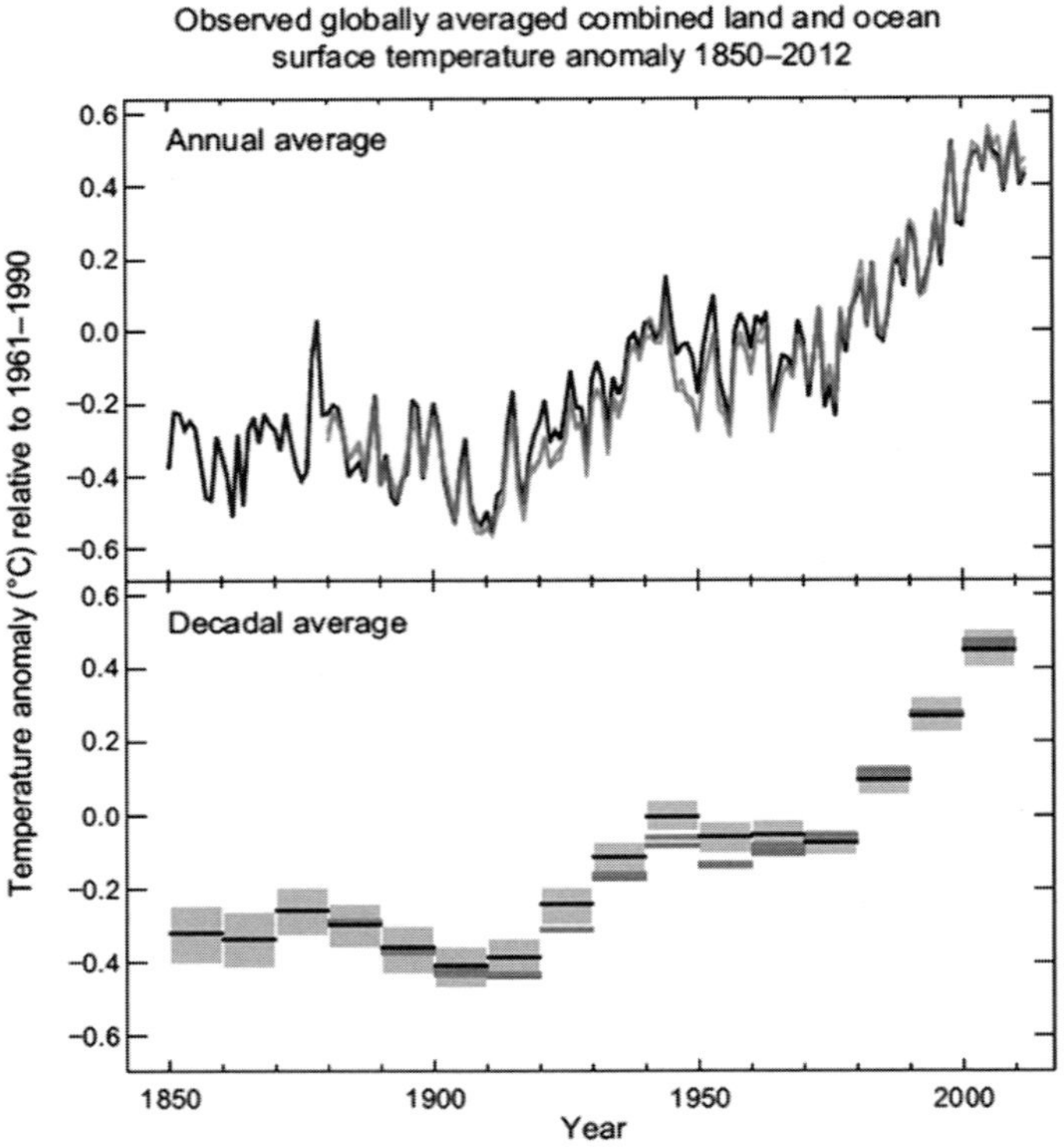

図1　1850-2012年に観測された全球（陸域および海上）地表気温

出典： IPCC（2013）Figure SPM.1（a）（原図はカラー）

3つのデータセットによる、1850年から2012年までに観測された陸域と海上とを合わせた世界平均地上気温の偏差。上図：年平均値、下図： 10年ごとの平均値（黒色のデータセットについては不確実性の推定を含む）。1961 ～ 1990年平均からの偏差。更に詳細な技術情報は、IPCC（2013）技術要約の補足資料を参照。キャプション和訳は気象庁[21]による。

全球平均海面水位の上昇は、一九〇一～二〇一〇年で一・七㎜／年であるが、一九七一～二〇一〇年では二・〇㎜／年、一九九三～二〇一〇年では三・二㎜／年と加速している。

モデルを用いた解析から、「人間の影響は二十世紀半ば以来に観測された温暖化の主要な原因であることは極めて可能性が高い」ことが示された。この他、全球的な水循環の変化、雪氷の減少、全球平均の海面水位上昇にも人為影響が検出された。また、いくつかの極端気象現象においても人為影響が検出されており、例えば、二十世紀半ば以降の日別の極端な気温の頻度や程度に寄与してきた可能性は非常に高く、地域によっては熱波の発生確率を倍以上にした可能性が高い。

では、空間分布はどうか。図2（次頁）に気温・降水量変化の空間分布を示す。気温上昇が大きいのはユーラシア中央部やブラジル南東部であり、言うまでもなく主たるCO2発生源となっている地域とは一致しない。降水量については、増加しているのは東欧、北アメリカ東部、オーストラリア北西部などであり、一方でサヘルの南や南欧、東アジアなどで減少傾向がみられる。

これらの変化により、多くの生物種について、生息地域や季節ごとの活動、季節移動のパターン、個体数に変化が確認されている。穀物生産への影響は、ポジティブな影響よりもネガティブな影響の方が多くみられる。

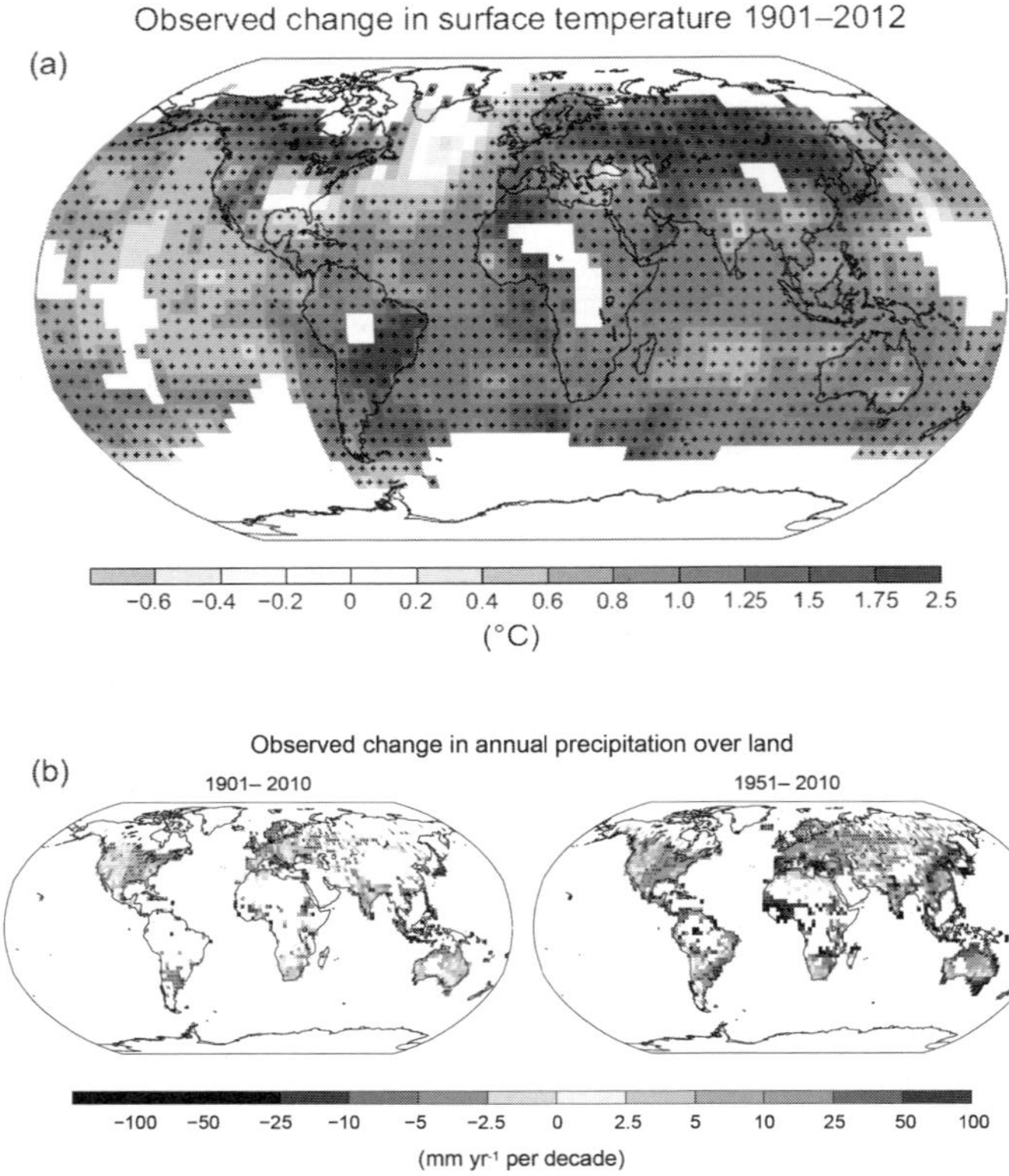

図２　これまでに観測された変化の分布

出典：IPCC (2013) Figure SPM.1 (b)および SPM.2（原図はカラー）

(a)図１（原図）のオレンジ色のデータセットから線形回帰で求めた気温の変化傾向による1901年から2012年の地上気温変化の分布。変化傾向は、データが有効で確実な推定が可能である場所（すなわち、70%以上の完全な記録がそろっており、かつ期間の最初の10%と最後の10%においてそれぞれ20%以上のデータが利用可能な格子のみ）について計算されている。それ以外の領域は白色としている。危険率10%の水準で変化傾向が有意である格子点を＋の記号で示す。
(b)一つのデータセットに基づく、1901年から2010年および1951年から2010年の期間に観測された、降水量変化の分布図（年降水量の変化傾向は図SPM.1と同じ判定基準を用いて計算されている）。
(a)(b)とも、更に詳細な技術情報は、IPCC (2013) 技術要約の補足資料を参照。また、キャプション和訳は気象庁[21]による。

(2) これから

将来の気候変動を予測するため、世界の気候センターで気候モデルが開発され、予測実験が行われている。長期（数十年以上）の予測をする場合には、炭素などの物質循環をも考慮する必要が出てくるため、気候モデルに生態系モデルなどを結合した「地球システムモデル」(Earth system model, ESM) と呼ばれるモデルが用いられる。筆者の所属する海洋研究開発機構では、図3（次頁上）のようなESMが開発され、AR5に結果が示されたモデル比較プロジェクト (CMIP5)[1] に将来予測実験の結果を提出した。

CMIP5では、比較実験用に代表的濃度経路 (Representative Concentration Pathways, RCPs)[2] と呼ばれるシナリオが入力データとして用意された。RCPには四種類あり、気温が高くなるものから RCP8.5, RCP6.0, RCP4.5, RCP2.6 と呼ばれる。これらは高位参照、高位安定化、中位安定化、低位安定化シナリオと呼ばれることがある。[3] また、数字は二一〇〇年時点での温室効果ガスの増加による放射収支の変化量（放射強制力と呼ばれる。単位は W/m^2）を示す。RCP8.5 は温暖化対策を取らない場合、RCP2.6 は産業革命以前からの全球平均気温上昇が二℃以内になることを意識したシナリオである。

これらのシナリオに対する世界の気候モデルの出力は図4（次頁下）のようなものであった。RCP2.6, 4.5, 6.0, 8.5 についての今世紀最後の二〇年間（二〇八一〜二一〇〇年）での気温上昇（一九八六〜二〇〇五年の平均との比較）はそれぞれ〇・三〜一・七℃、一・一〜二・六℃、一・四〜三・一℃、

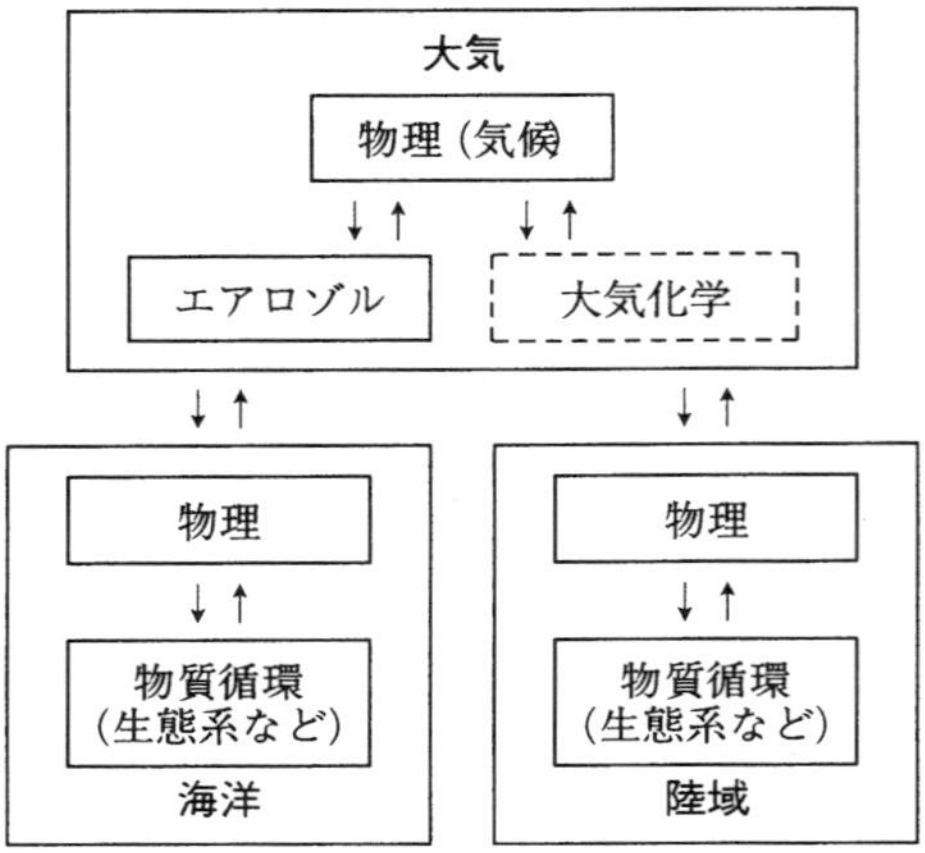

図３　地球システムモデルの構成
点線部はモデルのバージョンによって含まれるものと含まれないものがある
（Watanabe *et al.*（2011）から作成）

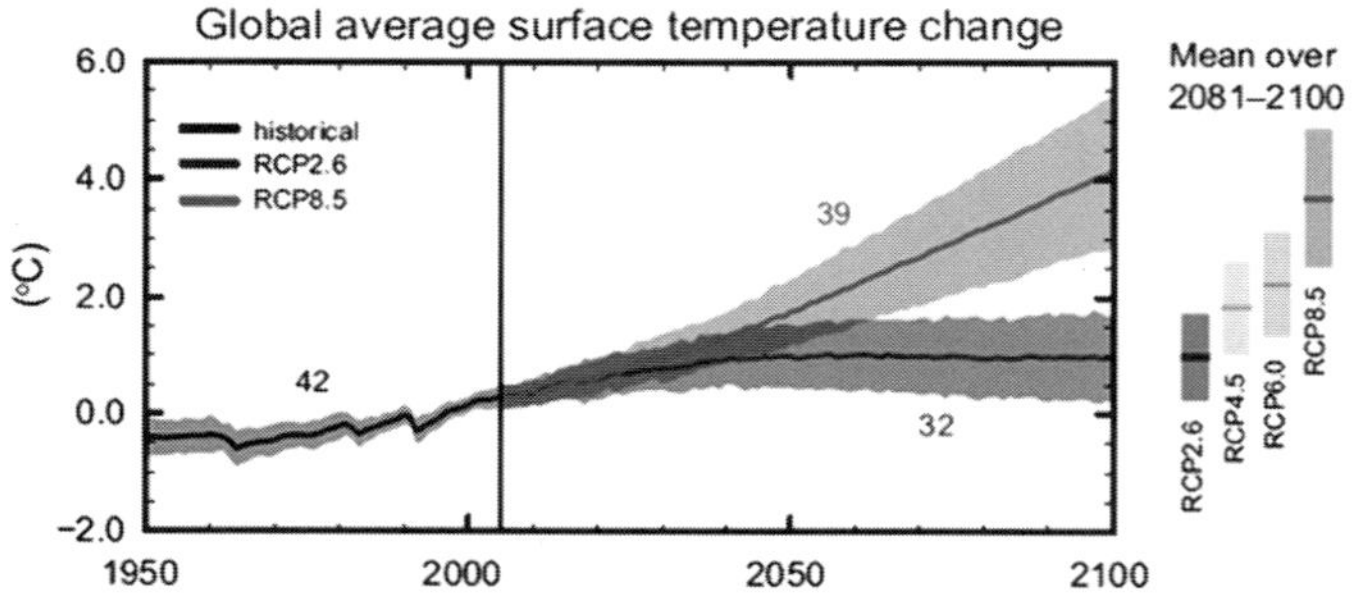

図４　全球平均地上気温変化：再現実験（左側）と予測実験（中央から右側）の結果
出典：IPCC（2013）Figure SPM.7（原図はカラー）

CMIP5 の複数のモデルによりシミュレーションされた時系列（1950 年から 2100 年）。1986 ～ 2005 年平均に対する世界平均地上気温の変化、黒（と灰色の陰影）は、復元された過去の強制力を用いてモデルにより再現した過去の推移である。全ての RCP シナリオに対し、2081 ～ 2100 年の平均値と不確実性の幅を彩色した縦帯で示している。数値は、複数モデルの平均を算出するために使用した CMIP5 のモデルの数を示している。更に詳細な技術情報は、IPCC（2013）技術要約の補足資料を参照。また、キャプション和訳は気象庁[21] による。

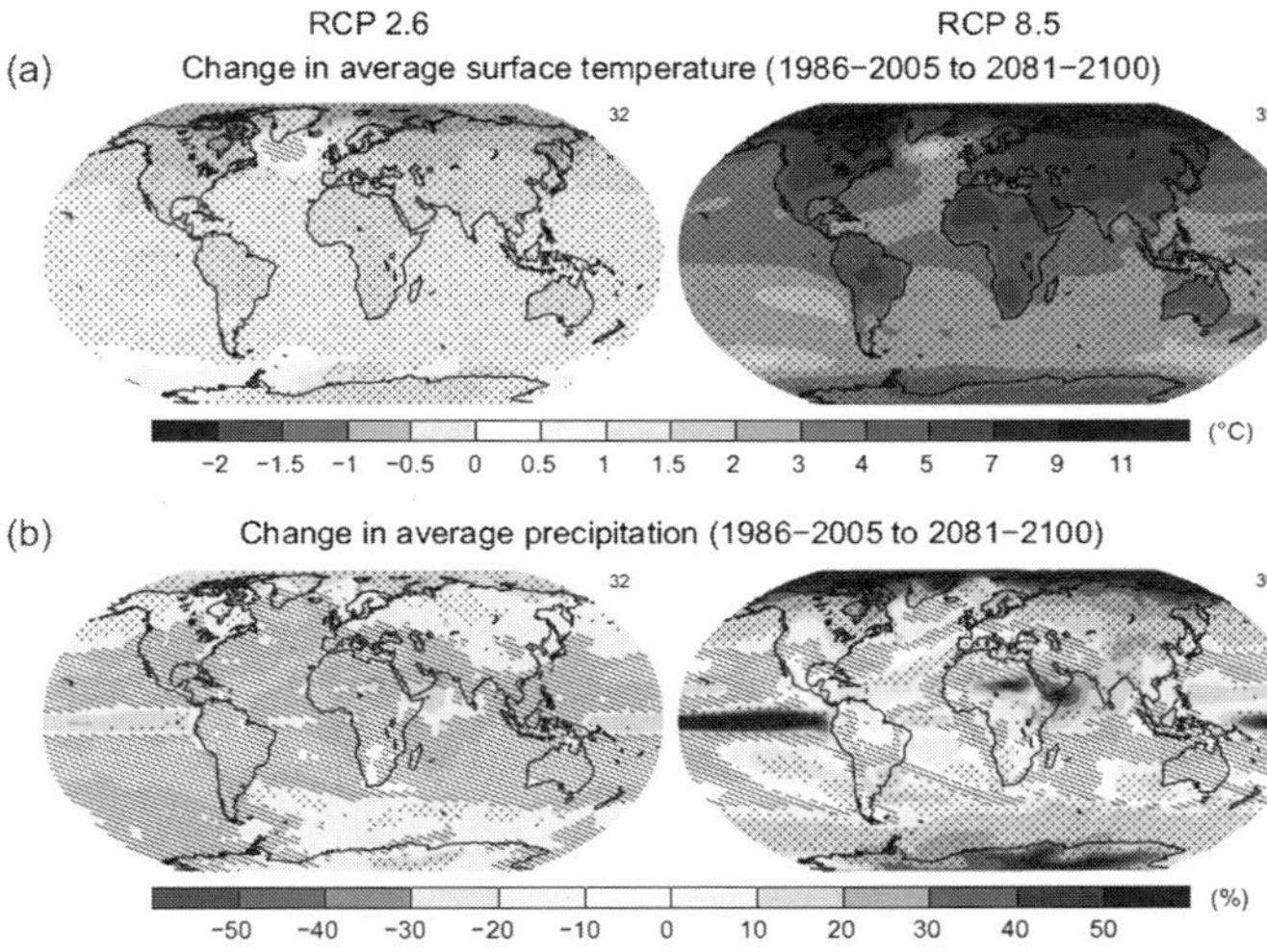

図 5　気候モデルによる将来予測

出典： IPCC (2013) Figure SPM. 8 (原図はカラー)

2081 ～ 2100 年における RCP2.6 と RCP8.5 のシナリオによる CMIP5 複数モデル平均の分布図。(a)年平均地上気温の変化、(b)年平均降水量の平均変化率。1986 ～ 2005 年平均からの偏差を示す。それぞれの図の右上隅の数値は、複数モデル平均を算出するために使用した CMIP5 のモデルの数である。斜線部は、複数モデル平均の変化量が自然起源の内部変動性に比べ小さい (つまり、20 年間の自然起源の内部変動性の 1 標準偏差未満) であることを示す。また点描影は、自然起源の内部変動性に比べ大きく (つまり、20 年間の自然起源の内部変動性の 2 標準偏差以上) かつ少なくとも 90% のモデルが同じ符号の変化をしている領域を示す。更に詳細な技術情報は、IPCC (2013) 技術要約の補足資料を参照。また、キャプション和訳は気象庁[21] による。

二・六～四・八℃と予測されている。海面上昇については、RCP2.6, 4.5, 6.0, 8.5 についてそれぞれ(同じく一九八六～二〇〇五年の平均との比較)〇・二六～〇・五五m、〇・三二～〇・六三m、〇・三三～〇・六三m、〇・四五～〇・八二mの上昇と予測されている。

気温・降水量変化の空間分布(図5)を見ると、気温は高緯度もしくは内陸部で上昇量が大きいことが予測されている。特に北極付近の上昇が大きく、これが海氷の顕著な減少を引き起こす(RCP8.5 では今世紀中に北極海の海氷はほぼ姿を消す)。降水量は、両極付近と赤道付近で増加し、中緯度、陸地で言えば地中海沿岸や中米、アフリカ南部で減少すると予測されている。

このような変化に伴い生態系には次のような影響が予測されている(IPCC, 2014a)。

・多くの陸生・淡水生の生物について絶滅のリスクが高まる
・RCP4.5 以上に温暖化が進むシナリオにおいては、陸域・淡水生態系で突発的かつ不可逆な地域スケールの変化(種構成など)がある
・二十一世紀半ば以降、変化の大きい海域においては海洋生態系のシフトや種数の減少が、資源の持続的利用をより困難にする
・RCP4.5 以上のシナリオでは、海洋酸性化により特にサンゴ礁や北極圏の生態系で、生物の生理

機能、行動、個体数ダイナミクスへの影響が懸念される

(3)人新世(人類世)

十九世紀以後、人間活動が地球システムに無視できない大きな影響を与えてきたことをふまえ、パウル・クルッツェン（オランダの大気化学者。一九九五年にノーベル化学賞受賞）により、人新世(anthropocene, 人類世と呼ばれる場合もある）という概念が提案された（Crutzen, 2002)。完新世が約一万年前以降、その前の更新世が約二六〇万年前から約一万年前ということから考えると、タイムスケールが顕著に小さいが、これは人間活動のインパクトが例を見ないスピードで増大していることを示していると考えるべきだろう。

Stockholm Resilience Center[4]によれば、かれらが挙げている九つの面での「地球の限界」(planetary boundaries)、すなわち成層圏オゾン層、生物多様性、化学物質の拡散、気候変動、海洋酸性化、淡水の消費と地球規模水循環、土地システム変化、窒素・リンの生物圏・海洋への流入、大気エアロゾル量のうち、知見が十分でないとして地球規模の影響につながる閾値を設定できないとされた化学物質の拡散と大気エアロゾル量を除く七つのうち、現在のところ安全な範囲に収まっているとされているのは成層圏オゾン層、海洋酸性化、淡水の消費と地球規模水循環、土地システム変化の四つとリンの生物圏・海

洋への流入であり、この他の生物多様性、気候変動、窒素の生物圏・海洋への流入については既に危険領域に踏みこんでいるとしている。これらの項目の選定や閾値の設定については客観的に全てが決まるわけではないだろうから、一つ一つを細かく見ていくとさまざまな疑問も生じるが、それでもこうした基本的な地球の収容力の指標群について見たとき、複数の指標で自然のキャパシティを越えつつあるという見方があることは認識しておく必要があるだろう。

もう一つ、関連する指標として注目したいのは、植物の一次生産のうちの人間が消費するあるいは人間が存在することで減少するものの比率である。これについて、Vitousek *et al.* (1986)[5] は、①人間・家畜によって直接的に消費された有機物のみを計算、②人間によって改変された生態系による消費を含める、③さらに、人間の土地利用による土地改変（農地化、都市化、砂漠化など）の影響を含める、の三種類の計算を行い、陸域については人間によって「消費」されるものの比率を①、②、③についてそれぞれ四%、三一%、三九%という結果を得た（海については約二%とされており、陸海の全生態系についての値は、三%、一九%、二五%となる）。どこまでを「消費」に含めるかによって値が変わるが、最も高く見積もった際の三九%という値の大きさは衝撃的である。この値については、後にいくつかの研究によって再計算されており、Rojstaczer *et al.* (2002) では一〇～五五%、Imhoff *et al.* (2004) では一四～二六%という値が示されている。さらに、Imhoff *et al.* (2004) では地域ごとの比率も示されており、南・中央アジア（八〇％）、西欧（七二％）、東アジア（六三％）で高く、残りの地域（最も高いものでも北米の二四％）とは大きな差があった。いずれにしても、陸上の生物生産の数分の一は人間によって消費もしくは強い影響を受けていることは地球における人間の位置を考える上で重要である。また、そしてその比率には大きな地域差が存在することも認識しておく必要があろう。

人新世の提唱者クルッツェンは、地質年代を見直すことに意義があるわけではないと言う。人新世という概念を提唱するのは、自分たちの活動が地球にどんな影響を及ぼしているかを人々に自覚してもらうこと、そして、今からでも最悪の事態を避ける方法があるのではないかと考えてもらうことにあるという。(6)

3　人間への影響

(1) IPCC・WG2のAR5から

次に人間への影響を見ていく。IPCC（2014a）は、基本的には現在までに起こった状況の変化について、気候変動に起因すると結論することには慎重な姿勢を見せている。例えば「現在のところ、気候変動に起因する健康障害は他の要因によるものと比べれば少ない」、あるいは「気候変動によるリスクは、他の要因によって大きく左右される」などの表記が用いられている。但し、気候変動に起因するとしたものも少なからずあり、例えば「近年の極端気候現象（熱波、干ばつ、洪水、台風、山火事など）により、自然と人間社会双方で脆弱性が増している」ことが非常に高い確信度で、「気候変動により特に貧困層の生活の悪化など他の脅威が深刻化されている」ことが高い確信度で報告されている。また、「紛争により気候変動への脆弱性が高まっている」ことも指摘されている。

その一方で、将来のリスク増加については多くの項目で指摘されている。複数の分野・地域に及ぶリスクとしては、以下の八つが挙げられている。

①海岸地域・島嶼などにおける、高潮・洪水・海面上昇による死傷・健康被害・生計崩壊
②大都市の洪水による健康被害と生計破壊
③極端な気象現象による、インフラ網や電気・水供給・医療サービスなどの基盤サービス停止
④熱波による特に都市の弱者あるいは都市・地方の野外労働者の死亡・り患
⑤特に貧困層について、気温上昇・干ばつ・洪水・降水量変動による食糧供給システムの停止
⑥特に半乾燥地の農民・牧畜民について、飲料水・灌漑水への不十分なアクセスによる農村の生活・所得損失

⑦特に熱帯・北極の漁業コミュニティについて、海洋・沿岸生態系、生物多様性、生態系サービスなどの喪失
⑧陸域・内水における生活を支える生態系、生物多様性、生態系サービスなどの喪失

また、健康被害については、今世紀半ばまでに気候変動が既存の被害を悪化させること、今世紀を通じて特に低所得国で健康被害を増加させることを報告している。安全（security）については、今世紀に気候変動により人間の強制的移住（displacement）が増えること、貧困や経済への悪影響などの間接的影響により内戦や民族間紛争のリスクが増加することが示されている。さらに、生活・貧困について、二十一世紀を通し、気候変動により経済成長は減速させられ、貧困撲滅をより困難にするとされている。

気候変動による移住（migration）への影響の与え方としては、

①自然災害の増加
②農業生産や浄水（clean water）へのアクセスの悪化
③海面上昇による島嶼国での居住困難化
④自然資源を巡る争いの紛争化

の四つが挙げられている。特に貧困層にはこれに対応するための手段の選択肢が少なく、より厳しい選択を強いられることになる。

(2)「気候難民」

近年、「気候難民」(Climate Refugee) という言葉をしばしば聞くようになった。これは気候変動が原因の環境要因で移住を余儀なくされた人々をさす言葉であり、主に環境正義系の団体によって使われ、メディアでもしばしば用いられる。例えば、Environmental Justice Foundation は、二〇五〇年までに一・五億人の気候難民が出るだろうと予測している。[7] また、気候難民という呼び方ではないが、Brown (2008) はよく引用される値として二〇五〇年までに二億人が気候変動に起因する移住者 (Climate migrants) になるとするとともに、同年までに二五〇〇万人~一〇億人という予測値の幅があることを紹介している。一方、国連によって「二〇一〇年までに五〇〇〇万人の気候難民が出る」とされたが、これが後に「二〇二〇年までに五〇〇〇万人の気候難民が出る」と変更されたことについて理由が不明確だという批判がある。[8]

具体的にいくつか事例を見ていこう。Anwer (2012) は一次データ (三六六の「難民」の家族へのインタビューを含む）と二次データを組み合わせてバングラデシュの「気候難民」についての調査を行い、労働機会の喪失などの他の多くの問題の寄与も認めつつ、最も大きな要因は洪水・干ばつを含む気象要因だとし、現状では「気候難民」や環境難民は法的に位置づけられていないが、気候変動によって引き起こされる移住を表す言葉が必要であるとしている。Ďurková *et al.* (2012) では、事例としてアフリカの角（Horn of Africa）地域とツバルが挙げられている。前者の例では、二〇一一年の近年では最悪の干ばつによって生じた難民について述べられている。この干ばつの背景には近年の降水パターンの変化（乾燥期間が長くなっている）があるとし、気候変動との関係を示唆している。この干ばつにより、三〇万人がソマリアからケニア・エチオピアへの移住を強いられた。世界最大の難民キャンプであるダダーブ（ケニア）には毎週一万人の難民が押し寄せ、総数はキャパシティの四倍となる三五万人以上に達したことが報告されている。後者（ツバル）の例については、同国の最高点が標高四・六ｍであることや二〇五〇年までに居住不可能になるとの報告を示し、この国にとって海面上昇が重要な懸念であることが述べられている。さらに、飲料水を雨水に頼っているため、干ばつもまた深刻な問題であることにも言及されている。歴史的に主にニュージーランドがツバルからの移民を受け入れてきたが、これは気候変動が直接的原因というよりは、産業が乏しいために職とよりよい暮らしを求めた移住という側面が強いようであり、多くのツバル人はツバルにとどまりたいと考えており、難民認定は歓迎されないと報告されている。一方、近隣のキリバスについては、二〇〇五年の国連総会で大統領が国ごと移動する考えがあることを言明しており（Loughry and McAdam, 2008）、その後フィジー国内の土地を国民の移住のために買い上げたことが報道された[9]。

最後に北極圏の例を挙げる。Bronen（2012）はアラスカでは全球平均を上回る気温上昇と急激な海氷の減少が起こっており、二〇〇の先住民コミュニティが危機にさらされているとしている。そのうち、二〇以上のコミュニティが浸食や洪水、極端現象によって脅かされており、少なくとも一二のコミュニティが移動を必要としている。Bronen（2012）はその中の一つの村の移住計画を詳細に述べているが、この計画はその後主導権争いでとん挫したという報道があり[10]、移住することの難しさを示す例ともなっている。一方、グリーンランドでは、海氷の減少や薄氷化により犬ぞりによる狩猟や移動が難しくなり、家族に十分な食料を持ち帰れなくなる例が紹介されている（World Saavy, 2011）。こうした変化は、イヌイット文化の継承にも影響を与えつつある。

このように、気候変動による環境変化が移民・移住を強いる例は多く見られているが、ＩＰＣＣは、気候難民という用語の使用には慎重である。ＩＰＣＣ（2014a）Box12.4ではこの用語の安易な使用は科学的・法律的に問題があると指摘しており、その理由として、例えば、

①多くの場合、環境の変化は移住の意志決定の引き金ではあるが直接的原因ではない
②「難民の地位に関する条約[11]」を環境に起因する者に拡張することによる負の地政学的影響[12]が、国内避難民や国際移民をどう扱うのかと合わせて懸念されている
③小島嶼国は、国際移民を気候変動の犠牲者だと認定されることに消極的である

を挙げている。最後の点は、例えば、強力な団体が、気候変動を理由に住民に強制的に退去を命じる可能性（Barnett and O'Neill, 2012）を考えればより分かりやすいかもしれない。移住が住民の自発的意思によるものかどうかの判断が重要になる。

そもそも、国際法上は難民（refugee）は国外へ移動している人々と定義されており[13]、国内で移動した人は国内避難民（internally displaced persons, IDP）として区別される。自国内にいる避難民を国際団体が支援する行為は内政干渉と取られる可能性があるために非常に難しいものになる[14]。Climate refugeeという言葉は、この点にもあまり頓着せず使われるところがあり、これが国際法上の位置づけの難しさにつながり、ひいては広く定着する妨げの一因になっていると考えられる。

4　温暖化の緩和策と将来の社会

気候変動研究では、社会経済シナリオと温室効果ガスの濃度・排出量シナリオを対応させる際に社会経済モデルが用いられている。それらの多くは一般もしくは部分均衡モデルであり、需要と供給の関係で価格が決まるという市場経済の理論に沿って社会経済システムの変化がシミュレートされる（GTAPモデル[15]はその一つの例である）。ここでは企業（あるいは産業部門）は利潤を最大化し、消費者は効用（満足度）が最大になるように行動する。効用は数式で表されており、財の消費量が大きい方が効用が大きくなるような関数になっている。

こうしたモデルでは、産業部門ごとの生産や電源のシフトに加え既に実用化が進められている技術の導入は勘案できる一方、劇的な技術革新や現時点で存在していない産業は想定できないので、これらが引き起こす大きな経済システムの変化はシミュレートできない。

このようなモデルを用いて、世界均一の炭素価格を導入することでCO_2排出を抑えるという仮定のもとに将来予測を行った場合、主たる温暖化対策となるのはCO_2の除去・貯蔵技術（Carbon Capture and Storage, CCS）、再生可能エネルギーの導入、原子力発電の増加であり、いずれも炭素価格を上昇させることによって既存電源との競争が優位になり、導入が進んでいく。但し、こうした対応策では、例えばRCP2.6のような厳しいシナリオを実現することはかなり難しく、非常に高い炭素価格を導入しても地球システムの応答（炭素吸収量）によっては実現が困難となる（Matsumoto *et al.*, 2015）。

こうした厳しいシナリオの実現のために考えられている手法の一つにジオエンジニアリングがある（次頁表1）。広義のジオエンジニアリングは上述のCCSを含む。CCSは既に数年～十数年後の導入に向けて実験が進められており、社会経済モデルでも考慮されている。また、植林・土地利用改善なども副作用が小さいかもしくはその推定がさほど困難ではないことから、社会の容認を受けて導入が進むだろう。一方、鉄・リン・窒素散布による海洋肥沃化や成層圏へのエアロゾル散布などは、取り返しのつかない副作用が起こる可能性を否定できないため、現段階では、モデルなどでの効果推定にとどめ、別の方策を考えるのが妥当だと筆者には思える。

よりソフトな（少なくとも自然環境面での副作用は大きくないと期待できる）変革の動きも出てきている。一つは共有経済（Sharing economy）である。英国政府の報告書（Wosskow, 2014）では共有経済を「財産（assets, resources）、時間、スキル」の共有を助けるオンラインシステム（online platforms）と定義しており、英国の成人の二五％はこれを利用しているとしている。これにより、ある団体では車を所有することをやめて共有車両を使用することにより移動費を四二％、CO2排出量を三六％削減した。その他、

SRM（＊1）	・都市・住宅のアルベド改変 ・草地や穀物のアルベド改変 ・砂漠アルベド改変、雲のアルベド改変（DMS（＊3）発生などの生物的手法・海塩巻上げといった機械的手法） ・成層圏へのエアロゾルの散布 ・宇宙における太陽光シールド
CDR（＊2）（自然のプロセスを利用）	・鉄散布による海洋肥沃化（海洋鉄散布） ・リン・窒素による海洋肥沃化 ・湧昇流・沈降流の促進 ・風化反応の促進（土壌へのケイ酸塩の散布、海洋への石灰石・ケイ酸塩・水酸化カルシウムの散布、地中でのケイ酸塩の炭酸化）（＊4） ・バイオ炭
CDR（工学的手法）	CO2直接空気回収
CDR（緩和策との差が不明確なもの）	・バイオエネルギー・二酸化炭素回収貯留（BECS） ・植林・土地利用改善と二酸化炭素回収貯留（CCS）（＊5）

表1　ジオエンジニアリングの手法

杉山ら（2011）の表3を一部簡単化

＊1：solar radiation management（太陽放射管理）．＊2：carbon dioxide removal（二酸化炭素除去）．＊3：dimethyl sulfide（硫化ジメチル）．＊4：風化の促進は、非常に長い時間スケールで機能しているシンクのプロセスを速めることに相当する。＊5：植林とCCSは古い文献では気候工学に分類されるが、最近では緩和策に分類されている。

車を貸し出した人々は平均して年間約一八〇〇ポンド（一ポンド＝一八五円で換算すると約三三万円）の収入があり、逆に借り手の方は車を所有する場合と比べて毎月三〇〇ポンド（同約五五、〇〇〇円）の節約になっていることや、ワークシェア（短時間の家事代行など）が女性が労働に戻る機会を与えることなどの効果もあるとしている。共有経済の規模は現在の九〇億ポンド（同約一・七兆円）から二〇二五年には二三〇〇億ポンド（同約四三兆円）になると推測され、さらなる促進が提言されている。

一方、さらに大きなパラダイムシフトに結びつく可能性があるものとして、定常経済という概念が注目を集めつつある（デイリー、2005）。これは、「一定の人口と一定の人工物のストックを、可能な限り低いレベルでのスループットで維持するもの」である（デイリー、2014）。また、GDPの増加によって指標される「成長」ではなく質的な前進を示す「発展」をめざすべきであるという主張がなされている。さらに、人間を幸福にするのはフロー（GDPなど）ではなくストックであるからストックの変化をモニタリングすべきであるとしている。こうした試みはInclusive Wealth Project(16)の例がある。デイリー(2005)は特に、自然システムに対する経済システムの相対的大きさが大きくなった近年（本稿2-(3)節も参照）は、自然資源の採取や自然による廃棄物の分解が経済の制約要因となるため、これらのモニタリングが重要と考えている。定常経済へシフトするための政策として、資源採取もしくは廃棄物排出のどちらか制限の多い方の割当量を決めてその配分を取引する仕組みを作る、最低所得と最高所得の格差の上限を設ける、パートタイムや個人の仕事の選択肢を広げる、自然増＋社会増をゼロにして人口を安定化する、国民勘定を改革し費用勘定と便益勘定に分ける、など一〇の政策が提案されている（デイリー、2014）。

また、デイリー（2005）は定常状態の経済で最大化されるべきはＧＤＰではなく、「生活」であり、よい生活をするのに十分な資源利用で生活する人の累積人年で測られるとしている。世界幸福度指標（Happy Planet Index, HPI）[17]は、そのような考えに則りつつ、環境への負荷も考慮した例であろう。この指数は、幸せに暮らせる年数（平均寿命×幸福度）、とEcological footprint（環境への負荷）の比として計算されるが、現在この値が最も大きいのは南米の国々である。環境への負荷が小さく、国民が幸せに暮らせている国として見習うべきであろう。

興味深いのは、現在の経済システムの基礎を作ったアダム・スミスやジョン・ステュアート・ミルなどの古典派の経済学者は経済は定常状態に向かうと考えていたことである（デイリー、2014）。彼らが人間や自然との関係性まで考慮した経済システム観を持っていたことに対し、その後盛んになった新古典派経済学では経済システム自体を閉じた系と考えて高度な数学の対象とすることにこだわったようであり、その結果、人間の幸福や自然との関係への考察が忘れられたのではないかと思われる。

もう一つ、デイリー（2014）は重要な指摘をしている。「成長」主義が軍拡競争を生み、経済成長が国民の生活をかえって脅かしうるということである。国力差を背景に近隣国を脅かすような国がある場合、自衛のために相対的経済力の維持が必要になる場合もあるだろうから、こうしたことも定常経済化への障害となるだろう。これに関連して、杉山（2014）は、ＩＰＣＣ（2014b）が二℃目標（産業革命前からの全球平均気温上昇を二℃以下に抑えるという目標）達成の前提として「諸国は安全保障や国際競争を懸念すること無く、温暖化対策を最優先で実施する」ことを挙げていることについて、これが厳しい仮定であることを指摘している。筆者も実はこの点が温暖化対策の最大の障害となるのではないかと考えている。

5　これからの個人

ならば社会の一員である個人はどうあればよいのだろうか[18]。個人と社会の関係は双方向的なものである。個人の集まりが社会である以上、個人個人が変わればもちろん社会は変わる。しかし一方で、社会の枠組みが一旦決まると、今度はそれが個人の行動や思考を束縛するようになる。そして、一旦全体がそのように動きだした後では、その流れをそのまま維持しようとする惰性が障害となり、変革を困難にする。但し、そのことをふまえた上でなお、社会を変革するのは、（突発的な災害などを除けば）個人の変革の集積によるものしかないであろう。

前述のように、デイリー（2005, 2014）は、量的な増加をやめて質的向上を重要視する社会を目指すべきだと述べているが、こうした社会は森岡（2003）が言う「身体の欲望」から解放されて「生命のよろこび」を目指しやすい社会なのかもしれないし、あるいは逆に人工的にコントロールされた「生命のよろこび」を感じにくい社会なのかもしれない[19]。筆者の感覚では、現代の経済成長至上社会においては、個人もまた社会に駆動されて量的増加をめざすように強要されているように思えるので、これから解放されることはいい面も大きいと思う。収入（社会で言えばＧＤＰ）の増加などの量的な増加を目指すライフスタイルは、必然的に他との比較による競争を促し、これにより社会はさらなる効率的収奪に向かってきた。今後は、質的な「変貌」こそ日々目指すべきものではないだろうか。

ところで、本書は「自然といのちの尊さについて考える」と題されているが、自然といのちとはどのような関係にあるのだろうか。言うまでもなく、いのちは自然の外側にあるわけではないだろう。むしろ、いのちは自然の一部であり、その最高に複雑な形態であると言えるだろう。自然といのちの包含関係の例について、図６に示す。(a)は、人間を自然の枠外に配置したものであり、(b)は人間を含むいのちが自然の中に包含されるものである。大気や海などの物理的存在を「いのちではないが自然ではあるもの」、動植物を「いのちでもあり自然でもあるもの」とする点には異論は生じないだろうから[20]、問題は人間をどう扱うかである。

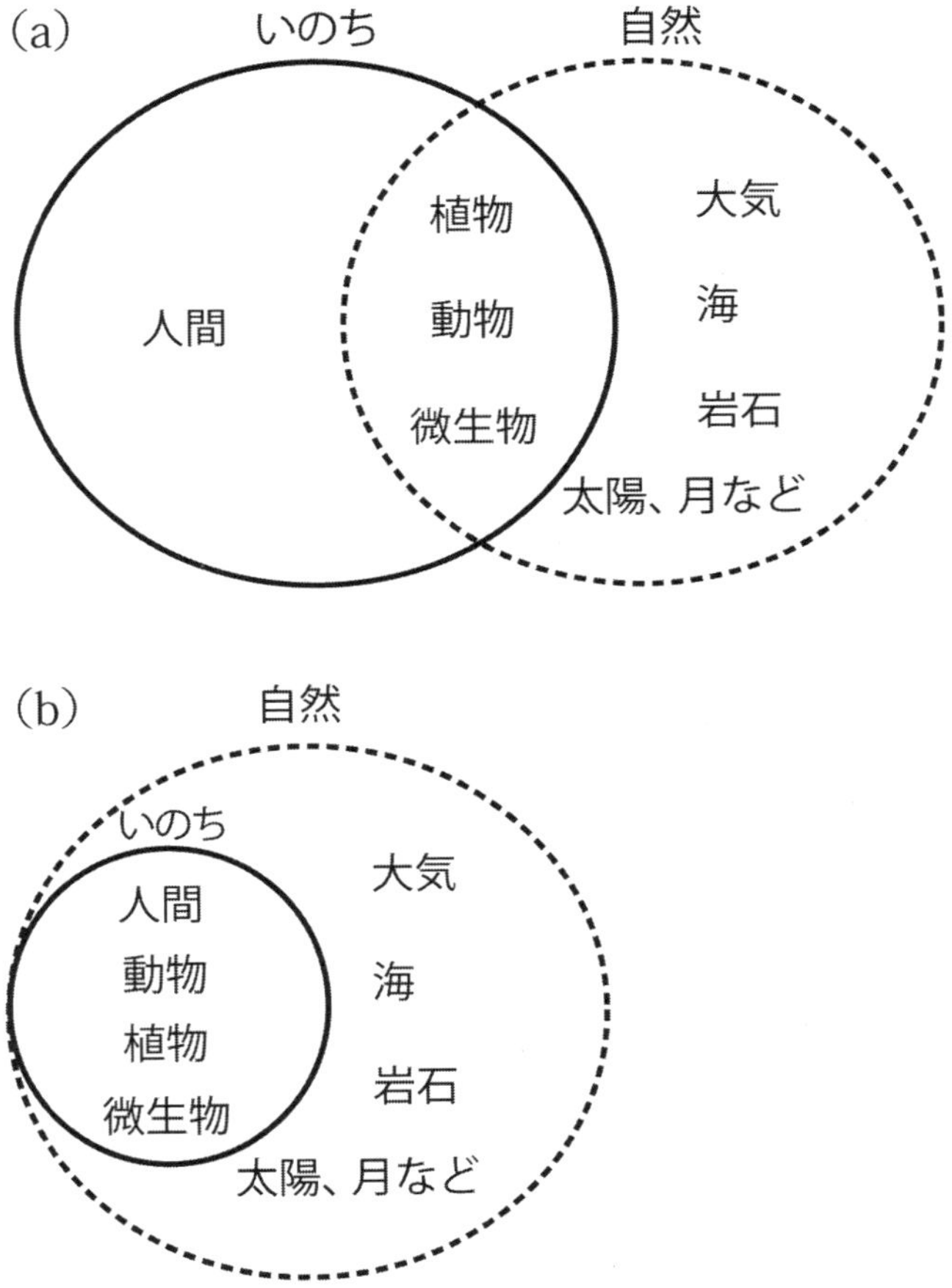

図 6　自然といのちの関係の例

筆者の考えでは、人間はその心持ち次第で自然の枠外にも枠内にも配置されうる存在だと思う。自分は自然と対置されていると認識し、自然法則を軽視し（あるいは利用して）自らの欲望を追求するとき(a)のように自然の枠外に配置され、世界との調和を重視して他の生物・無生物と共にあろうとするとき、(b)のように自然の中に配置されるのではないか。筆者は(b)のような人間像をより好ましいものと考えているが、その理由は、主体の変化に対して普遍的であるということ（自らが人間でない場合を仮定しても、自分と周囲との関係に変化がない）、また他と共にあるということにより孤独や死の恐怖から解放され、過度な消費をしなくてもよくなるのではないか（そして環境への負荷を小さくできるのではないか）という期待による。

自然といのちの関係性をさらに考えるために、いのちの定義を確認しておこう。東京大学生命科学教科書編集委員会（2009）は生命の基本的属性を、

①細胞膜で囲まれた細胞からできており、外界と隔てられた内部を持つ（細胞）
②増殖により、自分と同じ形をした生物を生み出す（自己増殖）
③増殖した生物は、もとの生物の持っていた特徴を受け継いでいる（遺伝）
④外界から取り入れた物質を用いて自由エネルギーを取り出したり、自分の体を作る（代謝）

⑤環境変化に応じて適切な応答をして外界とは異なる内部環境を保つ（環境応答と恒常性）と定義している。他にも無数の定義があるが、大きくは異ならないものが多い。また、①④⑤は個体単位で成り立つが、②③は個体単位では必ずしも成り立たないということも重要ではないだろうか。②③は集団（種など）として満たせば、各個体がいのちと認められる、ということである。いわば、各個体は、自分より大きな生命の一部を構成している、と考えるべきだろう。

科学の対象としての生命と本書が扱う「いのち」は全く同一ではないだろう。全体（生態系、地球システムあるいは宇宙）の中の自分の分をわきまえ、周囲に大きな負荷を与える形での自己実現をめざさないことで自然の一部となる、これがいのちではないか。その意味で、自然を破壊して利潤を追求したり、あるいは他者の存在を軽視して自らの欲求を満たすことは、尊ばれるべきいのちではなくなる行為ではないか。自らの存在が限りあるものであることを理解した上で、自暴自棄にならずに分をわきまえて日々を生き、時が来れば次の世代に交代していく、それこそが人間の目指すべき「いのち」の形ではないだろうか。

筆者は、今こそ人間は個を越え、さらには家族、国をも越え、共感できる範囲を広げていく（その強さは同一ではないにしろ）ことを目指すべきではないか、と考えている。ＩＰＣＣ（2014b）は、各主体

（個人、コミュニティ、会社、国）が個々の利益を優先すれば気候変動の効果的な緩和は難しいだろう、としている。個々の利益、既得権益に対するこだわりを弱めることが鍵になるだろう。この点で、自我を脳による錯覚と考え、自他不二、慈悲といった言葉に表れているようにあらゆるものを自らと一体と考える仏教的な考え方に期待するのである。これにより、理屈ではなく感覚として自然や他国の人々が傷つけられることを「痛い」と感じることができれば、状況が改善されていくのではないかと思う。

6　まとめ

本稿では、まず主にＩＰＣＣ・ＡＲ５を元に、今地球上で起きている気候変動の自然・人間への影響を概観した後、温暖化を緩和するために社会・個人はどのように変化するべきか、を試論した。

気候変動は、われわれに、個人としてあるいは社会としてどうあるべきか、を考えることをつきつけている。人々の中には「貧しい国が貧しいのは相当程度自己責任の面が大きい」という考えに基づき、現在の格差を仕方がないことと考える方もいるかもしれない。だが、どの国に生まれるかは自分にはコントロールできない。何が正しいかを思考する際に、「たまたま日本に生まれた」という事実に左右されるべきではないだろう。

個々人が何も疑問に思わず、自らの便利さを高め、給料を上げて買いたいものを買う、ということを目指して日々を生きていれば、いつか世界は破綻してしまう。今どうあるかにとらわれずに、（アダム・スミスやミル、あるいはケインズがそうしたように）原点に戻って人間と自然について考察し、どうあるべきかを考える時ではないだろうか。

【文献】（ウェブサイトは二〇一四年十二月三十日アクセス）
近藤洋輝（2014）「気候変動（WG1）／現状・将来予測（AR4との相違）」『環境情報科学』四三巻三号、七―一三頁
杉山昌広・西岡純・藤原正智（2011）「気候工学（ジオエンジニアリング）」『天気』五八巻七号、三―一四頁
杉山大志（2014）「IPCC第五次評価第三部会報告書の解説（速報）」『電力中央研究所社会経済研究所ディスカッションペーパー（SERC Discussion Paper）』（SERC14001）五四頁（http://criepi.denken.or.jp/jp/serc/discussion/download/14001dp.pdf）
東京大学生命科学教科書編集委員会（2009）『生命科学』羊土社、一八二頁
ハーマン・E・デイリー（2005）『持続可能な発展の経済学』（訳：新田功ほか）みすず書房、三三四頁
ハーマン・E・デイリー（2014）『「定常経済」は可能だ！』（聞き手：枝廣淳子）岩波ブックレット九一四、岩波書店、六三頁

森岡正博（2003）『無痛文明論』トランスビュー、四五一頁

Anwer, S. (2012) Climate Refugees in Bangladesh — Understanding the migration process at the local level, Brot für die Welt, 32p. (http://www.brot-fuer-die-welt.de/fileadmin/mediapool/2_Downloads/Fachinformationen/Analyse/analyse_30_englisch_climate_refugees_in_Bangladesh.pdf)

Barnett, J. and S.J. O'Neill (2012) Islands, resettlement and adaptation. Nature Climate Change, 2 (1), 8-10.

Bronen, R. (2012) Climate-induced community relocations: creating an adaptive governance framework based in human rights doctrine, N.Y.U Review of Law & Social Change, 35, 357-407. (http://socialchangenyu.files.wordpress.com/2012/08/climate-induced-migration-bronen-35-2.pdf)

Brown, O. (2008) Migration and climate change (IOM Migration Research Series No.31). Geneva: International Organization for Migration. (http://publications.iom.int/bookstore/free/ MRS-31_EN.pdf)

Crutzen, P.J. (2002) Geology of mankind, Nature 415, 23. doi: 10. 1038/415023a

Ďurková, P., Gromilova, A., Kiss, B. and Plaku, M. (2012) Climate refugees in the 21st century, Regional Academy on the United Nations, 26p. (http://acuns.org/wp-content/uploads/2013/01/ Climate-Refugees-1.pdf)

Imhoff, M.L., Bounoua, L., Ricketts, T., Loucks, C., Harriss, R. & Lawrence, W.T. (2004) Global patterns in human consumption of net primary production, 429, 870-873.

IPCC (2013) Climate Change 2013: The Physical Science Basis; Contribution of Working Group I to the Fifth Assessment Report of the IPCC, [Stocker, T.F., *et al.*], Cambridge University Press, Cambridge, U.K. and New York, NY, USA, 1535 pp.

IPCC (2014a) Climate Change 2014: Impacts, Adaptation, and Vulnerability. Part A: Global and Sectoral Aspects. Contribution of Working Group II to the Fifth Assessment Report of the Intergovernmental Panel on Climate Change [Field, C.B *et al.* (eds.)]. Cambridge University Press, Cambridge, United Kingdom and New York, NY, USA, 1132 pp.

IPCC (2014b) Summary for Policymakers. In: Climate Change 2014: Mitigation of Climate Change. Contribution of Working Group III to the Fifth Assessment Report of the Intergovernmental Panel on Climate Change [Edenhofer, O. *et al.* (eds.)]. Cambridge University Press, Cambridge, United Kingdom and New York, NY, USA.

Loughry, M. and McAdam, J. (2008) Kiribati — Relocation and adaptation, Forced Migration Review 31 (Climate Change and Migration), 51-52.

Matsumoto, K., Tachiiri, K., Kawamiya, M. (2015) Socioeconomic impact of achieving a specific radiative forcing level considering the uncertainties of Earth system models, Computers & Operations Research.

Rojstaczer, S., Sterling, S.M. and Moore, N.J. (2002) Human appropriation of photosynthesis products,

Science, Vol. 294 no. 5551 pp. 2549-2552 DOI: 10. 1126/science. 1064375

Vitousek, P. M., Ehrlich, P. R, Ehrlich, A. H. and Matson, P. A. (1986) Human appropriation of the on products of photosynthesis, BioScience, 36 (6) 368-373.

Watanabe, S., T. Hajima, K. Sudo, T. Nagashima, T. Takemura, H. Okajima, T. Nozawa, H. Kawase, M. Abe, T. Yokohata, T. Ise, H. Sato, E. Kato, K. Takata, S. Emori, and M. Kawamiya (2011) MIROC-ESM 2010: model description and basic results of CMIP5-20c3m experiments, Geosci. Model Dev., 4, 845-872, doi: 10. 5194/gmd-4-845-2011.

World Savvy (2011) Sustainability: from local to global, World Savvy Monitor 12, 63p. (http://standingonsacredground.org/sites/default/files/Sustainability_Monitor.pdf)

Wosskow, S. (2014) Unlocking the sharing economy —An independent review, 43p. (https://www.gov.uk/government/uploads/system/uploads/attachment_data/file/378291/bis-14-1227-unlocking-the-sharing-economy-an-independent-review.pdf)

【註】(ウェブサイトは二〇一四年十二月三十日アクセス)

（1）Coupled Model Intercomparison Project Phase 5. ＩＰＣＣ (2013) に結果が示されたモデル比較プロジェクト。

（2）http://www.pik-potsdam.de/~mmalte/rcps/

（3）http://www.env.go.jp/press/files/jp/25606.pdf

（4）http://www.stockholmresilience.org/21/research/research-programmes/planetary-boundaries/ planetary-boundaries/about-the-research/the-nine-planetary-boundaries.html

（5）この文献はデイリー（2005）に引用されている。

（6）http://nationalgeographic.jp/nng/magazine/1103/feature02/_02.shtml

（7）http://ejfoundation.org/video/no-place-home-introduction-campaign

（8）http://www.c3headlines.com/2011/04/the-uns-ipcc-refugeegate-50-million-climate-refugees-by-2010-is-classic-outlandish-bogosity.html

（9）http://qz.com/228948/an-entire-island-nation-is-preparing-to-evacuate-to-fiji-before-they-sink-into-the-pacific/

（10）http://www.theguardian.com/environment/2013/aug/05/alaska-newtok-climate-change

（11）http://www.mofa.go.jp/mofaj/press/pr/pub/pamph/nanmin.html に外務省のパンフレットがある。

（12）例えば、環境に起因する難民を認定した時に周辺国に生じる受け入れ義務などをさすと思われる。

（13）http://www.unhcr.org/pages/49c3646c125.html

（14）この区別が厳密であることは、一九九一年に国連難民高等弁務官事務所（UNHCR）がイラク国内のクルド人避難民を保護する際、国境を越えていなかったために安保理決議（六八八号）と多国籍軍の庇護を必要とした例にも表れている。

（15）https://www.gtap.agecon.purdue.edu/resources/download/86.pdf

（16）http://inclusivewealthindex.org/

（17）http://www.happyplanetindex.org/data/

（18）本節は専門知識に基づいた個人的思索としてお読み頂ければ幸いである。

（19）森岡（2003）は、将来実現する（と森岡が思っている）定常型の循環型文明を、「生命のよろこび」を感じにくい人工的にコントロールされた社会としてネガティブに描いている。

（20）筆者はガイア仮説に対して明確に反対の立場ではないが、「生命にも似た振る舞いをする」ことと「生命である」ということは異なると考えている。またここでは地球を構成する要素について議論している。

（21）http://www.data.jma.go.jp/cpdinfo/ipcc/ar5/ipcc_ar5_wg1_spm_jpn.pdf

ジェフリー・クラーク

クルーグマン、クライン、キリスト、環境

だれも、二人の主人に兼ね仕えることはできない。一方を憎んで他方を愛し、あるいは、一方に親しんで他方を疎んじるからである。あなた方は、神と富とに兼ね仕えることはできない。

（イエス「マタイによる福音書」六章二四節）

一九七六年にオゾン層破壊の問題が米国科学アカデミーに認められ、一九八五年に「オゾン層の保護のためのウィーン条約」が採択され、引き続いて一九八七年には「オゾン層を破壊する物質に関するモントリオール協定書」が採択されるに至った。あらゆる国々が加入した最初の国際協定であるこれらの

条約の発効後、フロン、ハロンなどの破壊物質の削減・廃止が順調に進み、人工衛星の映像によると南極のオゾンホールは収縮し始めている。オゾン減少の問題はまだ残っているものの、それに取り組むこれまでの努力は、世界中の学界、政府、企業、国際機関、マスコミなどを含む大規模な協力の手本と見なされている。

一九八〇年代には地球温暖化に関する気候学研究が進展し、一九九二年の「気候変動枠組条約」に一五五カ国が署名した。その目的は大気中の温暖効果ガス濃度を安定させ、気候・生態系を保護することであった。一九九四年の発効から二十一年間に、アメリカを除いてほとんどの国々が京都議定書を批准したが、温室効果ガスの排出量削減に成功した国もあるが、全地球でみると毎年排出量は増え続けており、条約の目的が達成される見込みはなさそうである。

オゾン層破壊と地球温暖化は、両方とも全地球に影響を及ぼす緊急を要する問題であるのに、なぜそれに対する国際社会の反応がこんなに異なるのであろう。温暖化に関連した問題の底知れない複雑さという重大な理由はもちろんあるが、去年のベストセラーの *This Changes Everything: Capitalism Vs. The Climate*（『これがすべてを変える——資本主義vs気候——』）において、カナダ人の著名なジャーナリストであるナオミ・クライン氏は、歴史的および思想的原因の重要性を強調している。つまり、温暖化の研究が本格化した一九八〇年代から、大雑把に「ネオリベラリズム」とよばれている思想群が、欧米の支配圏において優位を占めてきた。レーガン大統領やサッチャー首相の政府で採用されたネオリベラリズムの代表的な政策には、規制緩和、民営化、いわゆる自由貿易、逆進税、予算削減（軍事費や国家安全保障費以外の）、福祉国家の解体（緊縮財政）、労働組合への攻撃があった。規制緩和と現在の経済危機の関係についてはは一般的に認められているが、温暖化防止に取り組む世界的努力の失敗と、グローバル化時代の巨大資本主義を正当化するネオリベラリズムとの関係については十分に把握されていない。その関係を明快に解説し分析した『これがすべてを変える』は、研究者と環境活動家に豊富な情報と視点を提供している。

機智と逸話に富む文章で書かれた『これがすべてを変える』は、学者と活動家を対象とした研究書ではなく、むしろ、警鐘を鳴らして、地球温暖化を認める知的な読者を活動へと呼び込むアドボカシー・ジャーナリズムの手本である。クラインは、前のベストセラー『ショック・ドクトリン』で、自然災害や戦争などの「ショック」を利用して、庶民の財産を略奪する企業と政府、略奪を正当化する学界、マスコミにおけるその擁護者を暴露している。『これがすべてを変える』では、クラインは温暖化の危機を利用して、公正で持続可能な新しい社会の創造を提案している。その意味でニューヨーク・タイムズの評論家が「レイチェル・カーソンの『沈黙の春』以来、最も重大かつ論争を呼ぶ環境についての本」と誉め称えることは、誇張ではない。

温暖化に絡む問題は、「右翼」と「左翼」の区別を越えた普遍的なものであり、解決のためには多様な政治的信条を抱く人々の協力を必要としているので、左翼を代表するクラインは“The Right Is Right”（「右翼が正しい」）という逆説的なタイトルの章から書き始めている。中道派の漸進主義者たちは、キャップ・アンド・トレードや炭素税などのカーボンオフセット法を採用すれば、温室効果ガスを減らし、気候変動を防ぐことができると主張している。右翼の代表者は、その考え方を「甘い」と批判している。人為的気候変動の存在を認める多くの右翼主義者の考えでは、温暖化はかなり進行しており、官僚が考え出した技術的な手段ではとても抑えることができない段階に至っている。全世界のすべての社会が一変しない限り、気候変動は続くであろうが、技術はともかく、政治的にも精神的にも人類はその大きな改革を受け入れる用意がないので、ごまかして行くという今の道しかない、と主張している。

言うまでもなく、クラインは右翼主義者の結論に賛成しない。残された時間は短いが、今のところ、ある程度温暖化を防ぐことはまだ可能だ、と彼女は確信しており、五三三頁ものこの本を書いた。しかし、効果的に温暖化防止に取り組む運動が本格化するためには、まず実状を直視しなければならない。右翼の主張は正しく、前例のないこの問題の解決のためには、法律や技術だけでなく、政治、経済、倫理、精神における徹底的な革新が必要である。取材のために世界各地を回ったクラインによれば、この革命はすでに始まっているという。

クラインは、すぐれたストーリーテラーである。できるだけ過度の単純化を避けながら、様々な分野の情報や小話、四十歳を越えて母親になった自分の体験談などをまじえて豊かなタペストリーを創ったが、大きなドラマがそれを貫いている。物語は、法的拘束力のある条約を作り損なったコペンハーゲンで開催された第一五回気候変動枠組条約締約国会議（ＣＯＰ15）から始まっている。

その大規模な会議の最後の夜に、私は気候変動と公正の問題に関わっている活動家仲間と一緒になった。その一人は、イギリスで非常に有名な活動家であった。この青年は会議の間、自信と落ち着きにみちていた。彼は毎日、数十人の記者たちにその日の交渉の進展について説明し、様々な排出目標が、現実の世界においてどれほど重要かを説明した。困難はいろいろあったが、彼は会議の進展に終始楽観的であった。しかし、最終的な取引が行われ、会議が終了した時、彼は皆の前で泣き崩れた。照明が明るすぎるイタリア料理店に坐って、泣きじゃくりながら「オバマは、理解したと思っていたのに……」と繰り返した。

その夜、気候変動運動は大人になった、と私は後で気がついた。その瞬間に、救いに来てくれる人は誰もいない、という現実を私たちは理解した。サリー・ワイントロブというイギリス人の精神分析医と気候学研究者が言うには、ＣＯＰ15の「基本的な遺産」は、「指導者は私たち一般市民に気を配らないし、私たちのサバイバルをものともしない」というきわめて辛い実感であった。これまで私たちが何度も政治家の失敗に失望してきたが、この実感は私たちには大きな衝撃を与えた（一一〜一二頁）。

仮に地球温暖化に解決があるのなら、それは「上から」降りてくるものではなく、「下から」湧き上がってくるものであろう。クラインにとって「上」とは支配階級であり、特に鉱業や石油産業のような採掘産業およびその金と影響を受ける政界、シンクタンク、マスコミ、自然保護団体などである。この世界的な金権体制の特徴は、庶民を搾取するネオリベラリズムだけでなく、自然界から資源を絞り出すエクストラクティヴィズム（採掘主義）のものである。金権体制の最高指導者が誰であれ、己の富と権力を増やすためには、どんな手段を使っても化石燃料に基づいた現行の資本主義を守ろうとしている。環境法、労働法、知的財産権に関する各国の主権を台無しにしようとするいわゆる「自由貿易」の協定はその一例であり、エネルギー産業から多くの研究費を受けて海洋鉄散布や太陽光遮蔽技術などを研究している地球工学は、さらに極端な例である。いわゆる自由市場を規制し、グリーン発電に切り替えるよりも、全人類を実験台にして海洋の成分を変え、太陽光を遮断する方がましだという極めて軽率な考え方である。

金権帝国の下で温暖化はただ進行していく可能性が高いのに、その代弁者はサッチャーのマントラであった「他に道はない」を繰り返し続けている。それでは、「下」からは、どんな「道」が出てくるのであろうか。この重要な問いの答えの中にクライン女史の最重要な概念、すなわち新しい意味のパワーが含まれている。それは、金力、権力、武力、電力を包容し超越する協力、精神力、愛の力である。

そのパワーを開く道には、二つの面がある。まず、採掘活動を防ぐことである。クライメイト・ウォリアー（気候戦士）によるこの活動は驚くほど広範囲に及び、効果的なものである。この物語の主人公は、土地と文化を奪われた先住民である。この運動を表現するために、クラインは"Blockadia"（妨害国）という面白い新造語を使っている。気候戦士たちの勇ましい行動の物語は、『これがすべてを変える』のハイライトの一つである。

この道の積極的な面は、金権帝国には属さない、非採掘的な生活様式と共同体を創造することである。いうまでもなく、それはエネルギーの節約や新しい科学技術を必要とするが、生活水準そのものは一九七〇年代のアメリカ程度になればいいと考えられている。電力発電は、持続可能であることはもちろんとして、完全に現地の住民によって所有・管理されるものとされている。企業、産業、農業はすべて、人間と自然との、また人間と人間との搾取を脱した新しい協力の精神、言い換えれば愛の力に基づいている。市場原理ではなく、愛と協力の原理を土台とする道である。

このように『これがすべてを変える』からスター・ウォーズのような「帝国vs騎士団」の筋書きを引き出した筆者こそ採掘主義の罪を犯しているのかもしれないが、最悪の状況下でも勝利を得るという楽観的な物語がその基底にはあり、この本に精神力と納得力を与えている。

『これがすべてを変える』が刊行された直後、報道界ではかなり取り上げられ、予想通り右翼系のマスコミでは痛烈に非難され、左翼系のものでは誉め称えられた。先にニューヨーク・タイムズの好評を引用したが、同じタイムズ紙の著名なコラムニストであるポール・クルーグマン氏は、クラインの大作をあまり評価しなかった。二〇〇八年に「ノーベル経済学賞」を受賞したクルーグマン博士は、プリンストン大学で教鞭をとり、アメリカの民主党系のリベラルな代弁者と言っても過言ではない。二〇〇一年～二〇〇三年間の減税、二〇〇五年以降の連邦準備銀行の住宅ローン対策、二〇〇九年の景気刺激策の縮小化などに対して歯に衣着せぬ批判を述べたばかりか、将来の動向を正確に見通した。他方、彼は「自由貿易」とグローバル化の熱心な支持者でもあり、金融業界を益する量的緩和策の延長を提唱している。結局、東海岸の権力機構の中での若干反抗的な一人である。

クルーグマンを愛読するリベラル層には、クラインの著作のファンも少なくないので、クルーグマンは彼女を直接批判することは避けている。『これがすべてを変える』の書名も持ち出さずに、彼は「気候変動による絶望」に負ける右翼と、左翼の過激派に注意を喚起し、次の「最新の情報」を伝えている。「地球を救うことは安価であろう。実は、無料であるかもしれない」と。それは代替エネルギーの発電技術が安価になりつつあり、公衆衛生などの観点から再生エネルギーの節約効果と利益がきわめて大きいからである。クルーグマンのコラムにリンクされている国際通貨基金と新気候経済プロジェクトの報告書には、楽観的な気持ちをそそる事柄がいろいろと書かれている。希望を抱くことは決して悪いことではないが、自己満足に陥ることは怖いことである。現状は、もはや気候変動を防ぐという問題ではなく、気候変動に如何に適応するかという問題になっている。温暖化を二℃以下におさめるためだけでも、先進国は温室効果ガスを八％～一〇％削減しなければならない。「経済が成長するためには、温室効果ガスが増加しなければならない」というクルーグマンの確信は、空想にすぎない。

結局、体制を革新するか、甘んじて気候変動による破壊を受け入れるか、という厳しい選択肢なのである。しかし、主流派の学者は決してクラインが提案するような革新を受け入れる用意はないだろう。ニューヨーク・タイムズで好評を書いたロブ・ニクソン博士も副題の“Capitalism Vs. The Climate”(資本主義vs気候)を「間違い」として否定する。「クラインの敵」は資本主義そのものではなく、「極端な採掘主義の時代を生み出したネオリベラリズムという極端な資本主義」であると主張している。ニクソンによると、「クラインは聡明で現実的な人だから、世界資本主義の打破という夢想は避けている」

と指摘している。確かに、クラインは「搾取」のようなマルクス主義用語を避け、革命を起こすようなことは全く言わないが、行間を読むと、資本主義を廃止する必要があることを主張していることが分かる。「極端な資本主義」といわれるネオリベラリズムは、歴史の流れでたまたま発生したものではなく、資本主義の当然の帰結と見なされる。より高いゴールへの手段としてではなく、人生の至上の目的として蓄財を尊ぶ人・文明は、ついに自然、社会、芸術、魂を金儲けの生け贄にする。ミダス王のように、我が子を金銭の神に捧げる親さえも多くなる。

しかし、クラインが求める革命は、法律の枠内で起こる平和的なものである。温暖化を抑える持続可能な生き方に切り替えるために、少なくとも二兆ドルが毎年必要であると予測されている。軍縮、罰金、増税、金融取引税など様々な法的手段を講じて、必要な資金を集めるべきである。石油会社の不当な利益から金を徴収し、環境破壊で苦しんでいる市民にそれを与える、という悪者を罰する「ロビンフッド物語」の筋書きだが、脱線していると筆者は思う。貧富の格差を減らすために、トップの所得者の税負担を重くする政策は、価値があるかもしれないが、それは環境修復の予算とは必然的な関係がない。現在、すべての通貨は法定による不換紙幣だから、通貨は政府支出によって創造され、徴税によって消滅するものに過ぎない。大恐慌や大戦の時に各国は国債をたくさん発行して、思い切って金を造った。今の人類史の最大の危機に、経済学上の幻想に縛られず、必要な対策のための金を造ればよい。所得者のトップ〇・一%を罰することは、別問題である。

さらに、クラインの分析には大きな矛盾がある。「上」からの解決を当てにすることができないと言いながら、政府、企業、学界などの協力と指導を必要とする改革を提案している。しかも、その提案の実現には、中央政府の権力の拡大を前提としている。極端に中央集権化された官僚体制が、地方分権や電力系統の徹底的な変革を許すだろうか。金権政治が、どのようにしてなくなるのだろうか。

気候変動の存在に対するアメリカ市民の疑念の多くは、政府への不信感に根差している。気候変動に対処するために政府はますます巨大になり、人民の権利を侵害するようになるのではないかという不安を抱いている。そこから気候変動は「権威者」のでっち上げという愚説が生まれたが、政府に対する不信感と幻滅には合理的な根拠がないわけではない。クラインはそんな人々にも気を配っているためか、抽象的な原理としては「政府抜きで皆でやって行こう!」という自由主義の旗を掲げているが、具体的な解決法の話になると、権力、資金、技術、組織力、専門知識など「権威者」が持っているものが必要とされている。権威者の多くは拝金主義者である。クラインの本は力作だが、利己的な権威者を納得させるだけの力があるだろうか。

一九九二年に職場の仲間と一緒に横浜国立大学経済学部長の岸本重陳氏のお宅を訪れたことがある。

一九八五年のバブルの最中に、岸本先生はバブル経済につながる「中流意識」を『中流の幻想』と批判して論争を引き起こした。オーソドックスな考え方から外れた面白い経済学者だが、やはり居間の本棚には、アダム・スミス全書、マルクス全書など、数カ国語の経済学古典が驚くほどたくさん並んでいた。雑談がしばらく続いてから、筆者は勇気を出して聞いてみた。

経済学の第一原理は何だと思われますか。

多分、「需要と供給のバランス」のような回答になると私は予想していたが、先生はしばらくしてイエスの言葉を引用して答えられた。

何を食べようか、何を飲もうかと、自分の命のことで思い煩い、何を着ようかと自分の体のことで思い煩うな。命は食物に勝り、体は着物に勝るではないか。空の鳥を見るがよい。蒔くことも、刈ることもせず、倉に取り入れることもしない。それだのに、あなた方の天の父は彼らを養っていて下さる。あなた方は彼らよりも、はるかに優れた者ではないか。あなた方のうち、誰が思い煩ったからとて、自分の寿命をわずかでも延ばすことができようか。また、なぜ着物のことで思い煩うのか。野の花がどうして育っているか、考えてみるがよい。働きもせず、紡ぎもしない。しかし、あなた方に言うが、栄華を究めた時のソロモンでさえ、この花の一つほどにも着飾ってはいなかった。今日は生えていて、あすは炉に投げ入れられる野の草でさえ、神はこのように装って下さるのなら、あなた方に、それ以上よくして下さらないはずがあろうか。ああ、信仰の浅い者たちよ。……まず神の国と神の義とを求めなさい。そうすれば、これらのものは、すべて添えて与えられるであろう。だから、あすのことを思い煩うな。あすのことは、あす自身が思い煩うであろう。(「マタイによる福音書」六章二五〜三四節)

多分、岸本先生はあまり信心深くはなく、無宗教者だったかもしれないが、経済学の教科書には無い、いわば経済学の真理を新約聖書の中に発見されていた。私は信心深い仏教徒だが、子供の時に教会に行くことが好きで、よく聖書の話を聞いて感動した。先生の言葉を聞いた時も思いがけず感動した。

なぜ感動したのだろう。分析すれば、イエスのその教えをナンセンスと思うかもしれない。光合成色素を持たない人間は「働きもせず」に生きていけない。しかし、イエスの言葉は行動についてではなく、心情、魂についての真理を伝えようとしている。「あなた方は、神と富とに兼ね仕えることはできない」(「マタイによる福音書」六章二四節)とは、神学でも経済学でもなく、心理学である。富および富による快楽や権力を求める人がいれば、神の義（正しい人間関係）と神の国（心の平静）を求める人もいる、という鋭い観察である（イエスのいう区別は、快楽・富・正義・解脱というインド思想の「人生の四つの目的〈purushartha〉」を思い出させる）。後者は「岩の上に自分の家を建てた賢い人」であり、前者は「砂の上に自分の家を建てた愚かな人」である。「雨が降り、洪水が押し寄せ、風が吹いて〈砂の上〉の家に打ち付けると、倒れてしまう」（「マタイによる福音書」七章二四～二七節）。

崩れやすい土台を据えるか、しっかりした土台を据えるかは、技術や予算の問題というよりも智慧の問題である。地球の生態圏を破壊している現代文明には、どんな智慧があるのだろう。もし智慧が乏しければ、どのようにして智慧を身につけることができるだろうか。智慧は金で買えるものか。神または神のような人間から授けられるものなのだろうか。

現代文明の家が倒れそうな時に、思い煩わないでいられるだろうか。もちろん、思い煩っても現代文明の寿命をわずかでも延ばすことはできないが。他方、最先端技術が棚からぼたもち式に落ちてくることを待っている楽観主義にも意味がない。鬱、酒、スマホなどへ逃避せず、地球温暖化の怪物にどのように立ち向かえばよいのだろうか。あすのことを思い煩わずに、今日、神の国と神の義を求めることだろうか。

『これがすべてを変える』は、気候変動や環境運動の様々な面を統合することに成功しており、読み応えのある良書である。興味深い情報とアイデアをたくさん伝えているが、私たち一人ひとりがこの危機に直面してどうすればよいかという智慧は伝えていない。多分、智慧は神聖なものであり、聖者を除いてそれを他人に伝えることができる人は誰もいないのかもしれない。聖者に巡り会えないなら、私たちは自分の体に、自分の心に、自分の身内、同僚、友人、日常生活そのものに智慧を探し出す必要があろう。つまり、広い意味での「環境」に求める必要がある。というのも、環境、生態圏こそ「神」であるからである。

われわれ〈人間〉は神のうちに生き、動き、存在しているからである。（「使徒行伝」一七章二八節）

追記　このエッセイを完成した時、たまたまクラインの最新のインタビューに出会った。最近の石油価格の暴落は、環境運動に二度とない機会を提供していることを指摘した後に、次のように語っていた。

今、経済学の立場から議論していますが、価値観に基づいた議論ほど強いものはありません。統計論争なら私たちに勝ち目はありません。統計は財界の領分だからです。価値、人権、善悪の問題では、私たちは勝つでしょう。今の所、私たちは都合のよい統計を利用していますが、〈いのちの尊さ〉に基づいた議論こそ人の心を動かす、という事実を見失ってはいけません。

関 陽子

農業生物学の再考――「〈いのち〉を活かしあう農業技術」としての獣害対策へ

はじめに――「疎外の触媒」としての獣害

近年、シカやイノシシ、サル等による農林業被害をはじめとする獣害問題が全国で深刻化している。農業被害金額はすでに二百億円（推定）を超え、人身被害や生活被害、生態系への影響も含めると、その深刻さは量りしれない。獣害への対策として、関連制度の見直しや捕獲技術の開発、被害予防対策としての「獣害に強い集落づくり」や「地域づくり」などが各地で展開されているものの、今後の過疎高齢化や人口減少の影響による、被害の甚大化への懸念は払拭されていない。

今日の獣害問題の特徴は、化石燃料依存型の近代システムの誕生に端を発していることにある。つまり、薪炭材の不要による山林の荒廃、温暖化による積雪の減少（野生獣の生存率の上昇）、私的労働の制度化と農工間格差に由来する農林業や狩猟人口の減少、都市と農村の分離にともなう中山間地域の過疎高齢化などに起因している。さらに過疎高齢化が進む農山村地域（条件不利地）で発生する獣害は、営農意欲の減退による離農や離村の引き金となり、それらが野生鳥獣の好適なハビタット（耕作放棄地等）の増加につながることで、周辺域へさらに被害を拡大させるという悪循環をもたらす。とくに二〇一一年の原子力発電所の事故を切欠とする福島県域の獣害問題は、地域農業の復興や生活の再建を阻む、薪炭材を放棄して以来の近代成長が孕んできた矛盾の極致であるといえる。

今日の獣害とはまさに、〈人間-自然〉の「物質代謝（Stoffwechsel）」の亀裂という〝土地からの引き離し〟に由来し、かつ〝土地からの引き離し〟を拡大させる「疎外の触媒」としてはたらく、近代社会の構造的帰結としての「社会的災害」である（写真1）。その土地で「農業をやりたくともできない」「生活したくとも生活できない」という事態は、「労働の疎外」や「人間疎外」のゆきついた現実の姿であろう。

したがって逆にいえば、「獣害対策」は農林業被害の防止を目的とする農業技術にとどまらず、「物質代謝」を担う労働の回復や、人間と野生動物の「共生」、「獣害に強い集落づくり」を通じた「生活世界

写真１　「ここは“サルの惑星”だ」と語る農家。「人間は“檻”の中でせっせと野菜をつくって、サルがそれを外から監視しているんだ」。獣害は国土の保全や農林業の持続可能性を阻む深刻な問題であるが、被害対策は個人の力では限界がある（埼玉県秩父市／2007.6.20）

の保全」や「地域の福祉」など、社会と自然の持続可能性（サステイナビリティ）に直結した取り組みでもあるといえる。より本質的にいえば、獣害との闘いとは「疎外された自然」を人間に取り戻し、「主客二元論」や「人間と自然の二元論」のアポリアを克服してゆく実践なのである（関 2015）。すると、獣害問題はたんなる否定的事実ではなく、そこに積極的契機を胚胎している問題や課題であると言うこともできるだろう。

ところが農林業被害に関する今日の獣害対策の評価は、基本的に生産力に関する価値（物質的価値）を対象にしており、獣害対策が担う人間と自然、人間と人間との「共同性」や「共生」自体が評価の対象になることはない。これらの関係性の価値は、物質的被害の軽減という目的達成のための手段か副次的産物に留まり、関係性や相互性が持続可能な獣害対策の確立にとって、合理的な基準としてあるべき重要な価値であるということが忘れられる。獣害の防止とは、「共同性の再生産」や「生活世界の保全」、「地域の福祉」や野生動物との「棲みわけ」などとの内的連関のうちに実現されうるもので、生産力主義的な目的合理性（経済的合理性や科学的合理性）の基準をあてがうだけでは、疎外の実践的克服としてある獣害対策の意義さえ十分に汲みつくすことはできないであろう。まして新自由主義的な資本の論理を見通さないままの獣害対策や「獣害に強い地域づくり」は、成長に耐えうる地域づくりという強者の論理に絡めとられてしまうことになるのではないか。

生産力の真の基準が、人間と自然の「共生」や「持続可能性」にこそあるならば、農業技術としての獣害対策は、生産と成長の効率追求の合理性だけではなく、互いの存在と〈いのち〉を活かしあう対話的・相互的関係の合理性に準拠しなければならないであろう。それはつまり、近代的二元論（〈主体／客体〉の二元論）に回収されない人間の主体性を、「生産における人間の役割」のうちに再構築することを意味し、道具的理性ではない相互行為の理性の領域を技術の基盤に定位することである。とくに獣害対策は、農家だけではなく地域社会の課題としてもあり、農林業被害の防止と野生動物の保護管理（wildlife management）を同時に担うことで持続可能性を担保し、さらに生命に対する倫理的対応も求められる先端的かつ高度な農業技術である。その先端性とは、〈主体／客体〉関係を唯一とする操作主義の徹底によるのではなく、弁証法的意義を汲み出しうる「共同性」や「共生」に特徴づけられる。

そこで新たに求められるのは、「共同性」や「共生」を培う技術の基盤としての、生物学や生命観ではないだろうか。とくに人間による自然へのはたらきかけ（自然の対象化活動）とは、「自然からの自由」と「自然との一体性（必然性）」の両面に規定された人間のための生物学――つまり農業生物学の再検討や再構築を必要とするであろう。人間のための生物学とは、操作と制御を全面化する人間中心主義的科学ではなく、生物の発展する力を活かし、生物の主体性を承認する相互主体的関係の認識に大きく基礎づけられた科学であると考える。

しかし「農業生物学」で一般的に思い起こされるのは、一九三〇年代から旧ソ連の生物学や農業に重大な影響を与え、日本にも大論争を招いた「ルイセンコ学説」であろう（中村 1997）。ルイセンコはミチューリンなどのすぐれた育種家の成果を背景に、接木雑種の形成や「春化処理（バーナリゼーション）」によるコムギの播性変化の例から、「獲得形質の遺伝」を主張した農業技術者・農業生物学者である。環境と生物を統一する「物質代謝」によって新種が形成される（本質が変化する）というルイセンコの考え方は、人為選択から自然選択を思いついたダーウィン理論を正統に受け継ぐもの（つまり環境が生物の形質変化に影響を与える）として、機械論的唯物論に対する弁証法的唯物論の有効性を主張する意図を含んでいた。しかしそれは、自然選択説とメンデル遺伝学を統合したネオダーウィニズムの中核である、メンデル-モルガン遺伝学説への批判にとどまらず、遺伝学説に加担する生物学者の処分にまで至った。ルイセンコ学説は結果として、スターリン主義下の急速な工業化と農業集団化、そして「大粛清」という歴史的状況下にこそ誕生しえたイデオロギー科学であることを免れなかったといえる。

ただし日本で受容されたミチューリン-ルイセンコの農業生物学は、「生活と結びついた科学」「農民の胸におちる理論」（栗林 1954: 13）などとして、「ミチューリン農法」で知られる農民のための科学として勢力的に展開した。自然力に大きく支配される農業は、〈いのち〉あるものを相手にしている点においても工業や資本の論理に合わない生産様式であるため、農村民主化や農業の近代化を経ても、農家の生活は常に〝自然しだい〟か〝官僚や技術指導員の言いなり〟という従属的状況を避けられなかった。そこに登場したミチューリン-ルイセンコの農業生物学は、農民の経験や感覚に即した技術に科学的根拠を与え、「自然に対する人間の主体性」と「社会における農民の主体性」をともに獲得する農民のための科学として歓迎された。

しかしソ連の崩壊を決定的契機として、ルイセンコ学説は〝似非《エセ》科学〟という烙印とともにもはや遠い過去へと葬られたかのようである。たしかにルイセンコ学説自体はソ連社会主義という特有の歴史的状況下で生じたものにすぎないともえるが、現代日本社会における国家主導の農業の成長産業化と短期的成果の追求、国家をこえたグローバル新自由主義的利潤追求に翻弄される今日にこそ、ルイセンコの農業生物学は重要な問いを突きつけているように思われる。それは、ルイセンコ学説の誕生が社会主義か資本主義かを問わず、生産力主義的思考が特定の科学的認識や成果を極端に正当化し、科学技術が哲学と結びついていることすら忘れるほどそれらを一面化（全面化）しうるという、科学と社会の関係におけるある種の普遍的問題を露呈していることにある。これについては科学史家の藤岡毅が適切に指摘しているように、ルイセンコ学説は旧ソ連における成長主義的風潮から生み出されたもので、こうした「極端な科学の実用主義的理解」の危険性が、現代の資本主義体制でむしろ強まっているという（藤岡 2010: 225）。またソ連の遺伝学研究は、弁証法的唯物論による進化の「総合説」（ネオダーウィニズム）の先駆的研究を生みだしていたにもかかわらず、日本におけるルイセンコ学説がおしなべてソ連の政治体制とイデオロギーに加担する理論として捉えられていたため、「ルイセンコ主義＝弁証法的唯物論の生物学」という一枚岩的な理解が、生物学の弁証法的方法をルイセンコ主義もろとも失墜させたという（藤岡 2010: 217-218）。

つまり現代においてルイセンコ学説に振り返ることとは、科学の政治性やイデオロギー性を剥いだところにある「生産と結びついた科学」（農業生物学）や「生産における人間の役割」が、真に何であるかを問いかけることにつながるのである。たとえば「ピートン」（ピーマンと唐辛子の接木雑種）を開発した柳下登は、農業生物学の本質を、生物が環境条件と結びつきながら「変わる」力と、それを理解した上での人間が「変える」力との合力であると説いている（柳下 1979）。ここには、生物学の方法としての〈主体-主体〉関係の認識の有効性と、科学的合理性とは必ずしも操作や制御、支配的な合理性だけを指すのではないということが端的に示されているであろう。

本論では、「資本主義的生産」だけではなく「物質代謝を担う生産」を可能にする農業技術と、疎外を克服する農業技術としての獣害対策のために、今西錦司の生物哲学を梃子にダーウィンの進化論に立ちかえり、相互性の合理性をもつ科学について考察してみたい。

1　〈いのち〉の活かしあい——ニホンザルへの「集落ぐるみの追い払い対策」から

獣害対策は野生動物管理（wildlife management）の主要な一領域でもあるが、対策の具体的内容は一般的に以下の三つに大別される。

①野生動物の生息地環境の保全（生息地管理）
②一般狩猟を含む捕獲による個体数調整（個体数管理）

③侵入防止柵の設置や集落環境の整備等による被害防除（被害管理）

このうち鳥獣の捕獲対策（②）は被害防止に不可欠な措置の一つであるが、農地や林地が野生動物にとって〝都合のよい餌場〟になる限り、被害を通じて人間との「軋轢」は発生し続けることになる。つまり捕獲による個体数の調整は「軋轢の軽減」という症状の緩和に寄与しても、軋轢発生のメカニズム（関係性の問題）自体をかえる手段にはならない。そのため、集落環境を動物の餌場にしないようにする被害防除（③）は獣害対策の基本ともいうべき対策であるといえる。

しかし被害防除対策の内容には、集落内の未収穫作物の回収や放任果樹・果実の除去、緩衝帯の造成、侵入防止柵の設置と維持管理、情報を共有した組織的な「追い払い」など、農家だけではなく地域住民が共同して行わなくてはならない様々な共同作業がある。農山村地域の過疎高齢化が全国的に深刻化している現状からいって、これらの対策を地域で主体的に行うことは実際容易ではなく、結果としてより合理的（と思われる）動物の捕獲（②）による〝解決〟を求める声が高まってしまうのである。

こうした現状の中で、かつてニホンザル被害に悩んでいた三重県伊賀市にあるS集落は、集落ぐるみで取り組むニホンザルへの組織的な追い払い対策（「集落ぐるみの追い払い対策」写真2）による、大幅な被害軽減に成功した集落として知られている。「集落ぐるみの追い払い対策」とは、集落の住民が

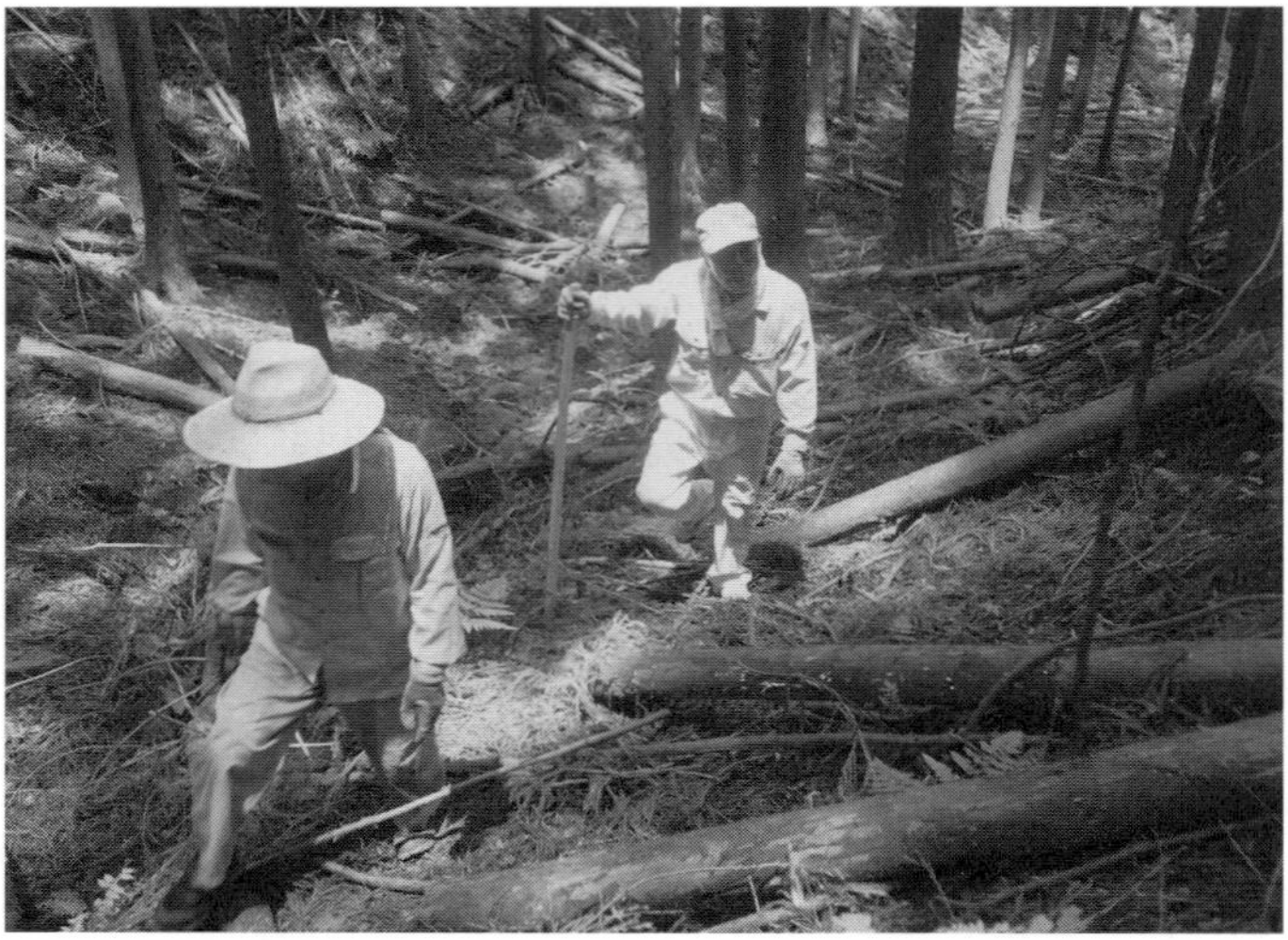

写真2　集落ぐるみで取り組むニホンザルへの追い払い対策の様子。サルの出没を知らせる花火を合図に住民が集まり、サルが集落から完全に出るまで山中に入って追い立てる（三重県伊賀市／2014.7.17）

（農家や非農家を問わず）「集落を一つの農地として」認識し、サルが集落から離れるまで協働して追い払うという、一連の行動様式を指す地域主体の農業技術である（表1）。また「追い払い」は嫌悪学習の効果によってサルを人間に寄せ付けないようにする方法だが、それは人間とサルが恒常的に生活の場を「棲みわける」技術であることにおいて、被害防止に寄与する以上の意義を有しているといえるだろう。つまり農作物や林木への被害とは、意図せずとも動物に豊富な「餌場」を提供していることと同じであり、常態化すれば野生動物を本来的な棲み場所から引き離し、彼らにそくした生活を奪うことになる。人間との軋轢が強まれば動物を捕獲せざるをえなくな

1	農作物以外や他人の畑などでも、サルを見たときは必ず追い払う
2	集落の誰もが（老若男女問わず、できるかぎり多くの人が）追い払う
3	サルが侵入した場所に集まり集団で追い払う
4	サルの群れを後ろから追い立てるように、サルが集落から出るまで（時には山の中にまで入って）追い払う
5	サルに向かって飛んでいく、複数の威嚇資材を使う

表1　効果が出る「集落ぐるみの追い払い」の行動様式
※山端（2013）の表1より

り、野生動物の保護さえ困難にしてしまうからである。

したがって「集落ぐるみの追い払い」対策は、人間の主体性を一方的に発揮する（人間中心的な）制御や排除ではありえず、野生動物の生活と発展を尊重する意識と結びついた「〈いのち〉を活かしあう」活動としてあるだろう。「活かしあう」関係とは、動物の殺害を禁じるだけの〝生かしあい〟でもなければ、たんに〝仲よくする〟ことでもない。「活かす」こととは、生物が自ら発展してゆく力を損なうことのない、生物に対する人間の主体的なはたらきかけを意味する。そして活かしあうという〈主体－主体〉関係こそが「棲みわけ」や「共生」の本質態であると考えるが、私がこのような考えに至ったのは、「集落ぐるみの追い払い対策」に従事してきた住民の次の言葉に出合ったことによる。

サルもシカも昔から日本にいる……それを全部殺して日本の自然は守れない。山里《やまざと》で、生きてゆけるだけのサルがおってくれ……サルはサル、人間は人間で、それぞれが生きられる場所で生きておってくれ。これが獣害対策の哲学だ（集落住民／三重県伊賀市／二〇一三年九月一〇日）

この住民の哲学には、「棲みわけ」や「共生」の本質が願いとともに語られているように感じられる。彼にとって野生動物との闘《たたか》い（獣害対策）とは、人間と動物がそれぞれ主体的に生きてゆける場で、どうか生きていいてほしい（生きていたい）という思いを実現しうる〝よき闘い〟としてあることだろう。集落ぐるみで取り組む「追い払い対策」は、野生動物をただ生かすのではなく、その存在が活きるような人間生活を実現する、地域の共同性に支えられた活動としての〝闘い（struggle）〟なのである。

また、当地域において「追い払い」の効果を実証的に示した農村計画学・農業技術研究者の山端直人は、追い払いの効果を被害程度（人間的価値）からではなく、人間の（追い払い）行動と「ニホンザルの行動域の変化」の関係性（行動が与えあう影響）から検証している（山端 2011）。そこから「追い払い対策」を地域の農業技術として整備し、「追い払い」を野生動物保護管理の基盤的実践に位置付けることも提唱している。彼は農業技術としての獣害対策を（生産力主義的あるいは動物保護主義的な）目的合理性の基準ではなく、「相互行為の合理性」という基準から確立したことになるだろう。それは、農家や生活者の立場と、野生動物の立場との両方に目配りされた〈主体－主体〉関係の認識に基づいていることか

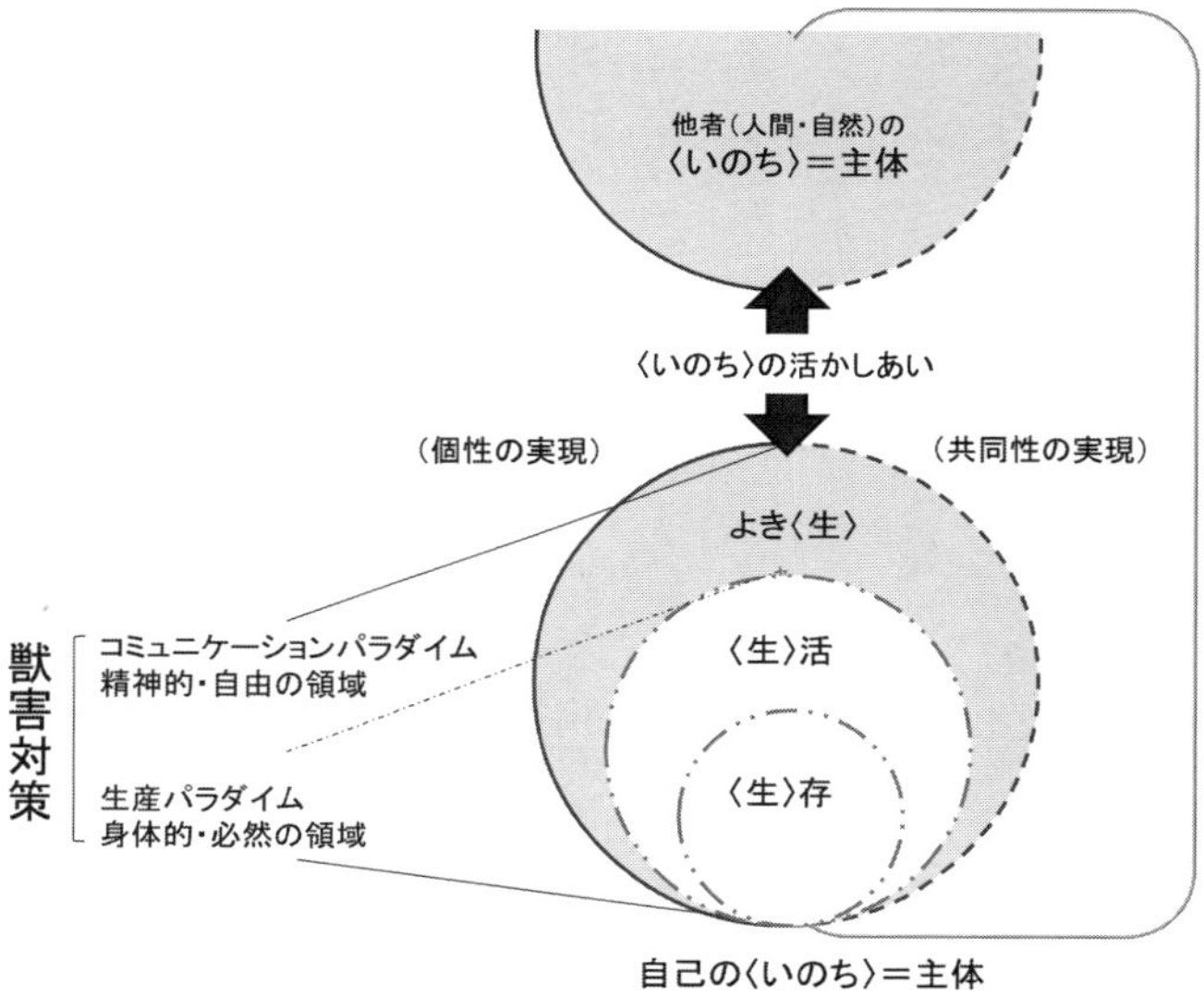

図1　〈いのち〉を活かしあう獣害対策
※関（2015）の図1を一部改変したもの

ら、互いの〈いのち〉を十全に活かしあう技術としての意義も有しているのである（図1）。

ただし、こうした「棲みわけ」の実現としての、あるいは「〈いのち〉の活かしあい」としての獣害対策が持つ最も重要な意義は、疎外問題としての獣害問題を克服する契機を与えるということにある。農林業被害の軽減が、人間と人間、人間と自然の共同性を背景にした〈主体‐主体〉関係の内部に実現されうる価値となるとき、獣害対策は「疎外された自然」を取り戻し、近代的主体の再構築を担う実践となるのではないだろうか。

2　「棲みわけ」と生物の主体性――今西錦司の生物哲学

ところで「棲みわけ」とは、四種類のカゲロウ幼虫が互いに棲み場をおかすことなく生活している様子をもとに、今西錦司が生物社会学の概念として提唱したものとして知られている。今西によれば、カゲロウは川の環境が変化しても種ごとに秩序を保って生活していることから、生物が環境を主体的に選び取り、「種社会」を単位として棲みわけていると考えられる。生物にとって棲むこととは、「環境の主体化」と「主体の環境化」という相即的な関係に身をおくことであり、個体から構成される種社会は、それぞれ「同位体」として「生物全体社会」を構成しているという。今西は、生物社会を構成しているこうした相互関係に、〈主体‐主体〉の関係を捉えていたといえる。ここには、自然を支配や操作の対象とみなす近代的「人間主体」への批判的意図が読み取れるであろう。とくに彼は、生物を三人称的な「客体」ではなく二人称的な「主体」として認識する方法を、「類推」という存在論的根拠をもった合理的な科学的認識方法であることを強調した。「類推」とは、今西によれば、生物がすべて一つのものから生成発展した「類縁関係」で結ばれていることを根拠にした認識のあり方で、その科学的有効性がとくに発揮されたのは霊長類の社会学的研究においてであろう。たとえばニホンザルに固有名をつける個体識別法は、対象（ニホンザル）を観察者（人間）と同じ類縁の主体として認識するというもので、「類推」の科学的有効性や、〈主体‐主体〉関係の認識がもつ科学的合理性を示した画期的な方法であったといえる。今西は、客体化を前提にしない節度ある「擬人化」のほうがより深い対象の理解を可能にすると考え、科学的認識が常に〈主体／客体〉を前提しなければならないという考えは棄却したのであった。

さて「棲みわけ」論はやがて、「棲みわけの密度化」による「主体性の進化論」、いわゆる「今西進化論」として、ダーウィンの自然選択説（今西の言葉では「自然淘汰」説）に対立する学説として展開してゆくことになる。ただし今西進化論の実質的な批判対象は、集団遺伝学を理論的骨格とするネオダーウィニズム（「正統派進化論」）と考えてよいであろう。集団遺伝学では生物進化に個体差（ランダムな変異）を重んじ、進化的適応を「種内競争」による種の平均的形質の変化として理解するが、それは個体差が進化に重要な意味をもてば種の秩序が維持できなくなると考える今西進化論とは対蹠的である。

なお総じてダーウィン批判としての今西進化論が誕生した背景には、ミチューリン‐ルイセンコ学説に影響された戦後日本の生態学や農学、ナチュラリストの存在があげられる。今西は独自の観点からネオダーウィニズム拒否の姿勢を示したが（岸 1991）、彼の生物哲学は「種間競争」や「生物と環境の関係」（生物と環境を統一された有機体としてみること）を重視したルイセンコの「反正統派」に即していた。晩年の今西は神秘主義に陥ったともいわれるが、しかし機械論哲学や主客二元論が科学的合理性の唯一の根拠ではないという考えは、農業生物学や農業技術を構成する重要な認識論的基礎でもあるだろう。

しかし、今西が集団遺伝学的な適応論批判のためにダーウィンもろとも批判し、とくに「闘争(struggle)」を「種内競争」に限定してダーウィン学説を理解していたならば、それは残念なあやまりである。実のところ「棲みわけ」に基づく「主体性の進化論」は、種分化（speciation）に関するダーウィンの「分岐の原理」に比類されるべきものであり、生物進化に関する両者の関心はむしろ非常に似通っていたとみることができよう。それは同時に、ダーウィンの学説が遺伝学説的な還元論や機械論的唯物論には回収できない総体であるということも意味する。ダーウィンがすぐれているのは、目的論の排除がただちに機械論に転じることなく、生物進化という検証不可能な歴史的物語りを、生物の生活全体を見通し新しい生物学の方法として描いたということにあると考える。そこには、環境と生物の関係を弁証法的に捉えることの有効性も示されているのではないだろうか。実際、ダーウィンの種分化への関心を引き継いだE・マイアは、弁証法的唯物論を（政治的立場としてではなく）生物学の方法として支持し、ネオダーウィニズムの確立に大きく貢献したのである（Haffer 2007）。

3　『種の起源』の二つの「生存闘争」――垂直的進化と水平的進化

「生存闘争（struggle for existence）」とは、自然選択のメカニズムとして『種の起源』（一八五九年）の中に示されたダーウィンの用語である。しかし『種の起源』をよく見ると、表紙と最終章の結論部には〈struggle for existence〉ではなく〈struggle for life〉という語が使用されており、本文中ではどちらも同じ頻度で使用されている。これらについては、ダーウィンが「闘争」を「広義に、また比喩的な意味で用いる」（Darwin 1859: 62）と定義したこともあり、〈struggle for life〉はこれまで〈struggle for existence〉（生存闘争）と概して同じものと解釈されてきた。しかしこの〝二つの生存闘争〟は単なる表現の違いではなく、ダーウィンの学説の発展に深く結びついて生じてきた語であると私は考えている。

その手がかりは、ダーウィンの自然選択説の骨格（適応に関する理論）は一八四〇年代の段階で確固としていたにもかかわらず、彼が長らく自説の発表をためらっていたのは、自然選択が作用した結果どのように種分化が生じるかという、「分岐の原理」についての理論が不十分であると考えていたことにある（Bowler 1990: 98-108）。さらにマイアは、この「分岐の原理」がダーウィンの学説全体のどこに位置づけられるのかについて整理して論じている。マイアによれば、生物の進化は以下の二重のプロセスから構成されているとし、ダーウィンはこれらの両プロセスを包括的に捉えていたと結論づけている（Mayr 1988: 198）。

①時間における変遷（transformation）
……適応的変化に関する垂直方向のプロセス（種数はかわらない）
②生態学的および地理的空間における多様化（diversification）
……多様性の創出に関する水平方向のプロセス（種数が増大する）

つまり『種の起源』とは、「種はどのように適応的な変化をとげるのか（①）」（垂直的進化）と、「種はいかにして誕生するのか（②）」（水平的進化）という二つの疑問から構成されていると見ることができる。ダーウィンはそして、適応的変化のプロセス（①）に対して「自然選択説」を、そして多様性創出のプロセス（②）に対しては「分岐の原理」を樹立したことになる。あるいは「分岐の原理」の誕生によって、「自然選択」は不要なものを除去する消極的な力から、生物にとって有利なものを保存する積極的な力に変わったのである（Ospovat 1981: 210-228）。

さらにダーウィンの闘争概念を理解するためには、それぞれのメカニズムにおける「生存闘争」の役割と、その闘争が何と何の間で起こるのかについて整理しなくてはならない。結論からいえば、個体群の平均的な構成の変化としてみる適応プロセス（①）は、一つの種の集団内で適用できる闘争（種内競争）によるもので、ダーウィンがマルサス原理を通じて洞察した同種個体間の生存闘争（struggle for

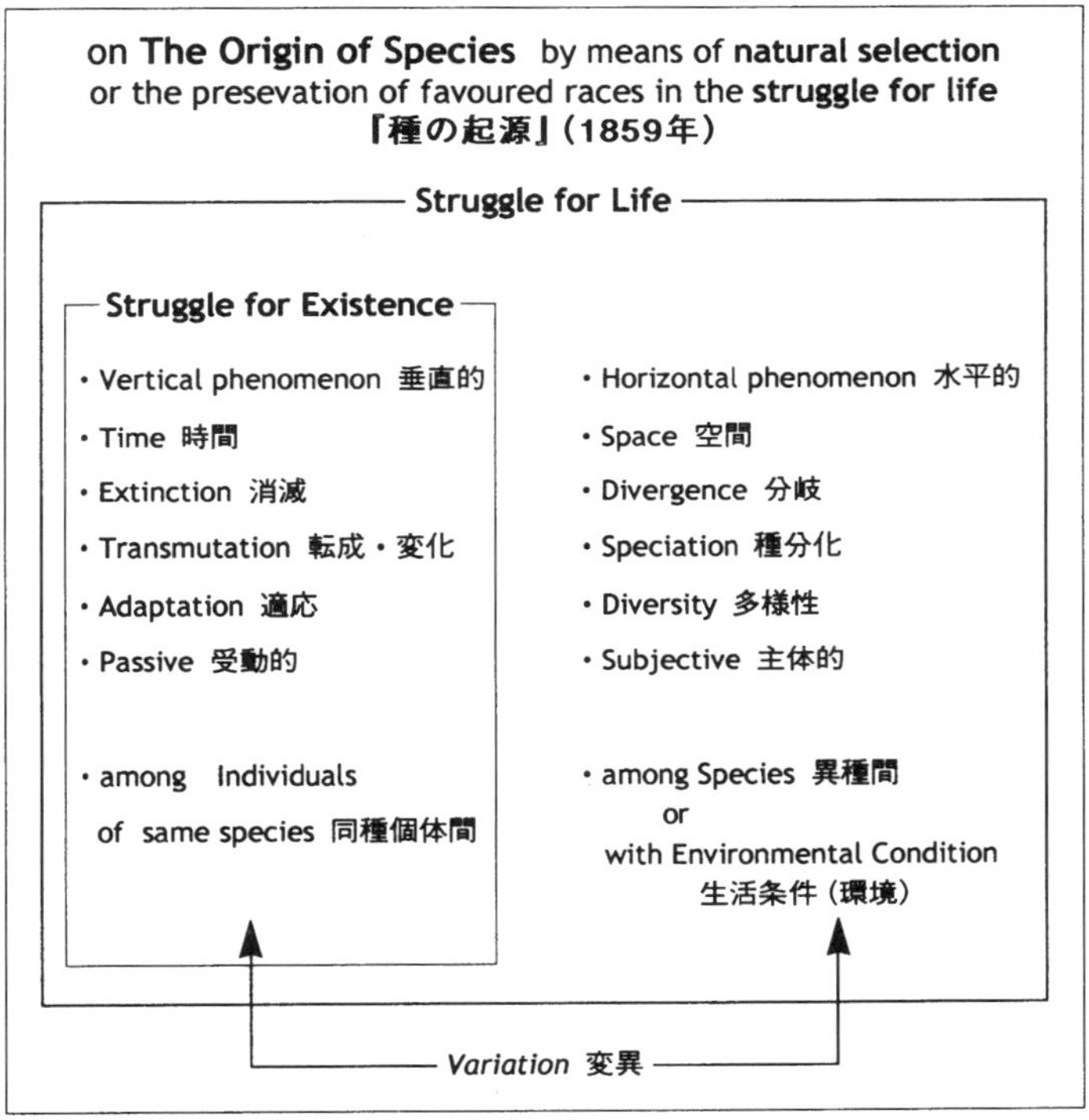

図2　ダーウィンの闘争概念と学説の構成　　※関（2012）の図1を一部改変

existence）であると考えられる（Mayr 1988: 223-224）。一方、多様性の創出（②）は種の「分岐を生じさせる闘争」のプロセスであり、ここでは異種（種間競争）や環境との闘争が意味をもってくる。「分岐の原理」は、（変異の大きいものが生活の場の獲得に有利であるという仮定のもとで）生存闘争からはじきだされた個体が、新しい生活の場（いわゆる生態学的地位：ecological niche）を獲得してゆく過程で特殊化することである。分岐は変種が祖先種と交雑しないまでに形質差が生じる定常的な傾向であり、同種の個体間における生存闘争（struggle for existence）を減ずるようにはたらく。そして生存闘争からはじき出された個体は、新たな生活条件のもとで「生活をしようとして最大の努力」（Darwin 1859: 113）をし、「生活の戦闘（battle of life）」（Darwin 1859: 128）、「生活のための闘争（struggle for life）」（Darwin 1859: 127）に身をおくことになる。ダーウィンは「分岐の原理」を〈生命の大樹〉にたとえ、「生活／生命のための偉大なたたかい（the great battle for life）」（Darwin 1859: 129）と形容しているように、〈struggle for life〉（生活／生命のためのたたかい、努力）という闘争は、種分化に関する原理を探究する過程で、そのメカニズムに深く関係する概念としてダーウィンの思考に生じてきたものではないだろうか（図2）。

つまるところダーウィンの進化論は、生物を除去する受動的・機械的プロセスだけではなく、生物が環境を主体的に獲得しようとする「生活のための闘争・努力（struggle for life）」のプロセスとが紡ぎ合わされた理論であるといえるであろう。ダーウィンは主体性という言葉こそ使わないが、（晩年のミミズの研究や、花と昆虫の共生関係など）生涯にわたって自然の創造的、能動的そして主体的側面を捉える観点を明確にもち合わせていたのである。

4　ダーウィンと今西錦司の〝主体性の進化論〟――フジツボとカゲロウの関係

ダーウィンは自身で、「分岐の原理」は自説の「キーストーン」であると述べているように、種分化（水平的進化）のメカニズムは彼にとってビーグル号航海以来の主要な関心事であった。実際、「獲得形質の遺伝」を唱えたラマルクに「種の分裂」や「規則的な枝分かれ」というアイディアはなく、自然選択説の同時発見者であるウォレスも、新種の誕生は垂直的な変遷から引き出されると考えていたことからして（内井 2009）、「分岐の原理」はダーウィン学説の独自性や革新性を特徴づけている原理といえるだろう。

ところでダーウィンは当初、種分化のプロセスには地理的な障壁（地理的隔離）が不可欠であると考えていたが、のちに蔓脚類（フジツボ）の観察や生物地理学的な研究を通して、集団の生息地が連続していても「分岐」によって生殖的に隔離された種になる（同所的に種形成が起こりうる）と確信するようになったという経緯がある（それだけ生物の闘争〈struggle for life〉の力は大きいと考えていた）。種分化の過程を「地理的隔離」から「分岐の原理」に置き換える試みは、今日では困難と考えられている「同所的種分化（sympatric speciation）」（地理的隔離のない種分化）を支持することになる。しかしここに、ダーウィンが「分岐」を環境の偶然的な要因に支配されない、生物同士の主体的プロセスであると考えていたことがうかがえる。

そして、この「同所的種分化」に相当する進化論を、実はカゲロウの「棲みわけ」から独自に展開したのが今西錦司なのではないだろうか。棲みわけは、生物同士が生活力において釣り合う力の均衡状態のことを指すが、今西進化論の理論的支柱である「棲みわけの密度化」は、生物が生活の場をかえ、まさに多様性を増すかたちで共存してゆく相互主体的な活動である。また「環境をみずからの支配下におこうと努力しているものが生物なのである」(今西 1993: 68) というように、生物の「主体性」の原点を環境との〝闘い〟に見いだしたと言えるだろう (この場合の闘いとは「努力」という意味をもつダーウィンの struggle にかけている)。ここから今西は、環境を主体的に選び取ることができる点で生物は自由な存在であるが、その身体は環境に限定されているという意味で必然性がともなうことを「必然の自由」と言い、ランダムな変異によるダーウィンの自然淘汰説は「偶然の不自由」であると皮肉をのべている (今西 1993: 143-146)。つまりダーウィンの理論には生物の主体性や能動性が認められないというものである。

しかし今西はどういうわけか、ダーウィンの種分化への関心を完全に無視していることに注意しなければならない (むしろ集団遺伝学的なダーウィニズムへの批判と理解するほうがよい)。今西の「棲みわけの密度化」は実のところダーウィンの「分岐の原理」に対応する種分化のメカニズムであり、理論自体は互いに異なる部分があるとしても、実際両者を特徴づけているのは生物の「主体性」へのまなざしであろう。ダーウィンが「自然選択 (natural selection)」という用語にこだわったのも、選択される生物ではなく選択する生物（「選択」の主語に相当）の主体性を強調するねらいがあったからではないだろうか（その意味で、ダーウィンの natural selection は「自然淘汰」ではなく「自然選択」と訳すべきである）。

結論として二人の〝主体性の進化論〟に学ぶことは、〈いのち〉がすべて生きるという共通の目的をもち、〈いのち〉ある生物がすべて、歴史（進化）や環境、生活の主体であると捉えることが、生物をただ「理解する」こと以上に、「人間とのかかわりに於いて理解する」ということに関して有効であるということではないだろうか。とくに生物学の方法としての〈主体-主体〉関係の認識は、科学における主客二元論の全面化を克服し、また農業生物学の基盤に認識の多様性を担保することにもつながるであろう。ここで重要なことは、〈主体／客体〉か〈主体-主体〉か、あるいは機械論か唯物論かの選択ではなく、これらの対立を統合的に乗り越えるところに、「人間と自然との共生」や、「〈いのち〉を活かしあう農業技術」が成り立ちうるということである。つまり今後の農業生物学は、〈主体-主体〉関係と〈主体／客体〉関係の認識の両立によって、その合理性が認められるものになると私は考える。

5　農業生物学の再構築——〝共生的合理性〟の科学

獣害対策は、「人間による自然への主体的なはたらきかけ」による環境保全活動の一つでもある。環境保全を遂行する上で、その施策に合理性と説得性を与える自然科学や科学的知見は不可欠であることはいうまでもない。

しかし科学に裏打ちされた正しく適切な自然へのはたらきかけは、いわば人間ではなくヒトという種による合理的なはたらきかけを示すにとどまるともいえる。そのため、とくに環境社会学の分野では、科学的合理性に対する〝倫理的合理性〟、科学知に対する生活知、専門知に対する地域知などの必要性や重要性が強調されてきた。たとえば、人間を自然の一部とみるだけの自然保護批判から誕生した「生活環境主義」（鳥越 1989）、生物学的自然に対する「意味づけられた自然」の意義（関 1997）、「順応的管理（adaptive management）」における科学の「答」と社会の「答」のズレ（宮内 2013）などの指摘にみてとることができる。つまり環境保全の担い手とは、生物的ヒトではなく、自然に倫理的価値や意味を認め、覚悟や納得、合意のもとで活動する人間であるということである。

むろん、人間と自然とのかかわりを形作る上でこれらは非常に重要な指摘であるが、そこに往々にして見逃されていると感じるのは、科学批判と科学主義批判、あるいは科学的合理性批判と科学的合理主義批判の違いである。科学主義批判の延長で科学自体を批判する（科学を人間生活や倫理に対置させる）のは、人間と自然の二元論をあらたなかたちで徹底化するか、蒙昧な環境保全を招くだけである。科学的合理性（ときに経済的合理性）が妥当性の唯一の基準ではないという批判の次に行うべきことは、科学的合理性自体の否定や対置ではなく、合理性の内実を再検討することではないだろうか。とりわけ新自由主義的成長主義が農的本質を凌駕しつつある今日にこそ、生産力と利潤追求のための合理性の全面化を縮減し、自然認識の多様性を担保する科学（生物学）こそ必要とするであろう。

つまり環境科学や農業科学は、自然環境や生物をどのように操作、制御するかという技術的関心に志向した「対象の解明」だけで成り立つのではなく、対象にたいする「人間の主体的なはたらきかけ」がどうあるべきかという実践的関心に支えられた科学としてもあるだろう。そこに人間と自然が相互主体的に活かしあう、いわばコミュニケーション的合理性もしくは〝共生的合理性〟を認めることができるのではないか。今後の農業生物学は、人間の〈いのち〉と自然の〈いのち〉を十全に活かしあい、「物質代謝を担う労働」を回復し、そして「疎外」問題を克服してゆく〝共生的合理性〟を持つ科学として、農業技術の発展や普及を支えてゆくことができるのではないだろうか。

【引用・参考文献】

今西錦司（1973）『今西錦司全集　ダーウィン論・主体性の進化論』講談社

内井惣七（2009）『ダーウィンの思想―人間と動物のあいだ』岩波書店

岸由二（1991）「現代日本の生態学における進化理解の転換史」『講座進化２　進化思想と社会』東京大学出版会

栗林農夫（1954）『日本農村のめざめ　講座新しい農業　ミチューリン農法入門』理論社

関陽子（2012）「C・ダーウィンの自然観―『種の起源』における「闘争（struggle）」概念と分岐の原理から」『「エコ・フィロソフィ」研究』第六号

関陽子（2015）「環境哲学・倫理学からみる「鳥獣被害対策」の人間学的意義―〈いのち〉を活かし合う社会のために」『環境哲学と人間学の架橋―現代社会における人間の解明』上柿崇英／尾関周二編、世織書房

関礼子（1997）「自然保護運動における『自然』―織田が浜埋め立て反対運動を通して」『社会学評論』四七(3)

徳田御稔（1952）『二つの遺伝学』理論社

鳥越皓之（1989）『環境問題の社会理論　生活環境主義の立場から』御茶の水書房

中村禎里（1997）『ルィセンコ論争』みすず書房

農林水産省生産局（鳥獣被害対策コーナー）http://www.maff.go.jp/j/seisan/tyozyu/higai/index.html

藤岡毅（2010）『ルイセンコ主義はなぜ出現したか―生物学の弁証法化の成果と挫折』学術叢書

宮内泰介（2013）『なぜ環境保全はうまくいかないのか』新泉社

山端直人（2011）「集落ぐるみの追い払いがサル群の行動域や出没に与える効果　三重県内七集落での検証」『農村計画学会誌』第三〇号

山端直人（2013）「効果が出る「集落ぐるみの追い払い」の行動様式と実例について」『最新の動物行動学に基づいた動物による農作物被害の総合対策』誠文堂新光社

柳下登（1979）『自然の恩恵を引き出すために　農業生物学入門』たたら書房

Darwin, C. (1859) *On the Origin of Species by Means of Natural Selection, or the Preservation of Favoured*

Races in the Struggle for Life. J. Murry

Ospovat, D. (1981) *The Development of Darwin's Theory: Natural History, Natural Theology, and Natural Selection, 1838-1859.* Cambridge University Press

Mayr, E. (1982) *The Growth of Biological Thought: Diversity, Evolution and Inheritance.* The Belknap Press

Haffer, J. (2007) *Ornithology, Evolution, and Philosophy: The life and science of Ernst Mayr 1904-2005.* Springer

Mayr, E. (1988) *Toward a New Philosophy of Biology: Observations of an Evolutionist.* Harvard University Press

Bowler, P. (1990) *Charles Darwin : the man and his influence.* Cambridge University Press

第7回国際セミナー

◎2014年2月22日 東洋大学白山キャンパス、6号館3階6317教室

自然といのちの尊さについて考える

基調講演

アルバート・エリス博士から学ぶ――寛容について考える…菅沼憲治

研究報告

獣害対策における「いのち」の課題
――ニホンザルと人との関係から……………………………………関　陽子

自然といのちを尊ぶ開発について ………………………………秋山知宏

人間の共同に関する環境倫理的問い
――いのちの回復と自然の取り戻し …………………………増田敬祐

環境哲学から見る「自然」と「いのち」
――持続可能性と人間存在の倫理 ………………………………上柿崇英

自然観と死生観をつなぐ――終末期患者の視線から…………岩崎　大

全体討論

ゲストコメンテーター …………………岡野守也／ジェフリー・クラーク

第2フェーズ――社会と自然

現代の人間危機と自然共生社会……………………………中川光弘

新しいコスモロジーと緑の福祉国家 …………………………岡野守也

自然共生社会と風土――主体形成との関わりから …………亀山純生

人間と環境・エネルギー――主体的にかかわることの意義 …小川芳樹

パネルディスカッション

「人文科学と社会科学の統合はいかにして可能か
――自然共生社会の実現をめざして」

パネリスト ………オプヒュルス鹿島ライノルト／小川芳樹／中川光弘

ゲストコメンテーター …………………上柿崇英／ジェフリー・クラーク

第6回国際セミナー

◎2013年3月16日 東洋大学白山キャンパス、6号館3階6317教室

いのちと自然の尊さについて考える

基調講演

サステイナビリティといのちの教育
――ホリスティック教育の観点から …………………………吉田敦彦

研究報告

いのちはなぜ尊いのか
――つながり、階層、バランスという視点から考える……岡野守也

心と自然のつながりを回復する …………………ティム・マクリーン

食と健康といのち ……………………………………………中川光弘

仏教といのち……………………………………………………竹村牧男

ディスカッション

ゲストコメンテーター …………………上柿崇英／ジェフリー・クラーク

第４回国際セミナー

◎2009年10月10日　東洋大学白山キャンパス、スカイホール

持続可能な発展と自然、人間
——西洋と東洋の対話から新しいエコ・フィロソフィを求めて

基調講演

サステイナビリティと環境倫理学 ……………………………小坂国継

研究発表

ドイツ自然哲学とそのデザイン的展開…………………………稲垣　諭

エコ・フィロソフィと現代社会——A・ネスへの追悼もこめて
……………………………………………………………………上柿崇英

自己と曼荼羅とサステイナビリティ ……………………………竹村牧男

環境問題と共同体の再生 ………………………ジェフリー・クラーク

生命の全一性とサステイナビリティ ……………………………中川光弘

環境問題解決の条件としての心の成長 …………………………岡野守也

全体討論

第５回国際セミナー

◎2012年３月10日　東洋大学白山キャンパス、６号館３階6317教室

環境の危機と人間の危機——自然と共生する社会とは

第１フェーズ——文化と自然

自然共生社会の思想的基盤をさぐる——仏教の立場から …竹村牧男

共生社会のダーウィニズム
——『種の起源』における「闘争（Struggle）」概念の分析から
……………………………………………………………………関　陽子

エコロジー、持続可能性、共生
——日本及びドイツにおける人間：自然関係の概念に関する覚書
……………………………………………オプヒュルス鹿島ライノルト

第２部――自然の癒し・人間の癒し〈心理学的・実践的アプローチ〉

研究発表

生命の全一性の回復と持続可能な開発 ……………………………中川光弘

コスモロジー・エコロジー・持続可能な社会………………岡野守也

Strategy and Capacity: Humans, Sustainability, and Climate
戦略と可能性――人間・持続可能性・気候…グレッグ・シュラー

持続可能性に向けたこころの汚染とセルフヘルプ教育循環論
……………………………………………………………………菅沼憲治

全体討論

第３回国際セミナー

◎2008年11月8日 茨城県南生涯学習センター、多目的ホール

問題提起

環境思想史から見たエコ・フィロソフィの課題……………上柿崇英

第１部――自然といのちへのまなざし〈思想的・理論的アプローチ〉

研究発表

エコロジーかエコノミーか ……………………………………………小坂国継

仏教経済――E・F・シューマッハのエコ・フィロソフィ
…………………………………………………………………………ケネス田中

仏教思想の社会的役割について
――サスティナビリティとの関連において …………………竹村牧男

第２部――自然の癒し・人間の自然らしさ〈社会的・実践的アプローチ〉

研究発表

持続可能な黙示録……………………………………ジェフリー・クラーク

生命の全一性の回復と自然共生社会 ……………………………中川光弘

持続可能な社会に向かう思想と政治 ……………………………岡野守也

全体討論

東洋大学TIEPh～～～～～共催～～～～～茨城大学ICAS
国際セミナー開催の歩み

持続可能な発展と自然・人間

西洋と東洋の対話から新しいエコ・フィロソフィを求めて

第１回国際セミナー

◎2006年11月17日　茨城大学農学部阿見キャンパス、こぶし会館２階研修室

研究発表

持続可能な発展と自然・人間——共催の課題 ……………中川光弘

西洋と東洋の自然観と正義観 ………………ジェフリー・クラーク

心理学から見た自然と人間 ……………………ティム・マクリーン

仏教から見た自然と自己 ……………………………………竹村牧男

総括コメント ……………………………………………………木村 競

全体討論

第２回国際セミナー

◎2007年12月1日　東洋大学白山キャンパス、6307教室

第１部——自然といのちへのまなざし〈思想的・理論的アプローチ〉

研究発表

自然の聖性と自己の問題 ……………………………………竹村牧男

仏教スピリチュアリティにおける自然のはたらき ……ケネス田中

精神的持続可能性——伝統と現代 …………ジェフリー・クラーク

内なる自然と外なる自然 ……………………………………小坂国継

全体討論

あとがき

本書は、エコ・フィロソフィ研究会の二冊目の成果集である。二〇一〇年にやはり同じノンブル社から出版した『サステイナビリティとエコ・フィロソフィ――西洋と東洋の対話から――』の続編として刊行するものである。前回に比べて、今回はかなり大部のものとなったが、これは主に若い先生方にページ数を気にせず思い切って執筆してもらった結果である。私たちのエコ・フィロソフィに寄せる熱い思いを読者の皆さんと共有できればと期待している。

本書の主タイトルの「自然といのちの尊さについて考える」は、本研究会の二〇一三年度国際セミナーでのテーマをそのまま使ったものである。これまで筆者たちは、それぞれの視点からエコ・フィロソフィを探究してきたが、竹村先生からこのテーマの提案を受けて、「自然」と「いのち」をキーコンセプトとして、研究会全体の議論を収斂させることになった。

地球温暖化を止めるためには、現在の温室効果ガスの排出量を半減させる必要がある、と言われている。このことが端的に示しているように、我々はこれまでの「豊かさ」の考え方を抜本的に見直す必要に迫られている。これまでのような資源・エネルギーの消費水準が上がることが豊かになることと考えてきた通念とは別の、いのちの深みから「豊かさ」を実感できる生き方への文明史的岐路に立っている。いのちや霊性、自然観、死生観の考察を踏まえた地球社会の新しい価値体系の構想は、エコ・フィロソフィに課せられた喫緊のテーマである。

本書では、最初の総説に続いて、第二部では社会、人間、心理、倫理などに関連した論文がまとめられている。第三部では自然、開発、ポスト近代にふさわしい新しい知の創生などに関連した論文がまとめられている。それぞれの筆者のテーマは異なっているが、志向している地球社会の進むべき方向性は、ほぼ同じベクトルを向いていることを感じ取ってもらえるのではないかと思う。

本書の執筆者陣は、年齢構成から見ると大きく二つのグループからなっている。榧根先生、菅沼先生、岡野先生、亀山先生、竹村先生、クラーク先生、中川からなる既に還暦を過ぎたシニアグループと、立入先生、秋山先生、関先生、上柿先生、増田先生、岩崎先生からなる若手グループである。二十歳以上の年齢差のある二つの世代間では、時代感覚や将来見通しにかなりの相違がみられるが、二つの世代間での思想的共鳴部分も感じ取ってもらえれば幸いである。

エコ・フィロソフィでは、地球・社会・人間のサステイナビリティ（持続可能性）を主要テーマとしている。私たちのエコ・フィロソフィ研究会には、若くて優秀な先生方が多く参加しているので、研究のサステイナビリティについては、シニアグループは自信を持っている。研究の継承、このことが本研究会を続けてきての一番の成果なのかも知れない。

最後に、エコ・フィロソフィ研究会の運営においては、東洋大学ＴＩＥＰｈ（エコ・フィロソフィ学際研究イニシアティブ）と茨城大学ＩＣＡＳ（地球変動適応科学研究機関）から研究助成を受けた。岩崎先生、関先生、増田先生には、本書の編集を担当して頂いた。前回と同様にノンブル社の高橋康行氏には、出版に至るまで多大なご尽力を頂いた。ここに厚く御礼申し上げる。

平成二十七年三月十日

茨城大学教授　中川光弘

執筆者紹介

竹村牧男　一九四八年生。東京大学大学院人文科学研究科印度哲学専修課程博士課程中退、博士（文学）。東洋大学学長、東洋大学「エコ・フィロソフィ」学際研究イニシアティブ元代表、現研究員。仏教学、宗教哲学。

『入門　哲学としての仏教』（講談社現代新書、二〇〇九）、『『成唯識論』を読む』春秋社、二〇〇九）、『『華厳五教章』を読む』春秋社、二〇〇九）、『〈宗教〉の核心—西田幾多郎と鈴木大拙に学ぶ』春秋社、二〇一二）、『禅の思想を知る事典』東京堂出版、二〇一四）、その他多数

中川光弘　一九五四年生。東京大学農学部農業生物学科、農業経済学科卒業、農学博士。茨城大学農学部教授、茨城大学地球変動適応科学研究機関兼務教員。農業経済学、地域開発学、環境思想。

Society in 2050: Choice for Global Sustainability (coauthor, Maruzen Planet, 1998)、『アジアの農業的資源管理システムの開発』（農業とみどり研究所、二〇〇五）、『サステイナビリティとエコ・フィロソフィ—西洋と東洋の対話から』（編著、ノンブル社、二〇一〇）、『アジア農業モデルによる気候変動の影響予測と適応戦略』（編著、農業とみどり研究所、二〇一一）

亀山純生　一九四八年生。京都大学大学院文学研究科博士課程（単位取得退学）、社会学博士（一橋大学）。東京農工大学名誉教授。倫理学。

『〈災害社会〉・東国農民と親鸞浄土教』（農林統計出版、二〇一二）、『〈農〉と共生の思想』（共編著、農林統計出版、二〇一一）、『中世民衆思想と法然浄土教』（大月書店、二〇〇三）、『現代日本の「宗教」を問いなおす』（青木書店、二〇〇三）、『うその倫理学』（大月書店、一九九七）

上柿崇英　一九八〇年生。東京農工大学連合農学研究科博士課程修了、博士（学術）。大阪府立大学准教授。環境哲学、総合人間学。

『環境哲学と人間学の架橋—現代社会における人間の解明』（共編、世織書房、二〇一五）、「「自己家畜化論」から「総合人間学的本性論・文明論」へ—小原秀雄「自己家畜化論」の再検討と総合人間学的理論構築のため

の一試論」(『総合人間学』8、総合人間学会、二〇一四)、「三つの〝持続不可能性〟―「サステイナビリティ学」の検討と「持続可能性」概念を掘り下げるための不可欠な契機について」『サステイナビリティとエコ・フィロソフィ―西洋と東洋の対話から』ノンブル社、二〇一〇)

増田敬祐　一九八〇年生。東京農工大学大学院連合農学研究科農林共生社会科学専攻修了、博士(農学)。東京農工大学非常勤講師。環境倫理学、人間存在論。

「ペルソナ的人格モデルにみる人間存在の在り方―持続可能な関わりをめぐって」(『共生社会システム研究』13-1、二〇〇九)、「地域と市民社会―「市民」は地域再生の担い手たりうるか?」(『唯物論研究年誌』16、二〇一一)、「現代日本におけるアソシエーション論の本質とその問題点―発展的アソシエーションのテーゼをめぐって」(『共生社会システム研究』17-1、二〇一三)

菅沼憲治　一九四七年生。日本大学大学院文学研究科心理学専攻博士課程満期退学、博士(心理学)。聖徳大学心理・福祉学部心理学科教授。カウンセリング心理学。

「アサーション・トレーニングの効果に関する実証的研究―四コマ漫画形式の心理査定を用いて」(風間書房、二〇一一)、『改訂新版　セルフ・アサーション・トレーニング』(東京図書、二〇〇九)、「セルフ・アサーション・トレーニング―エクササイズ集」(東京図書、二〇〇八)、『セルフ・アサーション・トレーニング―はじめの一歩』(東京図書、二〇〇八)

岩崎　大　一九八三年生。東洋大学大学院文学研究科哲学専攻博士後期課程修了、博士(文学)。東洋大学「エコ・フィロソフィ」学際研究イニシアティブ研究助手。哲学、死生学。

『死生学―死の隠蔽から自己確信へ』(春風社、二〇一五)、「日本的「死の隠蔽」の構造分析―ぽっくり願望の現在」(『東洋学研究』51、二〇一四)、「ヤスパースの限界状況論における死の意識過程―死と苦悩の連関について」(『コムニカチオン』18、二〇一一)、「「患者中心」を越える実存的コミュニケーションの可能性」(『医学哲学　医学倫理』28、二〇一〇)

岡野守也　一九四七年生。関東学院大学大学院神学研究科修了、神学修士。著述業、サングラハ教育・心理研究

所（非営利任意団体）主幹。心理学、仏教学、宗教哲学。

『唯識の心理学』（青土社、一九九〇）、『コスモロジーの創造―禅・唯識・トランスパーソナル』（法蔵館、二〇〇〇）、『コスモロジーの心理学―コスモス・セラピーの思想と実践』（青土社、二〇一一）、『日本再生の指針―聖徳太子『十七条憲法』と「緑の福祉国家」』（太陽出版、二〇一二）、「持続可能な社会の条件」（『サングラハ』90、二〇〇六）他

榧根 勇　一九三二年生。東京教育大学大学院理学研究科博士課程単位取得退学、理学博士。筑波大学名誉教授。水文学、自然地理学、環境学。
『地形と地下水の科学　水文学入門』（講談社学術文庫、二〇一三）、「歴史を動かしているものは何か」（『愛知大学経済論集』190、二〇一三）、「バリの風土についての序論」（『地学雑誌』102、一九九三）

秋山知宏　一九七八年生。名古屋大学大学院環境学研究科地球環境科学専攻博士後期課程修了、博士（理学）。東京大学大学院新領域創成科学研究科サステイナビリティ学グローバルリーダー養成大学院プログラム助教。環境学、統合学。
「中国甘粛省および内蒙古自治区における内陸河川の水質特性」（『水文・水資源学会誌』17、二〇〇四）、「Surfacewater-groundwater Interaction in the Heihe River Basin, Northwestern China」（『Bulletin of Glaciological Research』24、二〇〇七）、『黒水城人文与環境研究』（共著、中国人民大学出版社、二〇〇七）、『地球環境と民族文化遺産』（共著、中国知識産権出版、二〇〇九）、『チンギス・カンの戒め―モンゴル草原と地球環境問題―』（共著、同成社、二〇一〇）、「Perspectives on Sustainability Assessment: An Integral Approach to Historical Changes in Social Systems and Water Environment in the Ili River Basin of Central Eurasia, 1900-2008」（『World Futures』68、二〇一二）、「カザフスタン共和国アルマトゥ州における農牧業変遷の一事例」（『沙漠研究』21、二〇一一）、「Integral Leadership Education for Sustainable Development」（『Journal of Integral Theory and Practice』7、二〇一二）、『Environmental Leadership Capacity Building in Higher Education』（共著、Springer, 二〇一三）

立入　郁　一九七〇年生。東京大学大学院農学生命科学研究科博士課程修了、博士（農学）。独立行政法人海洋研究開発機構統合的気候変動予測研究分野・分野長代理（主任研究員）。地球環境学。

「気温上昇と累積炭素排出量の比例関係およびその利用」（『地球温暖化　そのメカニズムと不確実性』朝倉書店、二〇一四）、Tachiiri, K., Klinkenberg, B., Mak, S., Kazmi, J. (2006) Predicting outbreaks: a spatial risk assessment of West Nile virus in British Columbia. Int. J. Health. Geogr. 5: 21.; Tachiiri, K., Shinoda, M., Klinkenberg, B., and Morinaga, Y. (2008) Assessing Mongolian snow disaster risk using livestock and satellite data, J. Arid Environ., 72, 2251-2263.; Tachiiri, K., Hargreaves, J.C., Annan, J.D. Huntingford, C., and Kawamiya, M. (2013) Allowable carbon emissions for medium to high mitigation scenarios, Tellus B, 65, 20586. doi: 10.3402/tellusb.v65i0.20586.

ジェフリー・クラーク（Jeffrey Clark）　一九五三年生。スタンフォード大学アジア言語学科卒業、駒澤大学大学院国文学修士課程修了、東京外国語大学中国語学科卒業。元茨城大学客員教授、本郷学園講師。比較宗教学、英語教育。

『梅若六郎能百舞台』（集英社、一九九六）、『速水御船大成』（小学館、一九九九）、『英語で案内するニッポン』（研究社、二〇〇二）、*Heart* (Eng. trans., Agni Yoga Society, 2013)、『沈黙の声』（訳注、宇宙パブリッシング、二〇一五）

関　陽子　一九七九年生。東京農工大学連合農学研究科博士課程修了、博士（農学）。芝浦工業大学講師・東洋大学国際哲学研究センター研究支援者。環境哲学、環境倫理学。

「環境哲学・倫理学からみる「鳥獣被害対策」の人間学的意義―〈いのち〉を活かし合う社会のために」（『環境哲学と人間学の架橋―現代社会における人間の解明』世織書房、二〇一五）、「順応的管理モデルにおける生態学的基盤の課題―南方熊楠の思想をてがかりに」（『国際哲学研究』3、二〇一四）、「C・ダーウィンの自然観―『種の起源』における「闘争（Struggle）」概念と分岐の原理から」（『「エコ・フィロソフィ」研究』6、二〇一二）

自然といのちの尊さについて考える
エコ・フィロソフィとサステイナビリティ学の展開

2015年 3月29日　第1版第1刷発行

監　修　竹村牧男　中川光弘
編　著　岩崎　大　関　陽子　増田敬祐
発行者　竹之下正俊
発行所　株式会社ノンブル社
〒169-0051　東京都新宿区西早稲田1-8-22-201
Tel 03-3203-3357　Fax. 03-3203-2156
振替　00170-8-11093

表紙デザイン　清水恒平（オフィスナイス）
表紙写真　長井勇

ISBN978-4-903470-84-9　C0010

印刷・製本　亜細亜印刷株式会社

サステイナビリティとエコ・フィロソフィ

西洋と東洋の対話から

竹村牧男　中川光弘 編

A5判変型・2400円（税別）

総論 *introduction*

倫理 *ethics* —**人間** *humans* —**社会** *society*

心理 *psychology* —**教育** *education* —**デザイン** *design*